新工科·普通高等教育机电类系列教材

 中国机械工业教育协会"十四五"普通高等教育规划教材

制 图 基 础

第 2 版

主　编　戚　美　袁义坤　梁会珍
副主编　杨德星　顾东明　王　瑞　王逢德
参　编　陈　宁　王桂杰　王九一　姚　鑫　祝衍鹏
主　审　王　农

机械工业出版社

本书是根据教育部高等学校工程图学课程教学指导分委员会 2019 年制定的《高等学校工程图学课程教学基本要求》及现行制图相关国家标准，以 OBE 理念为指导，总结编者多年来"工程制图"课程教学改革的实践经验，并借鉴国内外先进教学模式，在第 1 版的基础上修订而成的。

本书共 7 章，主要内容包括：制图的基本知识与基本技能、投影基础、基本体的投影及表面交线、组合体、轴测投影图、机件的常用表达方法和计算机绘图。与本书配套的《制图基础习题集》（第 2 版）同时出版，可供读者选用。

本书配有多种形态的数字化教学资源，借助二维码的形式将教材内容与数字资源连接，呈现三维模型、绘图演示视频、慕课视频及 VR 交互资源等，便于学生学习。

本书可作为普通高等学校机械类、近机械类各专业制图课程的教材，也可供高等职业院校、成人教育学院、高等教育自学考试及相关领域工程技术人员使用和参考。

图书在版编目（CIP）数据

制图基础/戚美，袁义坤，梁会珍主编. —2 版. —北京：机械工业出版社，2023.8（2025.7 重印）
新工科·普通高等教育机电类系列教材
ISBN 978-7-111-73518-2

Ⅰ.①制… Ⅱ.①戚… ②袁… ③梁… Ⅲ.①工程制图-高等学校-教材 Ⅳ.①TB23

中国国家版本馆 CIP 数据核字（2023）第 129608 号

机械工业出版社（北京市百万庄大街 22 号 邮政编码 100037）
策划编辑：王勇哲 责任编辑：王勇哲 段晓雅
责任校对：薄萌钰 梁 静 责任印制：李 昂
涿州市京南印刷厂印刷
2025 年 7 月第 2 版第 4 次印刷
184mm×260mm·14.5 印张·353 千字
标准书号：ISBN 978-7-111-73518-2
定价：48.00 元

电话服务 网络服务
客服电话：010-88361066 机 工 官 网：www.cmpbook.com
010-88379833 机 工 官 博：weibo.com/cmp1952
010-68326294 金 书 网：www.golden-book.com
封底无防伪标均为盗版 机工教育服务网：www.cmpedu.com

前　言

为了适应我国制造业的迅速发展，传统教学内容和课程体系的改革已成为必然。本书是根据教育部高等学校工程图学课程教学指导分委员会 2019 年制定的《高等学校工程图学课程教学基本要求》及现行制图相关国家标准，以 OBE 理念为指导，总结编者多年来"工程制图"课程教学改革的实践经验，并借鉴国内外先进教学模式，在第 1 版的基础上修订而成的。本次修订增加了计算机绘图内容，将传统工程图学教学与计算机绘图有机结合，注重对于学生空间思维能力和工程意识、图学素质的培养；在保持第 1 版叙述风格的基础上，为贯彻党的二十大精神，落实立德树人的根本任务，融入了课程思政元素并辅以实际案例，突出教材对学生的价值引领；为便于教学使用，同时修订出版了《制图基础习题集》（第 2 版）。

本书是首批国家级线上线下混合式一流课程——"制图基础（A）"的指定教材。本书介绍了制图通识性知识，广泛应用于各类工科专业，其系列教材《制图应用》《零部件测绘》可供不同学时、不同专业教学选用。

本书有以下主要特点：

1）贯彻现行《技术制图》《机械制图》国家标准及相关的技术标准，培养学生贯彻现行国家标准的意识。

2）精选传统内容，融合思政元素。由于课时减少的实际情况，并考虑到知识拓展的需要，编者对画法几何部分做了适当删减，降低了难度，以"必需、够用"为原则，重点突出画图、读图能力的培养。通过价值引领作用激发学生学习的内驱力，培养学生的工程意识和图学素质。

3）计算机绘图内容与时俱进，以工程中广泛使用的 AutoCAD 2021 为基础进行编撰，单独成章，各专业可根据教学需求合理、适度选用。

4）以 OBE 理念强化目标导向，构建了知识目标、能力目标、价值目标三大模块，知识传授、能力培养与价值塑造三位一体，各章后附有小结和思考题，以帮助学生深度学习。

5）本书为新形态教材，配套有教学课件、立体三维模型、典型例题的解题视频等数字化教学资源，可使用智能手机扫描二维码观看。对于学生自主学习，以及培养空间思维能力、构形能力和创新能力大有裨益。

本书可作为中国大学 MOOC、国家教育平台、超星、智慧树等平台中"制图基础"课程的配套教材使用。该课程为首批国家级一流本科课程、山东省课程思政示范课程，资源丰富，并根据需要实时更新。

　　本书由山东科技大学戚美、袁义坤、梁会珍任主编，杨德星、顾东明、王瑞、王逢德任副主编，陈宁、王桂杰、王九一、姚鑫、祝衍鹏参编。全书由山东科技大学王农教授主审，她提出了许多宝贵的修改意见，在此致以诚挚的谢意！

　　本书在编写及出版过程中，得到了山东科技大学教务处、机械电子工程学院和机械工业出版社的大力支持，在此表示衷心的感谢！

　　由于编者水平有限，书中难免出现疏漏及欠妥之处，敬请广大读者及同仁批评指正。

编　者

2023 年 1 月

目　录

绪　　论

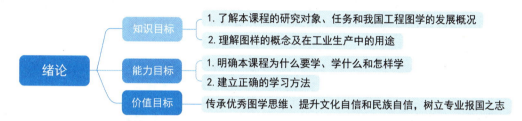

绪论 → **知识目标**	1. 了解本课程的研究对象、任务和我国工程图学的发展概况
	2. 理解图样的概念及在工业生产中的用途
→ **能力目标**	1. 明确本课程为什么要学、学什么和怎样学
	2. 建立正确的学习方法
→ **价值目标**	传承优秀图学思维、提升文化自信和民族自信，树立专业报国之志

一、本课程的研究对象

图样的作用

宋代史学家郑樵在《通志》中说"凡器用之属，非图无以制器"。工程图样作为构思、设计与制造过程中工程信息的载体，准确地表达了工程对象的形状、尺寸、材料和技术要求。工程图样是机械制造、工程施工的主要依据。在工业生产和科学研究中，设计者通过图样表达设计思想，制造者依据图样加工制作、检验、调试，使用者借助图样了解结构性能等。因此，图样是产品设计、生产、使用全过程信息的集合，是工程界的技术语言，掌握这一技术语言是工程技术人员的必备技能。

本课程贯彻现行《技术制图》和《机械制图》国家标准及相关的技术标准，学习投影法基本理论，培养绘制和阅读机械图样的能力及空间思维能力。空间思维能力是工程技术人员进行创新思维和创新设计的基础。本课程对培养学生的科学思维能力、提高学生的工程素质和增强学生的创新意识具有重要作用。本课程是工科本科生必修的一门重要的工科基础课。

二、本课程的主要任务

本课程是通过研究三维形体与二维图形之间的映射规律，进行画图、读图实践，训练图学思维方式，培养学生的工程图学素质，即运用工程图学的思维方式，构造、描述形体形状和表达、识别形体形状。因此，本课程的主要任务包括以下几方面：

1）学习正投影法的基本原理及其应用。

2）培养空间想象能力与空间构思能力，建立科学的图学思维方法。

3）培养用仪器、徒手和用计算机绘制工程图样的能力。

4）培养阅读工程图样的能力。

5）培养工程意识、标准化意识、创新意识。

6）培养认真负责的工作态度和严谨细致的工作作风。

7）培养学生的工匠精神和家国情怀。

三、本课程的学习方法

本课程是一门既有理论又注重实践的工科基础课，学习时应注意以下几点：

1）本课程的核心内容是学习如何用二维平面图形来表达三维空间物体（画图），以及由二维平面图形想象三维空间物体的形状（读图）。在听课和复习过程中，要重点掌握正投影法的基本理论和基本方法，不断地"照物画图"和"依图想物"，切忌死记硬背。通过循序渐进的练习，不断提高空间思维能力和图形表达能力。

2）本课程的实践性较强，课后及时完成相应的习题或作业，是学好本课程的重要环节。只有通过大量的实践，才能不断提高画图和读图的能力，提高画图的技巧。

3）具有图样标准化意识，严格遵守《技术制图》及《机械制图》国家标准的相关规定。

 我国工程图学的发展概况

我国在工程图学方面有着悠久的历史。《尚书》中记载，公元前 1059 年周公曾画了一幅建筑区域平面图送给周成王作营造城邑之用；两千多年前的《周礼·考工记》中已有画图工具"规矩""绳墨""悬垂"的记载；公元 1100 年宋代李诫所著的《营造法式》中不仅有轴测图，还有许多采用正投影法绘制的图形；明代宋应星 1637 年所著的《天工开物》中有大量机械图样；清代徐光启所著的《农政全书》中，画出了许多农具图样，并附有详细的尺寸和制造技术注解。新中国成立前，我国处于半殖民地半封建社会，工业和科学技术发展缓慢，致使我国工程图学的发展停滞不前。

新中国成立后，我国建立了自己的工业体系，1956 年原机械工业部颁布了第一个部颁标准《机械制图》，1959 年国家科学技术委员会颁布了第一个国家标准《机械制图》，随后又颁布了国家标准《建筑制图》，使全国工程图样标准得到了统一，标志着我国工程图学进入了一个崭新的阶段。我国从 1967 年开始计算机绘图的研究工作，计算机成图技术的出现与发展大大推动了工程图学的发展与进步。近年来，一系列绘图软件陆续研制成功，给计算机绘图提供了极大的方便，使我国工程图学发展得越来越完备，工程图学的发展也促进了诸如 C919、高铁、蛟龙号等国之重器的研发。

 思 考 题

1. 结合《中国制造 2025》提出的力争用三个十年的努力，实现制造强国的战略目标，谈谈你的大学目标和职业规划。

2. 列举一些世界领先的中国重器，分析一下它的制造全流程。

第一章　制图的基本知识与基本技能

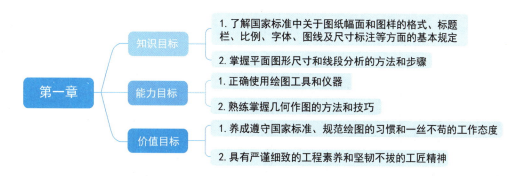

图样是高度浓缩的工程信息的载体，是生产过程的技术资料。要学会读懂和绘制工程图样，就必须掌握工程制图中有关图样的基本知识和基本技能。

第一节　国家标准《技术制图》《机械制图》的相关规定

工程图样是工程界交流技术、思想的语言，国家标准对工程图样的画法、尺寸注法和技术要求标注等做了统一规定，每位工程技术人员必须严格遵守和贯彻执行。

如 "GB/T 14689—2008" 就是国家标准《技术制图　图纸幅面和格式》的代号，"GB/T" 表示 "推荐性国家标准"，"14689" 是该标准编号，"2008" 是该标准批准的年号。

一、图纸幅面和格式、标题栏（根据 GB/T 14689—2008）

1. 图纸幅面尺寸

图纸的幅面是指图纸宽度与长度。常用的图纸幅面有五种，分别为 A0、A1、A2、A3、A4。绘制图样时，应优先采用表 1-1 中规定的图纸幅面尺寸。

表 1-1　图纸幅面尺寸　　　　　　　　　　　　　　　　（单位：mm）

幅面代号	A0	A1	A2	A3	A4
$B×L$	841×1189	594×841	420×594	297×420	210×297
a	25				
c	10			5	
e	20			10	

标准规定：必要时允许加长图幅，加长的幅面尺寸可由基本幅面的短边成整数倍增加后得出。表 1-1 所列的幅面代号 B、L、a、c、e 如图 1-1、图 1-2 所示。

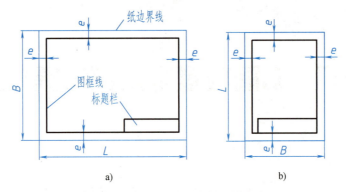

图 1-1　不留装订边图纸的图框格式

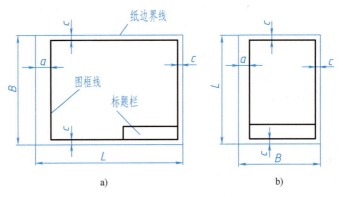

图 1-2　留装订边图纸的图框格式

2. 图框格式

图框是图纸上限定绘图区域的线框，在图纸上必须用粗实线画出图框，图框内为有效作图区域。图框格式分为不留装订边（图 1-1）和留装订边（图 1-2）两种，同一产品的图样只能统一采用一种格式。绘图时，图纸可以横放（图 1-1a、图 1-2a），也可以竖放（图 1-1b、图 1-2b）。

3. 标题栏（根据 GB/T 10609.1—2008）

每张图纸的右下角均应有标题栏，标题栏的内容、格式和尺寸应按国家标准《技术制图　标题栏》（GB/T 10609.1—2008）的规定绘制，如图 1-3 所示。若标题栏的长边置于水平方向并与图纸的长边平行，则构成 X 型图纸，如图 1-1a、图 1-2a 所示；若标题栏的长边与图纸的长边垂直，则构成 Y 型图纸，如图 1-1b、图 1-2b 所示。

在学校的制图作业中，为了简化作图，建议采用如图 1-4 所示的简化的标题栏。

为了利用预先印制的图纸，允许将 Y 型图纸的长边置于水平位置使用，如图 1-5a 所示；或将 X 型图纸的短边置于水平位置使用，如图 1-5b 所示。此时读图方向与标题栏中的文字方向不一致。

一般情况下，读图方向与标题栏中的文字方向一致。当两者不一致时，需要采用方向符

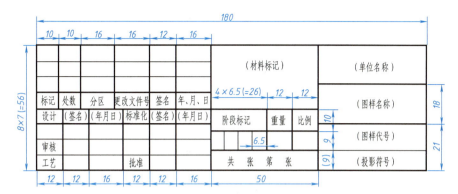

图 1-3 国家标准规定的标题栏的格式和尺寸

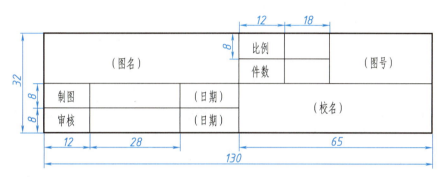

图 1-4 简化的标题栏的格式和尺寸

号标明看图方向，如图 1-5a、b 所示，方向符号的尖角对着读图者的方向为读图方向。方向符号是用细实线画出的等边三角形，如图 1-5c 所示。

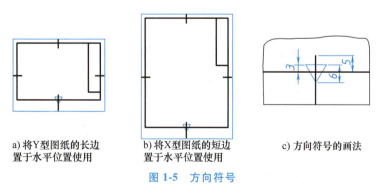

a) 将Y型图纸的长边　　　b) 将X型图纸的短边　　　c) 方向符号的画法
置于水平位置使用　　　　置于水平位置使用

图 1-5 方向符号

二、比例（根据 GB/T 14690—1993）

图样中图形与其实物相应要素的线性尺寸之比称为比例。绘制图样时，应尽可能按机件实际大小采用 1∶1 的比例画出，以便从图样上看出机件的真实大小。由于机件的大小及结构复杂程度不同，对于大而简单的机件可采用缩小比例，对于小而复杂的机件则可采用放大比例。按照比例绘制图样时，应由表 1-2 规定的系列中选取适当的比例，必要时也可选用表 1-3 所给出的比例。

表 1-2　优选比例系列

种类	比例		
原值比例	1 : 1		
放大比例	5 : 1 $5 \times 10^n : 1$	2 : 1 $2 \times 10^n : 1$	$1 \times 10^n : 1$
缩小比例	1 : 2 $1 : 2 \times 10^n$	1 : 5 $1 : 5 \times 10^n$	1 : 10 $1 : 1 \times 10^n$

注：n 为正整数。

表 1-3　可选比例系列

种类	比例				
放大比例	4 : 1 $4 \times 10^n : 1$	2.5 : 1 $2.5 \times 10^n : 1$			
缩小比例	1 : 1.5 $1 : 1.5 \times 10^n$	1 : 2.5 $1 : 2.5 \times 10^n$	1 : 3 $1 : 3 \times 10^n$	1 : 4 $1 : 4 \times 10^n$	1 : 6 $1 : 6 \times 10^n$

注：n 为正整数。

绘制图样时，选用的比例应在标题栏比例一栏中注明。标注尺寸时，无论选用放大比例还是缩小比例，都必须标注机件的实际尺寸。

物体的各视图应尽量选取同一比例，否则可在各视图名称的下方或右侧单独标注，如：

$$\frac{\mathrm{I}}{2:1}、\quad \frac{A}{1:100}、\quad \frac{B—B}{1:200} \text{ 或} \underline{\text{平面图}} 1:100。$$

三、字体（根据 GB/T 14691—1993）

国家标准对图样中的汉字、数字、字母的结构形式和大小都做了规定，书写时必须做到字体工整、笔画清楚、间隔均匀、排列整齐。如果图样上的文字和数字写得很潦草，不仅会影响图样的清晰和美观，而且会造成差错，给生产带来麻烦和损失。

字体的号数即为字体的高度 h，其公称尺寸（单位为 mm）系列为 1.8、2.5、3.5、5、7、10、14、20。若需要书写更大的字，则其字体高度应按 $\sqrt{2}$ 的比率递增。

1. 汉字

图样上的汉字应写成长仿宋体字，并且采用国家正式公布的简化字。长仿宋体字的特点是字形长方、笔画挺直、粗细一致、起落分明、撇挑锋利、结构均匀。汉字高度 h 不应小于 3.5mm，其字宽一般约为 $h/\sqrt{2}$，如图 1-6 所示。

字体工整 笔画清楚 间隔均匀 排列整齐

横平竖直注意起落结构均匀填满方格

技术制图机械电子汽车航空土木建筑矿山纺织服装

图 1-6　长仿宋体汉字示例

2. 数字和字母

数字和字母可写成斜体和直体。斜体字字头向右倾斜，与水平基准线约成 75° 角，如图 1-7、图 1-8 所示。当与汉字混合书写时，可采用直体。数字和字母分 A 型和 B 型。A 型字体的笔画宽度为字高的 1/14，B 型字体的笔画宽度为字高的 1/10。在同一张图样上只允许选用一种类型的字体。

$$0\ 1\ 2\ 3\ 4\ 5\ 6\ 7\ 8\ 9$$

$$0\ 1\ 2\ 3\ 4\ 5\ 6\ 7\ 8\ 9$$

$$\text{I}\ \text{II}\ \text{III}\ \text{IV}\ \text{V}\ \text{VI}\ \text{VII}\ \text{VIII}\ \text{IX}\ \text{X}$$

$$\text{I}\ \text{II}\ \text{III}\ \text{IV}\ \text{V}\ \text{VI}\ \text{VII}\ \text{VIII}\ \text{IX}\ \text{X}$$

图 1-7 数字示例

$$ABCDEFGHIJKLMNOPQ$$

$$RSTUVWXYZ$$

$$abcdefghijklmnopq$$

$$rstuvwxyz$$

图 1-8 拉丁字母示例

3. 字体应用示例

用作指数、分数、注脚、尺寸偏差的字母和数字，一般采用比基本尺寸数字小一号的字体；图样中的数学符号、物理量符号、计算单位符号，以及其他符号、代号应分别符合国家相关法令和标准的规定，如图 1-9 所示。

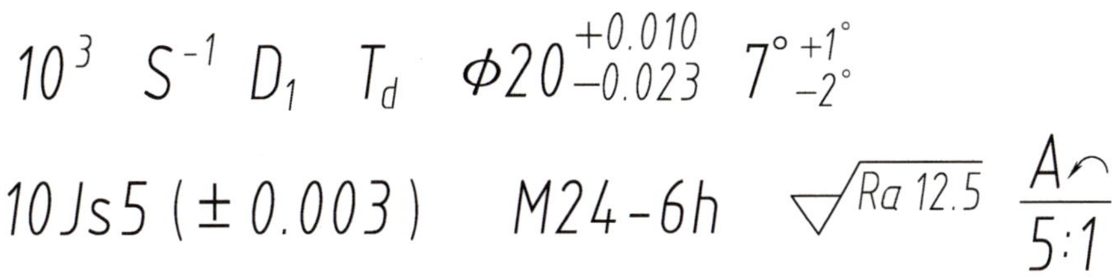

$$10^3 \quad S^{-1} \quad D_1 \quad T_d \quad \phi 20^{+0.010}_{-0.023} \quad 7°^{+1°}_{-2°}$$

$$10\text{Js}5\ (\pm 0.003) \quad M24\text{-}6h \quad \sqrt{Ra\ 12.5} \quad \frac{A\frown}{5:1}$$

图 1-9 字体应用示例

四、图线（GB/T 4457.4—2002）

绘制图样时应采用国家标准所规定的图线，常用图线见表 1-4。图线宽度（d）尺寸系列（单位为 mm）为 0.13、0.18、0.25、0.35、0.5、0.7、1、1.4、2，使用时按图形的大小和复杂程度选定。图线按宽度分粗线、细线两种，其宽度比率为 2∶1。在同一图样中，同类图线的宽度应一致。粗线和中粗线通常在 0.5~2mm 选取，并尽量保证图样中不出现宽度小于 0.18mm 的图线。

　　建筑图样上，可以采用三种线宽，其比例关系是 4∶2∶1。机械图样上，一般采用粗线和细线两种线宽，其比例关系是 2∶1，常用的线型有粗实线、细实线、（细）波浪线、（细）双折线、细虚线、粗虚线、粗点画线、细点画线、细双点画线等。

　　绘图时建议采用表 1-5 列出的图线规格，图线画法见表 1-6。

图线的应用案例及画线的注意事项

表 1-4　常用图线

线型		名称	一般应用	实例
实线	———————	粗实线	1）可见轮廓线 2）相贯线 3）螺纹牙顶线、螺纹长度终止线 4）齿顶圆（线） 5）剖切符号用线	
	———————	细实线	1）尺寸线及尺寸界线 2）剖面线 3）指引线、过渡线、基准线	
	〰〰〰	波浪线	1）断裂处边界线 2）视图与剖视图的分界线	
	∿∿∿	双折线		
虚线	- - - - - - -	细虚线	不可见轮廓线	
	− − − − −	粗虚线	允许表面处理的表示线	

（续）

线型		名称	一般应用	实例
点画线	——·——·——	细点画线	1）轴线 2）对称中心线 3）分度圆（线）	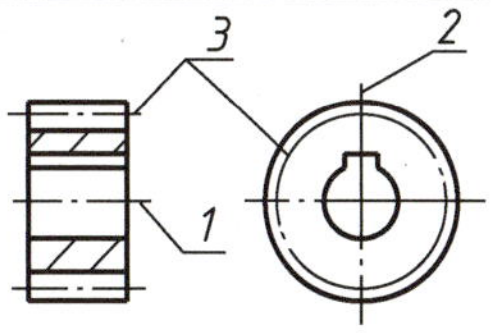
	——·——	粗点画线	限定范围表示线	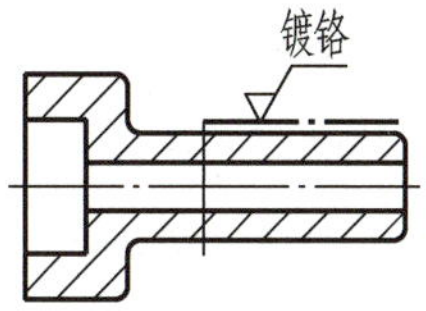
	——··——··——	细双点画线	1）相邻辅助零件的轮廓线 2）可动零件的极限位置的轮廓线 3）轨迹线、中断线	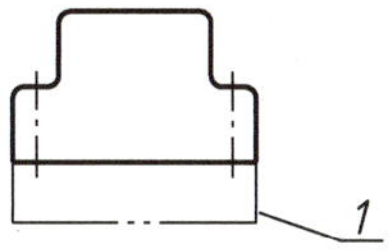

表 1-5　图线规格

线型	规格	线型	规格
细虚线	 ≈1　4~6	细双点画线	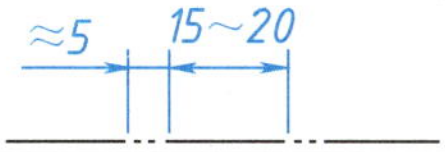 ≈5　15~20
细点画线	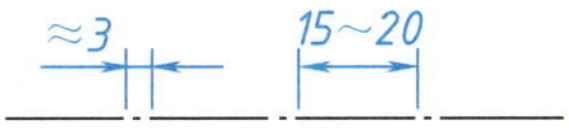 ≈3　15~20	双折线	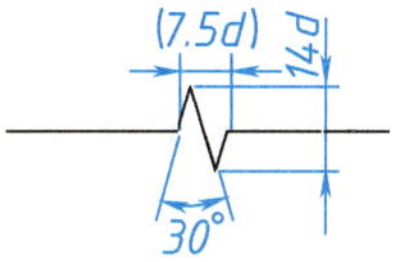 (7.5d)　14d　30°

表 1-6　图线画法

正确	不正确	说明
	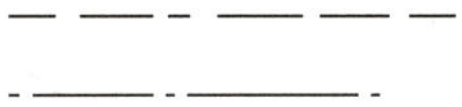	虚线、点画线、双点画线的长度和间隔应各自大致相等。点画线以长画收尾
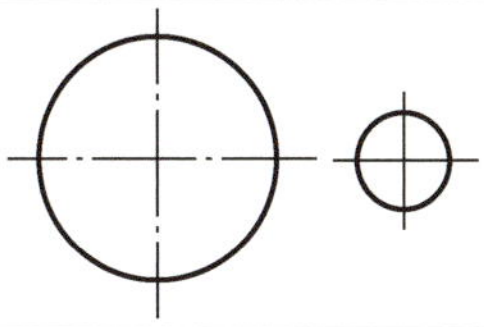	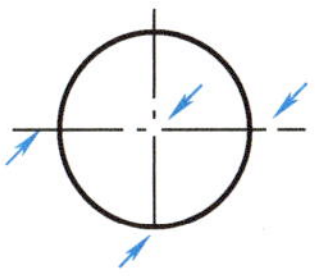	绘制圆的对称中心线时，圆心应为长画的交点。首末两端应是长画而不是点，其长度应超过轮廓线2~5mm；在较小的图形上绘制点画线或双点画线有困难时，应用细实线代替
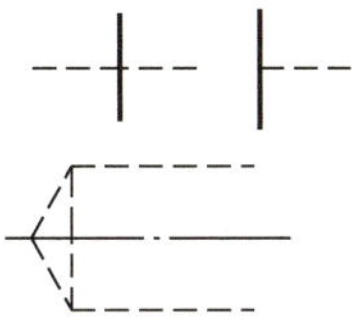	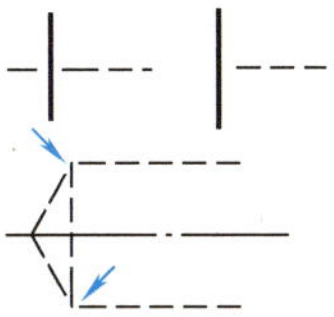	点画线、虚线与其他图线相交或虚线与虚线相交时，都应在长画、短画处相交，而不应在空隙或点处相交
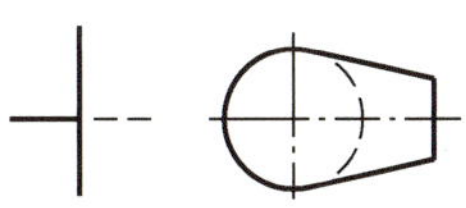	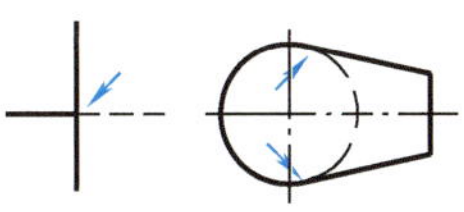	当虚线是粗实线的延长线时，粗实线应画到分界点，而虚线应留有空隙

（续）

正确	不正确	说明
		当虚线圆弧与虚线直线相切时，虚线圆弧的短画应画到切点，虚线直线应留有空隙

10

五、尺寸标注（根据 GB/T 4458.4—2003）

图形只能表达机件的形状，而机件的大小则由标注的尺寸确定。标注尺寸是一项极为重要的工作，必须认真细致、一丝不苟。如果尺寸有遗漏或错误，则将会给生产带来困难和损失。

1. 基本规则

标注尺寸时应遵循以下基本规则：

1）机件的真实大小应以图样上所注的尺寸数值为依据，与绘图比例和绘图准确度无关。

2）图样中的尺寸，以毫米（mm）为单位时，不需要标注单位符号或名称；若采用其他单位，则应注明相应的单位符号。

3）图样中所标注的尺寸应为该图样所示机件的最后完工尺寸，否则应另加说明。

4）机件的每一尺寸，一般只标注一次，并标注在反映机件结构特征最清晰的图形上。

2. 尺寸组成

如图 1-10 所示，一个完整的尺寸一般应由尺寸界线、尺寸线、尺寸线终端及尺寸数字组成。

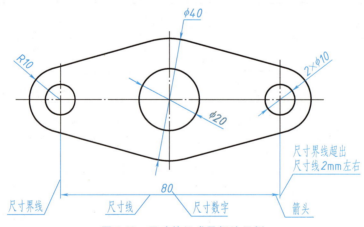

图 1-10　尺寸的组成及标注示例

（1）尺寸界线　尺寸界线用细实线绘制，并应从图形的轮廓线、轴线或对称中心线引出；也可直接用轮廓线、轴线或对称中心线作为尺寸界线。尺寸界线一般与尺寸线垂直，必要时允许倾斜，但两尺寸界线仍应相互平行。尺寸界线应超出尺寸线终端2mm左右。

（2）尺寸线　尺寸线用细实线绘制，必须单独画出，不能与其他图线重合或画在其延长线上。标注线性尺寸时，尺寸线必须与所标注的线段平行。当有几条相互平行的尺寸线时，各尺寸线的间距要均匀，间隔距离为 5~10mm，并使大尺寸在外、小尺寸在里，尽量避免尺寸线之间及尺寸线与尺寸界线之间相交。

（3）尺寸线终端 尺寸线终端有箭头和斜线两种形式，如图 1-11 所示。

箭头适用于各种类型的图样。箭头的尖端与尺寸界线接触，不得超出也不得离开，图 1-11a 所示的 d 为粗实线的宽度。

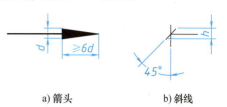

斜线终端用细实线绘制，方向和画法如图 1-11b 所示，图 1-11b 所示的 h 为字体高度。当采用该尺寸线终端形式时，尺寸线与尺寸界线必须相互垂直。

a) 箭头　　　　b) 斜线

图 1-11　尺寸线终端形式

同一张图样中只能采用一种尺寸线终端形式。机械图样中一般采用箭头表示尺寸线终端；当位置容不下箭头时，允许用圆点或斜线代替箭头。

（4）尺寸数字 线性尺寸数字一般注在尺寸线的上方或中断处，在同一张图样中尽可能采用一种数字注写形式，其字号大小应一致；空间不够时可引出标注。

尺寸数字的方向，应以读图方向为准。水平方向尺寸的数字字头朝上，竖直方向尺寸的数字字头朝左，倾斜方向数字的字头应保持朝上的趋势。

在图样上，无论尺寸线方向如何，都允许尺寸数字一律水平书写，如图 1-12 所示。这种标注样式一般在建筑图样中使用。

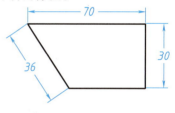

图 1-12　尺寸数字示例

尺寸数字不得被任何图线穿过；当无法避免时，应该将图线断开。

3. 尺寸注法示例

表 1-7 中列出了国家标准规定的一些尺寸注法。

表 1-7　尺寸的标注形式

标注内容	说明	示例
线性尺寸的数字方向	尺寸数字应按左图所示方向书写并尽可能避免在图示 30°范围内标注尺寸，当无法避免时，可按右图的形式标注	
角度	尺寸界线应沿径向引出，尺寸线应画成圆弧，圆心是角的顶点。尺寸数字应一律水平书写，一般注在尺寸线的中断处，必要时允许写在外面或引出标注	
圆	标注圆的直径尺寸时,应在尺寸数字前加注符号"φ"。尺寸线一般按这两个图例绘制	

（续）

标注内容	说明	示例
圆弧	标注半径尺寸时,在尺寸数字前加注符号"R"。半径尺寸一般按这两个图例所示的方法标注	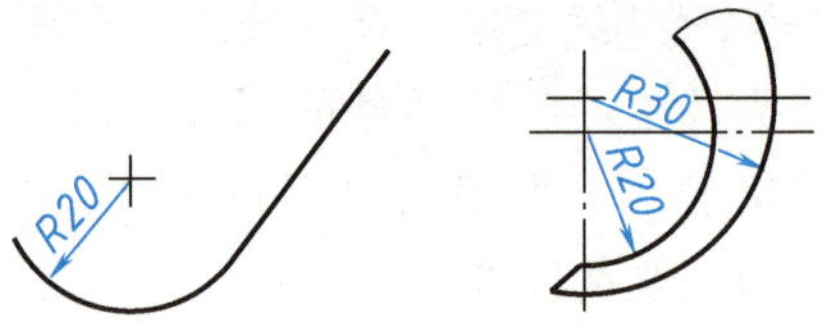
大圆弧	在图样范围内无法标出圆心位置时,可按左图标注;不需要标出圆心位置时,可按右图标注	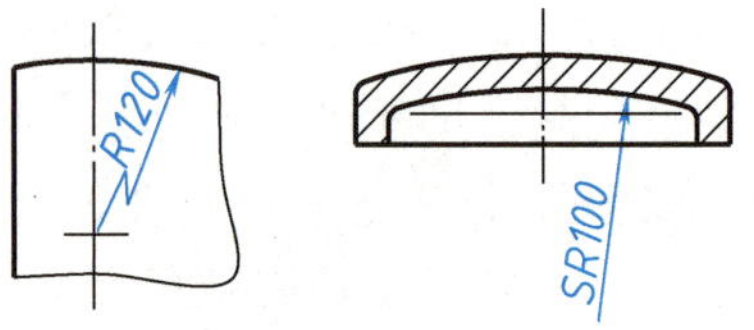
小尺寸	没有足够位置时,箭头可画在外面,允许用小圆点或斜线代替箭头;尺寸数字也可写在外面或引出标注。小圆和小圆弧的尺寸,可按这些图例标注	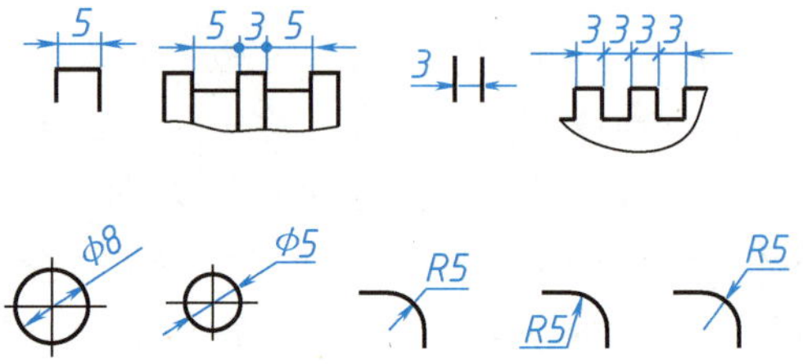
球面	应在"φ"或"R"前加注符号"S"。在不致引起误解时可省略,如右图中的右端球面	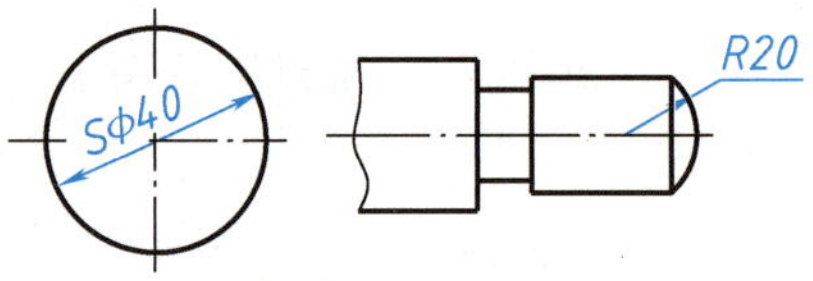
弧长和弦长	标注弦长时,尺寸线应平行于该弦,尺寸界线应平行于该弦的垂直平分线;标注弧长尺寸时,尺寸线用圆弧,尺寸数字左侧应加注符号"⌒"	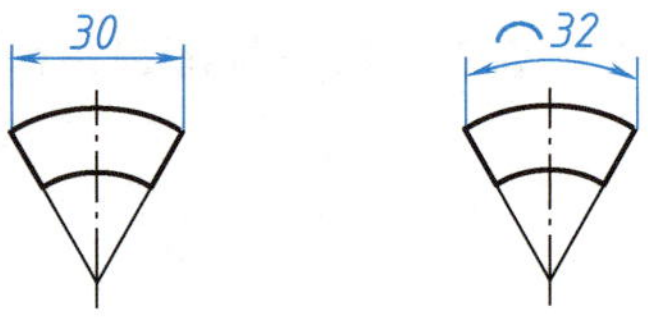
对称机件只画出一半或大于一半时	尺寸线应略超过对称中心线或断裂处的边界线,仅在尺寸界线一端画出箭头。图例中在对称中心线两端画出的两条与其垂直的平行细实线是对称符号	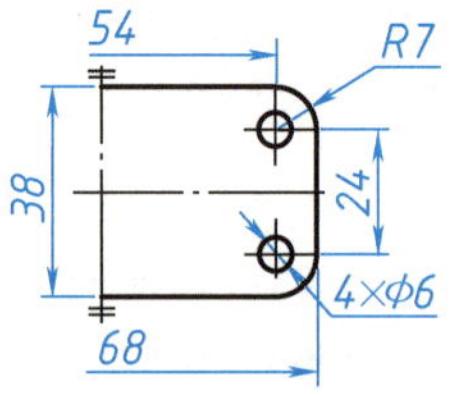
光滑过渡线处	在光滑过渡处,必须用细实线将轮廓线延长,并从它们的交点引出尺寸界线。尺寸线应平行于两交点的连线	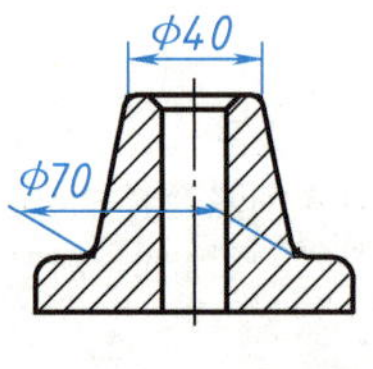

12

（续）

标注内容	说明	示例
正方形结构	剖面为正方形时，可在边长尺寸数字前加注符号"□"，或用"14×14"代替"□14"。图中相交的两条细实线是平面符号（当图形不能充分表达平面时，可用这个符号表示平面）	□14　　14×14
均布的孔	均匀分布的孔可按左图所示标注。当孔的定位和分布情况在图中已明确时，允许省略其定位尺寸和缩写词"EQS"	15°　8×φ6EQS　φ32　　8×φ6　φ32

国家标准还规定了一些有关尺寸标注的符号，用以区分不同类型的尺寸。表 1-8 列出了常见的尺寸标注符号及缩写词，标注尺寸时符号写在尺寸数字的前面。

表 1-8　常见的尺寸标注符号及缩写词

序号	符号或缩写词	含义	序号	符号或缩写词	含义
1	φ	直径	9	▽	深度
2	R	半径	10	⊔	沉孔或锪平
3	$S\phi$	球直径	11	∨	埋头孔
4	SR	球半径	12	⌒	弧长
5	t	厚度	13	∠	斜度
6	EQS	均布	14	◁	锥度
7	C	倒角	15	◯↷	展开长
8	□	正方形	16	（按 GB/T 4656—2008）	棒料、型材断面形状

符号的比例画法如图 1-13 所示。

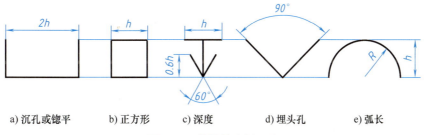

a) 沉孔或锪平　　b) 正方形　　c) 深度　　d) 埋头孔　　e) 弧长

图 1-13　符号的比例画法

图1-14用正误对比的方法，指出了初学者标注尺寸时常见的一些错误。

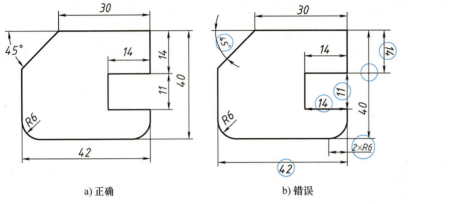

a) 正确　　　　　　　　b) 错误

图 1-14　尺寸标注的正误对比

尺寸标注的
正误对比

第二节　绘图工具及其使用方法

工程图样的图形是由各种基本几何图形组合而成的。熟练使用绘图仪器和工具，牢固掌握和灵活运用几何图形的作图方法，是手工绘图的基本技能。

正确使用绘图工具，是保证图样质量、提高绘图速度的一个重要方面。下面仅介绍几种常用工具及其使用方法。

（1）图板　图板是画图时的垫板，要求表面必须平坦、光滑，左右两导边必须平直。

（2）丁字尺　丁字尺用于画水平线。画图时，应使尺头紧靠图板左侧导边，自左向右画水平线，如图1-15所示。

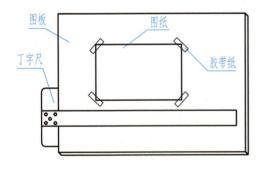
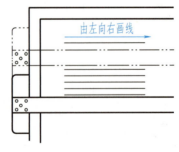

绘图工具的
使用方法

图 1-15　图板与丁字尺的用法

（3）三角板　三角板与丁字尺配合使用，可画垂直线和15°、30°、45°、60°、75°的倾斜线，如图1-16所示。

（4）铅笔　绘图时要求使用"绘图铅笔"。铅笔铅芯的软硬度分别用 B 和 H 表示，B 前的数值越大表示铅芯越软（黑），H 前的数字越大表示铅芯越硬。根据使用要求不同，绘图时应准备以下几种硬度不同的铅笔：

1）H 或 2H——用来画底稿。

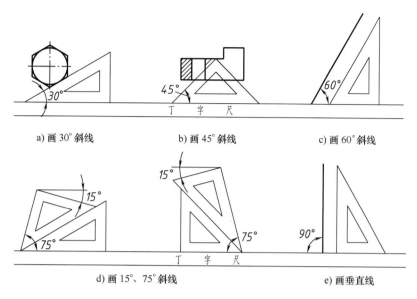

a) 画 30° 斜线　　　　　b) 画 45° 斜线　　　　　c) 画 60° 斜线

d) 画 15°、75° 斜线　　　　　　　　e) 画垂直线

图 1-16　三角板的用法

2）HB 或 H——用来画虚线、细实线、细点画线及写字。

3）B 或 2B——用来加深粗实线。

用来画粗实线的铅笔，铅芯应磨削成宽度为 d（粗线宽）的四棱柱形；其余用途的铅笔，铅芯应磨削成圆锥形，如图 1-17 所示。

（5）圆规　圆规用来画圆和圆弧。它的固定腿上装有钢针，钢针两端形状不同，画弧时将有台阶的一端扎入图板，台阶面与纸面接触。这样

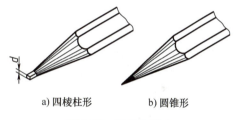

a) 四棱柱形　　　b) 圆锥形

图 1-17　铅笔的削法

在画同心圆时钢针台阶可以防止圆心变大而产生误差。同时，在画圆时圆规的铅芯端应基本上与钢针的台阶端保持平齐。画直径较大的圆时，应使圆规两脚都垂直于纸面。

（6）分规　分规用来等分线段和量取尺寸。分规的两个脚都是针尖脚，两脚的针尖在并拢后应能对齐。

除了以上绘图工具以外，还有比例尺、曲线板、模板、擦图片、直线笔（鸭嘴笔）、绘图墨水笔等各种手工绘图工具，读者使用时可参阅相关书籍。

第三节　几 何 作 图

虽然机件的轮廓形状是多种多样的，但它们的图样基本上都是由直线、圆弧或其他一些曲线所组成的几何图形，因而在绘制图样时，经常要用到一些最基本的几何作图方法。

一、等分线段的画法

绘制图形时经常会遇到线段的等分问题，直线段的等分可以利用中学所学的比例法完成；圆弧线段的等分（即正多边形的画法）见表 1-9。

表 1-9 正多边形的画法

图形	等边三角形	正方形	正五边形
画法			
说明	用 60°三角板的斜边过顶点 A 画线,与外接圆交于 B,过点 B 画水平线交外接圆于点 C,连接 A、B、C 三点即成	用 45°三角板的斜边过圆心画线,与外接圆交于 A、C 两点,分别过 A、C 两点作水平线交外接圆于 D、B 两点,依次连接 A、B、C、D 四点即成	①找到半径 O 1 的中点 2;②以点 2 为圆心、2A 为半径画弧交 O 3 于点 4;③以 A 4 为边长,在外接圆上截取得到顶点 B、C、D、E,依次连接 A、B、C、D、E 五点即成

图形	正六边形	正七边形(正 n 边形)
画法		
说明	因边长等于外接圆半径,可分别以 A、D 两点为圆心,以 φ/2 为半径画弧与外接圆交于 B、C、E、F 四点,与 A、D 两点共为六顶点,依次连接 A、B、C、D、E、F 六点即成	①将直径 1A 七等分(n 等分);②以点 A 为圆心,1A 为半径画弧交直径 23 的延长线于 4、5 两点;③过点 5(或 4)分别与直径 1A 上的奇数分点(或偶数分点)连线并延长,与外接圆交于各顶点 B、C、D、E、F、G;④依次连接各顶点即成

二、斜度和锥度

(1)斜度 斜度是指一直线(或一平面)对另一直线(或平面)的倾斜程度,其大小用它们夹角的正切值来表示,并把比值转化为 1∶n 的形式。斜度的表示符号、作图方法与标注见表 1-10。

(2)锥度 锥度是指正圆锥体的底圆直径与其高度之比;若该立体为圆台,锥度则为两底圆直径之差与台高之比。其比值常转化为 1∶n 的形式。锥度的表示符号、作图方法与标注见表 1-10。

表 1-10　斜度、锥度的表示符号、作图方法与标注

类别		表示符号	作图方法	标注
斜度	图示	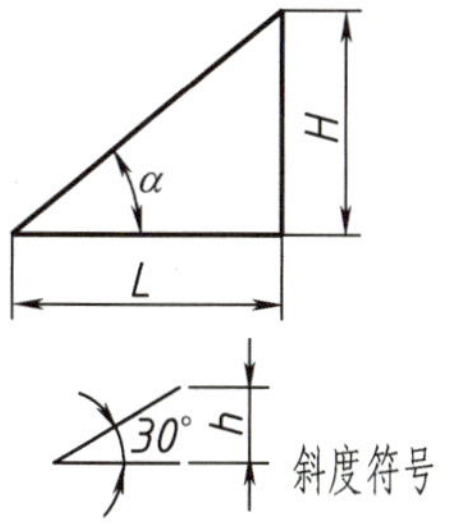	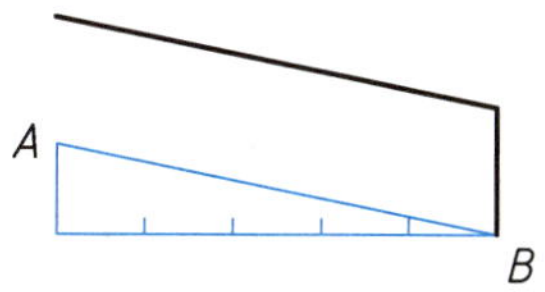	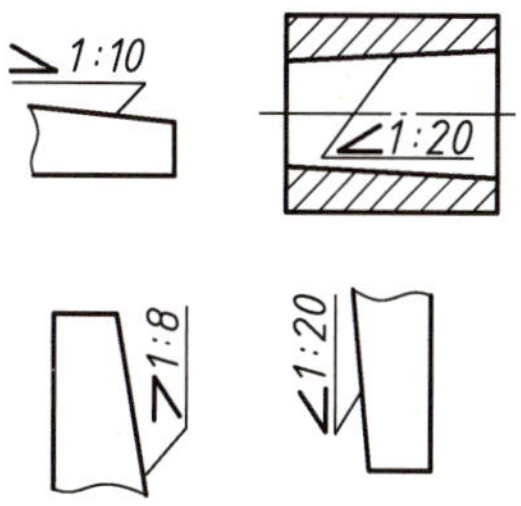
	说明	斜度 = $\tan\alpha = H/L = 1 : L/H = 1 : n$ 斜度符号的线宽为 $h/10$	1）画基准线，从末端作垂线取一个单位长度 2）基准线上取 5 个相同的单位长 3）连 AB，即为 $1:5$ 的斜度，推平行线到需要的位置	斜度符号方向应与所注的斜度方向一致
锥度	图示	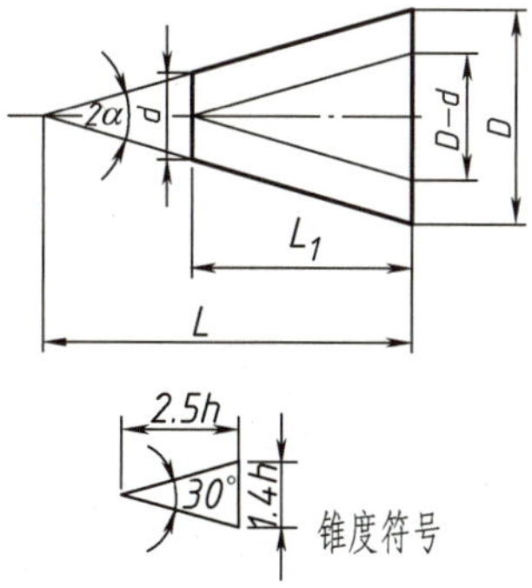	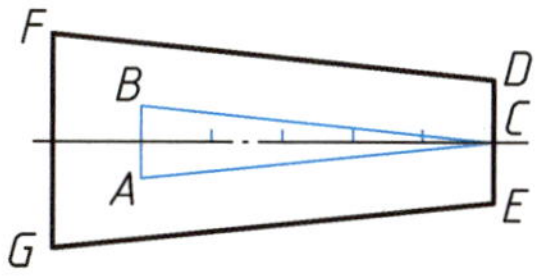	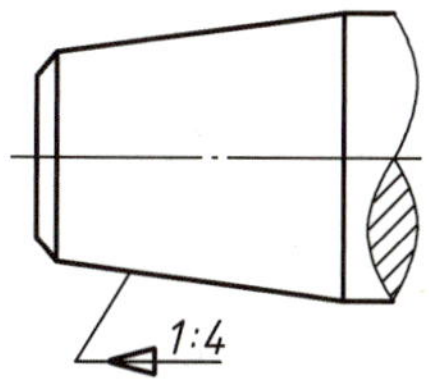
	说明	锥度 = $D : L = (D - d) : L_1 = 2\tan\alpha = 1 : n$ 锥度符号的线宽为 $h/10$	1）画正圆锥轴线，过轴上一点作轴线的垂线，截 AB 等于单位长（对称在轴两边） 2）轴上截取 5 个相同单位长得到 C 点，连 AC、BC，即为 $1:5$ 的锥度 3）作 $DF//BC$、$EG//AC$	锥度符号方向应与所注的锥度方向一致

三、圆弧连接

在绘制机件的图形时，常遇到用已知半径的圆弧光滑地连接两已知线段（直线或圆弧）的情况，其作图方法称为圆弧连接。作图时保证圆弧光滑连接的关键是准确地作出连接圆弧的圆心和切点。

圆弧连接的作图原理如下：

1）与已知直线相切的半径为 R 的圆弧，其圆心轨迹是与已知直线平行、距离为 R 的直线。由选定圆心向已知直线作垂线所得的垂足即为切点。

2）与已知圆心为 O_1、半径为 R_1 的圆弧内切（或外切）时，半径为 R 的连接圆弧圆心

的轨迹是以 O_1 为圆心、以 $|R-R_1|$（或 $R+R_1$）为半径的已知圆弧的同心圆，切点是选定的连接圆弧圆心 O 与 O_1 的连心线（或其延长线）与已知圆弧的交点。

表 1-11 列出了圆弧连接的三种基本形式：

1）用圆弧连接两已知直线，见表 1-11 的 a 栏。

2）用圆弧连接一已知直线与一已知圆弧，见表 1-11 的 b 栏。

3）用圆弧连接两已知圆弧，见表 1-11 的 c、d 栏。

表 1-11　圆弧连接的基本形式

栏	连接要求	作图方法和步骤		
		求圆心 O	求切点 m、n	画圆弧连接
a	连接相交两直线	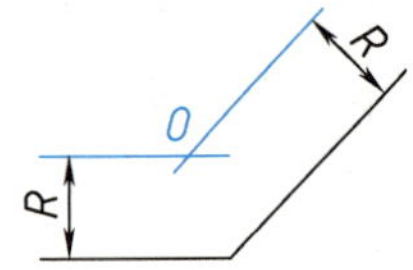	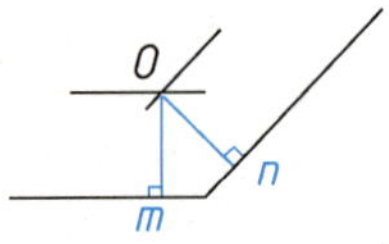	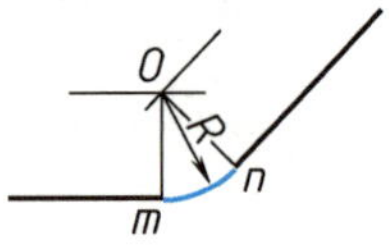
b	连接直线与圆弧	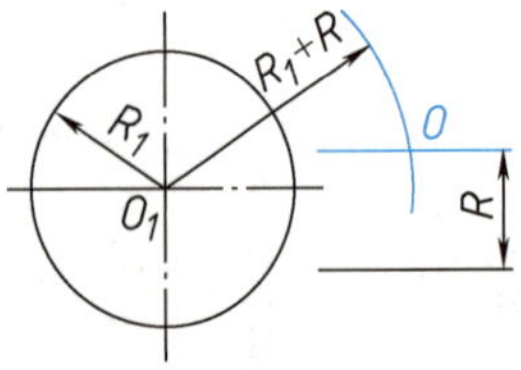	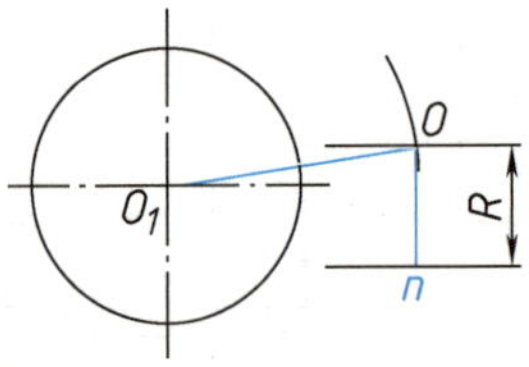	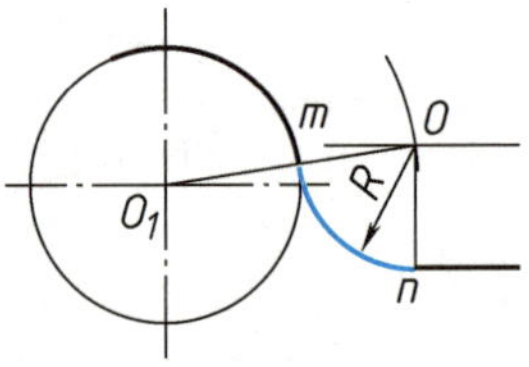
c	外接两圆弧	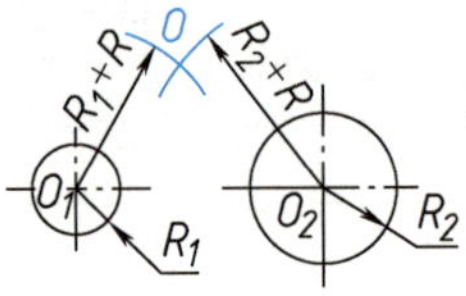	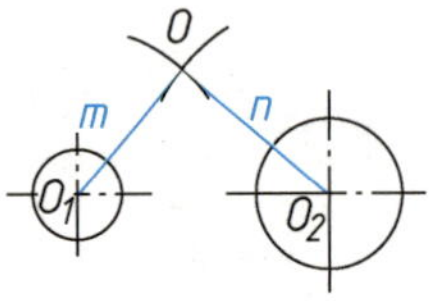	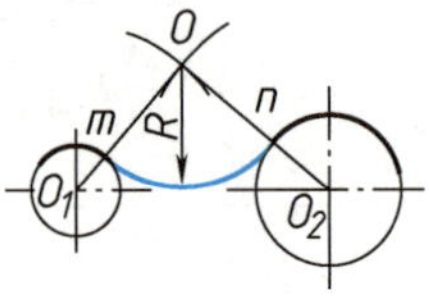
d	内接两圆弧	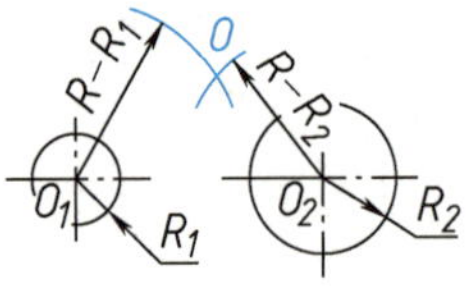	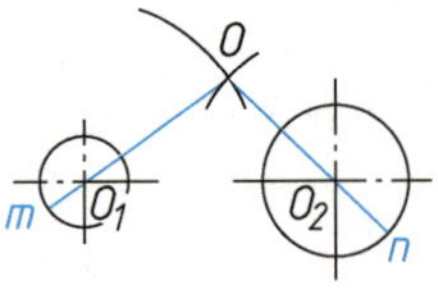	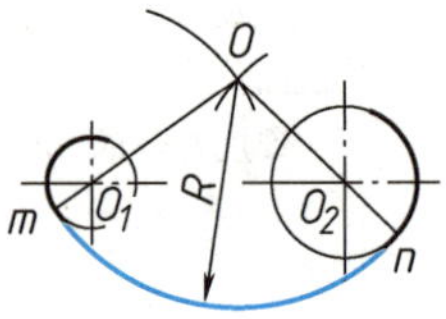

第四节　平面图形的分析及画法

一般平面图形都是由若干线段（直线或曲线）连接而成的。要正确绘制一个平面图形，首先应对平面图形进行尺寸分析和线段分析，从而确定正确的绘图顺序，再依次绘出各线段。

一、平面图形的尺寸分析

尺寸用来确定平面图形的形状、大小和位置。按照尺寸在平面图形中的作用不同，可将其分为定形尺寸和定位尺寸两类。为了确定平面图形中线段的相对位置，引入了基准的概念。

（1）基准　基准是标注尺寸的起点。对于二维图形，需要两个方向的基准，即水平方向基准和铅垂方向基准。一般平面图形中可作为基准线的有以下几种：

1）对称图形的对称线。

2）较大圆的对称中心线。

3）较长的直线。

图 1-18 所示手柄是以水平的对称线和较长的铅垂线作为基准线的。

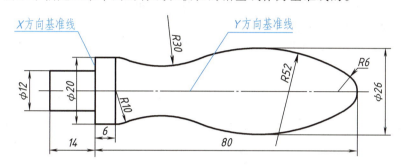

图 1-18　手柄

（2）定形尺寸　定形尺寸是确定平面图形上几何元素形状大小的尺寸，如直线长度、角度的大小及圆弧的直径或半径等。图 1-18 所示的 14、ϕ12、ϕ20、R10、R6 等均是定形尺寸。

（3）定位尺寸　定位尺寸是确定平面图形上几何元素位置的尺寸。图 1-18 所示的 80、ϕ26 均为定位尺寸。

二、平面图形的线段分析

根据图形线段的定形尺寸和定位尺寸是否齐全，可以将线段分为以下三类：

（1）已知线段　定形尺寸和定位尺寸标注齐全，作图时根据所给尺寸可直接画出的线段为已知线段，如图 1-18 中 ϕ12、ϕ20、14 的直线，以及 R6、R10 的圆弧所示。

（2）中间线段　已知定形尺寸和一个定位尺寸，另一方向的定位尺寸必须依靠作图才能求出的线段称为中间线段，如图 1-18 中的 R52 的圆弧所示。

（3）连接线段　只有定形尺寸而无定位尺寸的线段称为连接线段。连接线段必须在两侧相邻线段画出后，根据与其连接关系才能画出。如图 1-18 中的 R30 的圆弧所示，只知其半径，作图时需借助其他条件才可确定圆心的两个定位尺寸。

三、平面图形的作图步骤

通过以上对平面图形的尺寸分析和线段分析，可归纳出平面图形的作图步骤：画出图形基准线后，先画已知线段，再画中间线段，最后画连接线段。画中间线段和连接线段所缺条件由相切关系间接求出，因此在画平面图形之前需先对图形尺寸进行分析，以确定画图的正确步骤。作图过程中应该准确求出中间弧和连接弧的圆心和切点。

[例 1-1]　作出图 1-18 所示手柄的平面图形。

解　作图步骤如下：

1）画基准线及已知线段的定位线，如图 1-19a 所示。

2）画已知线段，如直线 φ12、φ20、R10、R6 等，它们是能够直接画出来的轮廓线，如图 1-19b 所示。

3）画中间线段，如圆弧 R52，需借助尺寸 φ26，以及与 R6 相内切的几何条件找出圆心和切点才能画出，如图 1-19c 所示。

4）画连接线段，如 R30 圆弧，根据与 R10、R52 相外切的几何条件找到圆心位置后才能画出，如图 1-19d 所示。

5）最后经整理和检查无误后，按规定加深图线，并标注尺寸，如图 1-18 所示。

平面图形
——手柄
的画法

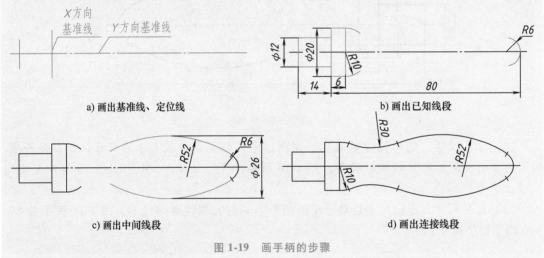

a) 画出基准线、定位线　　　　b) 画出已知线段

c) 画出中间线段　　　　d) 画出连接线段

图 1-19　画手柄的步骤

[例 1-2]　作出图 1-20 所示定位块的平面图形。

解　作图步骤如下：

1）画基准线及已知线段的定位线，如尺寸 19、9、R15 等，如图 1-21a 所示。

2）画已知线段，如弧 φ6、φ2.5、φ11、R4 等，如图 1-21b 所示。

3）画中间线段，如圆弧 R18，需借助与 R4 相内切的几何条件才能画出，如图 1-21c 所示。

4）画连接线段，如 R6、R1.5 等，它们要根据与已知线段相切的几何条件找到圆心位置后方能画出，如图 1-21d 所示。

5）最后经整理并检查无误后，按规定加深图线，再标注尺寸，如图 1-20 所示。

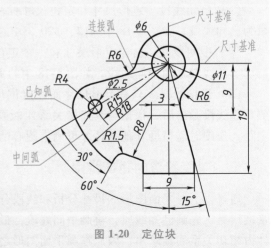

图 1-20　定位块

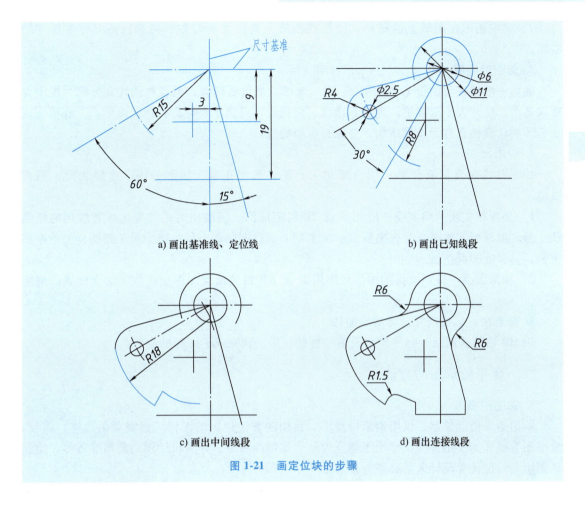

图 1-21 画定位块的步骤

第五节 手工绘图技能

绘制图样时，为使图画得又快又好，除了必须熟悉制图标准、掌握几何作图方法、正确使用绘图工具，还需具有一定的绘图技能。绘图技能包括尺规绘图（也称为仪器绘图）和徒手绘草图。

一、尺规绘图的方法和步骤

1. 绘图准备
在进行绘图准备时应注意：

1）准备好必需的制图工具和仪器。

2）确定图样采用的比例和图纸幅面大小；将图纸固定在图板左下方，并使图纸底边与图板下边的距离大于丁字尺尺身宽度；画出图框和标题栏。

2. 图形分析
在进行图形分析时应注意：

1）分析所画图形上各尺寸的作用和线段的性质，确定画图的先后次序。

2）确定图形在图纸上的布局，图形在图纸上的位置要匀称、美观且留有标注尺寸的空间。

3. 画图形底稿

底稿一般用较硬的铅笔（如 H 或 2H）来画。底稿要轻画，但各种图线要分明，视图要布局适中，尺寸大小要准确。先画基准线、定位线，再画主要轮廓，然后画细部。底稿完成之后，要认真检查有无遗漏结构，并擦去多余的线。

4. 铅笔加深

加深图线时要认真仔细，用力要均匀，保证线型正确、粗细分明、连接光滑、图面整洁。

1）加深粗实线。粗实线一般用 B 或 2B 铅笔加深。圆规用的铅芯应比画直线用的铅笔软一号。加深粗实线时，要先曲后直、由上到下、自左向右，尽量减少尺子在图样上的摩擦次数，以保证图面整洁。

2）加深细线。按粗实线的加深顺序用 H 或 HB 铅笔依次加深细虚线、细点画线、细实线等。

5. 画箭头、标注尺寸、填写标题栏

用 HB 铅笔画箭头、标注尺寸及填写标题栏后，就完成了图样的绘制。

二、徒手绘草图的方法

1. 草图的概念

草图是不借助仪器，仅用铅笔以徒手、目测的方法绘制的图样。绘制草图迅速、简便，故草图有很大的实用价值，常用于创意设计、零部件测绘、计算机绘图的前期准备等。绘制草图也是一位优秀设计人员必备的素质之一。

草图不要求按照国家标准规定的比例绘制，但要求正确目测实物形状及大小，基本上把握住形体各部分间的比例关系。判断形体间比例要从整体到局部，再由局部返回整体，相互比较。如一个物体的长、宽、高之比为 4∶3∶2，画此物体时，就要大致保持物体自身的这种比例。

草图不是潦草之图，除比例一项外，其余必须遵守国家标准规定，要求做到图线清晰、粗细分明、字体工整等。

为便于控制尺寸大小，经常在网格纸上徒手画草图。网格纸不要求固定在图板上，可任意转动和移动，以便于作图。

2. 草图的绘制方法

（1）画直线　水平线应自左向右画出，铅垂线应自上而下画出，眼视终点，小指压住纸面，手腕随线移动。画水平线和铅垂线时，要充分利用坐标纸的方格线；画 45°斜线时，应利用方格的对角线方向，如图 1-22 所示。

（2）画圆　画不太大的圆，应先画出两条互相垂直的中心线，再在中心线上与圆心距离等于半径处截取四点，过四点画圆即可，如图 1-23a 所示。如果画的圆较大，则可以再增画两条对角线，在对角线上找出四段半径的端点，然后通过这八个点画圆，如图 1-23b 所示。

（3）画圆角、圆弧连接　对于圆角、圆弧连接，应尽量利用与正方形、长方形相切的特点绘制，如图 1-23c 所示。

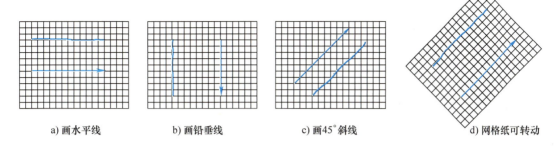

a) 画水平线 b) 画铅垂线 c) 画45°斜线 d) 网格纸可转动

图 1-22 草图画线

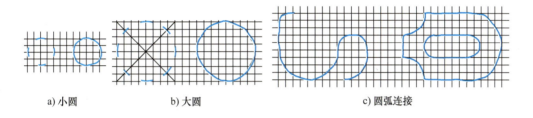

a) 小圆 b) 大圆 c) 圆弧连接

图 1-23 草图画圆及圆弧

国家标准

"无规矩不成方圆"。工程图样标准化是工业生产标准化的基础。我国于 1959 年首次发布《机械制图》国家标准。为适应科学技术的发展和国际交流的需求，国家标准《机械制图》已经过多次修订，各类技术图样和有关技术文件共同适用的《技术制图》国家标准也已制定。在绘制图样时要树立标准意识，遵守国家标准，贯彻国家标准。

世界上最早的大规模标准化发生在中国秦朝，秦朝统一了度量衡、货币，车同轨、书同文，让我国走上了大一统的国家发展道路。正是这些"标准"，使得我国虽然历经多次朝代更迭，中华民族却成为世界上唯一一个没有出现文化断层的民族。目前许多标准的制定仍主要采取国际标准中国化的形式，应加快推动中国标准国际化。

本 章 小 结

本章介绍了国家标准《技术制图》《机械制图》中关于图幅、图框格式、比例、字体、图线、尺寸标注等的基本规定，以及常用绘图工具和仪器的正确使用。

通过本章的学习，学生应了解徒手绘图的概念和基本作图方法；掌握圆弧连接的概念和作图原理；能正确进行平面图形的尺寸和线段分析；熟练使用绘图仪器规范绘制平面图形和标注尺寸；养成良好的绘图习惯，培养严谨细致的工程素养。

思 考 题

1. 机械图样上有哪几种图线？

2. 尺寸标注有哪些基本规则？

3. 徒手绘图的技巧是什么？

24

4. 试列举一些常用的标注尺寸的符号和缩写词。

5. 试述平面图形的线段分类及绘制平面图形的步骤。

6. 试设计一个封闭的平面图形，要求包含已知线段、中间线段、连接线段。

7. 结合规则的重要性谈谈你对《技术制图》《机械制图》国家标准的理解，以及在制图课程的学习中如何宣传贯彻国家标准。

第二章 投影基础

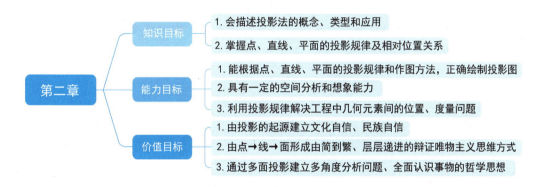

	知识目标	1. 会描述投影法的概念、类型和应用
		2. 掌握点、直线、平面的投影规律及相对位置关系
第二章	能力目标	1. 能根据点、直线、平面的投影规律和作图方法，正确绘制投影图
		2. 具有一定的空间分析和想象能力
		3. 利用投影规律解决工程中几何元素间的位置、度量问题
	价值目标	1. 由投影的起源建立文化自信、民族自信
		2. 由点→线→面形成由简到繁、层层递进的辩证唯物主义思维方式
		3. 通过多面投影建立多角度分析问题、全面认识事物的哲学思想

　　点、直线、平面是构成空间物体形状最基本的几何元素。本章主要介绍点、直线、平面的投影规律及其相对位置关系。同时引导初学者逐步培养起根据点、直线、平面的多面投影图，想象它们在三维空间的位置的习惯，从而逐步培养空间分析能力和想象能力，为学好本课程打下坚实的基础。

第一节　投影法的基本知识

一、投影法的基本概念

　　如图 2-1 所示，平面 P 称为投影面，点 S 称为投射中心，直线 SA 称为投射线，直线 SA 与平面 P 的交点 a 称为点 A 在平面 P 的投影或投影图。投射线通过物体，向选定的面投射，并在该面上得到图形的方法，称为投影法。所有投射线的起源点，称为投射中心。发自投射中心且通过被表示物体上各点的直线，称为投射线。在投影法中得到投影的面称为投影面。根据投影法所得到的图形称为投影或投影图。空间点用大写字母表示，它的投影则用同名小写字母表示。为了叙述方便，本书将直线段统称为直线。

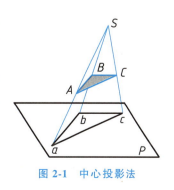

图 2-1　中心投影法

　　工程上常用的投影方法有两大类——中心投影法和平行投影法。

1. 中心投影法

投射中心 S 相对投影面 P 位于有限远时，投射线汇交于一点的投影法，称为中心投影法，所得到的投影称为透视投影、透视或透视图，如图 2-1 所示。中心投影法通常用来绘制建筑物或产品的富有逼真感的立体图。在日常生活中，照相、电影及人观察物体时的影像都属于中心投影的范畴。

2. 平行投影法

投射中心 S 对投影面 P 的距离为无限远时，投射线将互相平行，这种投影方法称为平行投影法，所得的投影称为平行投影，如图 2-2 所示。

根据投射线与投影面是否垂直，平行投影法又分为以下两类：

（1）斜投影法　投射线与投影面相倾斜的平行投影法，称为斜投影法。根据斜投影法所得到的图形，称为斜投影或斜投影图，如图 2-2a 所示。

（2）正投影法　投射线与投影面相垂直的平行投影法，称为正投影法。根据正投影法所得到的图形，称为正投影或正投影图，如图 2-2b 所示。

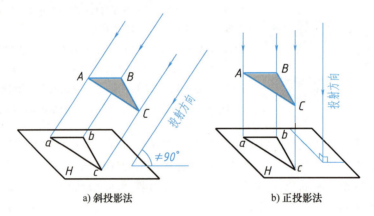

a) 斜投影法　　　　　　b) 正投影法

图 2-2　平行投影法

由于正投影法能反映物体的真实形状和大小，度量性好，作图简便，所以正投影法在工程上的应用十分广泛。为了叙述方便，本书将正投影简称为投影。

3. 正投影的基本性质

空间直线或平面的正投影具有以下基本性质：

正投影的特性

（1）从属性　若点在某条直线上，则点的投影一定在该直线的投影上，如图 2-3a 所示。

（2）平行性　若空间两直线相互平行，则两直线的投影仍然平行，且两平行直线段的长度之比在投影中不变，即 $AB : CD = ab : cd$，如图 2-3b 所示。

（3）实形性　当空间直线或平面平行于投影面时，其投影反映直线的实长或平面的实形，如图 2-3c 所示。

（4）积聚性　当空间直线或平面垂直于投影面时，直线的投影积聚为一点，平面的投影积聚为直线，如图 2-3d 所示。

（5）类似性　当空间直线或平面与投影面相倾斜时，直线的投影长度缩短，平面的投影为原平面的类似图形，如图 2-3e 所示。

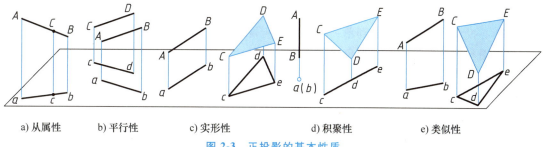

| a) 从属性 | b) 平行性 | c) 实形性 | d) 积聚性 | e) 类似性 |

图 2-3　正投影的基本性质

二、投影法在工程上的应用

工程上使用的投影图，必须能确切地、唯一地反映出物体的形状和空间几何关系。因此，工程上常用的投影图主要有多面正投影图、轴测投影图、标高投影图和透视投影图。

1. 多面正投影图

物体在互相垂直的两个或多个投影面上得到正投影之后，将这些投影面旋转展开到同一图面上，使该物体的各正投影图有规则地配置，并相互之间形成对应关系，这样的正投影图称为多面正投影图或多面正投影。多面正投影图的优点是能反映物体的实际形状和大小，即度量性好，且作图简便；缺点是直观性较差。多面正投影图多用于机械行业，如图 2-4 所示。

2. 轴测投影图

用平行投影法将物体及确定该物体的直角坐标轴 OX、OY、OZ，沿不平行于任一坐标轴的方向投射在单一投影面上，所得的具有立体感的图形称为轴测投影图。轴测投影图的优点是直观性较好，容易看懂；缺点是作图较烦琐，且度量性差。轴测投影图常用作辅助工程图样，如图 2-5 所示。

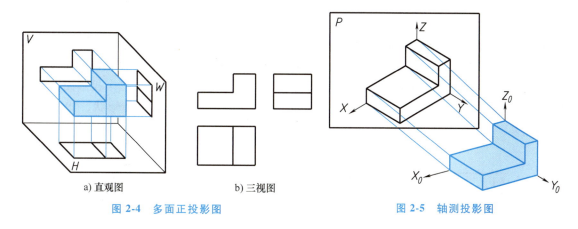

| a) 直观图 | b) 三视图 |

图 2-4　多面正投影图　　　　图 2-5　轴测投影图

3. 标高投影图

用正投影法把物体投影在水平投影面上，为在投影图上确定物体高度，图中画出一系列标有数字的等高线。所标尺寸为等高线对投影面的距离，也称为标高。这样的投影图称为标高投影图，如图 2-6 所示。标高投影图常用于土建、水利、地质图样及不规则曲面设计中。

4. 透视投影图

用中心投影法将物体投射到单一投影面上所得到的具有立体感的图形称为透视投影图。透视投影图与人的视觉相符，形象逼真，直观性强；但作图较烦琐，度量性差。透视投影图常用于建筑图样中，如图 2-7 所示。

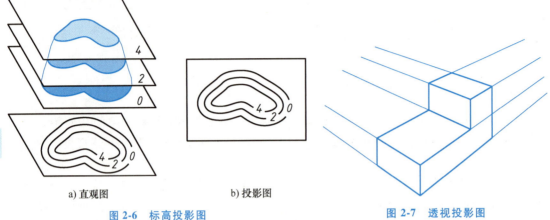

a) 直观图   b) 投影图

图 2-6 标高投影图

图 2-7 透视投影图

三、投影面体系

如图 2-8 所示，过空间点 A 作投射线垂直于投影面 H，投射线与 H 面的交点 a 为空间点 A 在 H 面上的投影。因为过投影 a 的垂线上所有点（如点 A、A_1、A_2、…、A_t）的投影都是 a，所以，已知点 A 的一个投影 a 不能唯一确定空间点 A 的位置。

同样用一个投影图也不能反映空间物体的唯一形状。如图 2-9 所示，两个物体对应部分的长和高分别相等，则它们的投影图完全相同，但实际上两物体的形状并不一

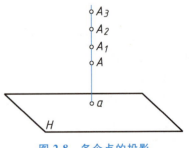

图 2-8 多个点的投影

样。因此可增加投影面，用多面正投影图实现以图状物的唯一性。这一法则是法国几何学家蒙日于 1775 年首先提出并进行科学论证的。用三个互相垂直的平面组成三个投影面，将物体置于其中并分别向三个投影面投影，便可准确地反映出物体的大小和形状，如图 2-10 所示。

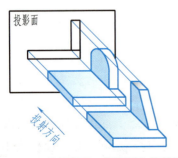

图 2-9 两物体在同一投影面上的投影

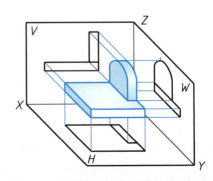

图 2-10 物体在三投影面体系中的投影

三投影面体系中的三个投影面分别称为正立投影面（简称为正面或 V 面）、水平投影面（简称为水平面或 H 面）、侧立投影面（简称为侧面或 W 面）。

两个投影面之间的交线称为投影轴，分别用 OX、OY、OZ 表示。各投影面上的投影名称约定如下：物体在正面上的投影称为正面投影（V 面投影）；在水平面上的投影称为水平投影（H 面投影）；在侧面上的投影称为侧面投影（W 面投影）。

下面主要讨论点、直线、平面在三投影面体系中的投影及投影特性。

第二节　点的投影

一、点在两投影面体系中的投影

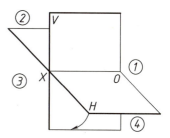

图 2-11　四个分角的划分

如图 2-11 所示，设立互相垂直的正立投影面和水平投影面，组成两投影面体系。V 面与 H 面相交于投影轴 OX，将空间划分为四个分角——第一分角、第二分角、第三分角和第四分角。本书只着重讲述在第一分角中的几何形体的投影。将物体（包括几何元素）置于第一分角内，即物体处于观察者与投影面之间进行投射，然后按规定展开投影面，生成物体的多面正投影图的表示法，称为第一角画法。

点的两面投影

如图 2-12a 所示，由第一分角中的点 A 作垂直于 V 面、H 面的投射线 Aa'、Aa，分别与 V 面、H 面交得点 A 的正面（V 面）投影 a' 和水平（H 面）投影 a。

由于平面 $Aa'a$ 分别与 V 面、H 面相垂直，所以这三个互相垂直的平面必定交于一点 a_X，且三条交线互相垂直，即 $a_Xa' \perp a_Xa \perp OX$。又因四边形 Aaa_Xa' 是矩形，所以 $a_Xa' = aA$，$a_Xa = a'A$。亦可知：点 A 的 V 面投影 a' 与投影轴 OX 的距离，等于点 A 与 H 面的距离；点 A 的 H 面投影 a 与投影轴 OX 的距离，等于点 A 与 V 面的距离。

保持 V 面不动，将 H 面绕 OX 轴向下旋转 $90°$，与 V 面展成同一个平面，如图 2-12b 所示。因为在同一平面上，过 OX 轴上的点 a_X，只能作 OX 轴的一条垂线，所以点 a'、a_X、a 共线，即 $a'a \perp OX$。点在互相垂直的投影面上的投影，在投影面展成同一平面后的连线，称为投影连线。

如图 2-12c 所示，在实际画图时，不必画出投影面的边框和点 a_X，即为点 A 的两面投影图。

由此就可概括出点的两面投影的以下特性：

1）点的投影连线垂直于投影轴，即 $a'a \perp OX$。

2）点的投影与投影轴的距离，等于该点与相邻投影面的距离，即 $a_Xa' = aA$，$a_Xa = a'A$。

已知一点的两面投影，就能唯一地确定该点的位置。可以想象：若将 V 面保持正立位置，将 H 面绕 OX 轴向前转折 $90°$，恢复到水平位置，再分别由 a'、a 作垂直于 V 面、H 面的投射线，则可唯一地得出点 A 在空间的位置。

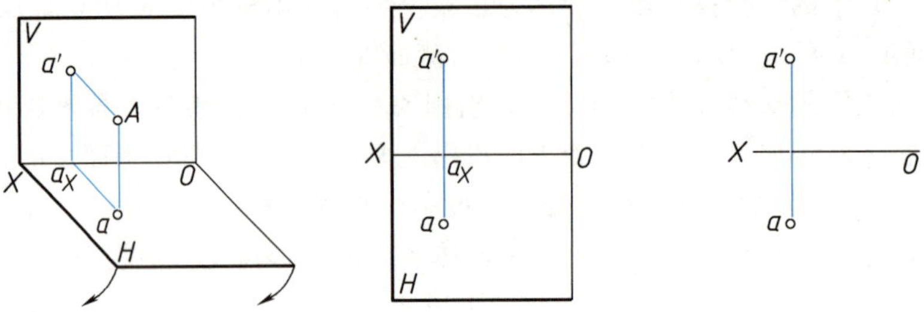

a) 直观图　　　　b) 投影面展开图　　　　c) 投影图

图 2-12　点在两面体系中的投影

二、点在三投影面体系中的投影

虽然由点的两面投影已能确定该点的位置，但有时为了更清晰地表达某些几何形体，再设立一个与 V 面、H 面都垂直的侧立投影面，如图 2-13a 所示，形成三投影面体系，三个投影面之间的交线，即三条投影轴 OX、OY、OZ，必定互相垂直，三投影轴的交点 O 称为原点。

如图 2-13a 所示，点 A（x_A，y_A，z_A）处于三投影面体系中的空间位置，由点 A 分别向三个投影面作垂线，其垂足即为点 A 在三个投影面上的投影。x_A、y_A、z_A 分别是空间点到投影面 W、V、H 的距离。

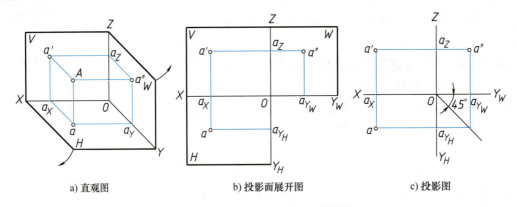

a) 直观图　　　　b) 投影面展开图　　　　c) 投影图

图 2-13　点在三投影面体系中的投影

为了便于画图，需要把三个投影面展开到一个平面上。展开时正面（V 面）不动，将水平面（H 面）绕 OX 轴向下旋转 $90°$，侧面（W 面）绕 OZ 轴向右旋转 $90°$，使三个投影面展成同一平面，如图 2-13b 所示。投影面旋转后，OY 轴一分为二，规定在 H 面上的为 OY_H 轴，在 W 面上的为 OY_W 轴。

在实际画图时，不必画出投影面的边框线，如图 2-13c 所示。在后续的学习讨论中，主要采用 V/H 两投影面体系来图示、图解空间几何问题或表达物体的形状。

若将三投影面体系看作直角坐标系，则投影轴、投影面、点 O 分别为坐标轴、坐标面、原点。从图 2-13 可以得出点在三投影面体系中的以下投影特性：

1）点的正面投影与水平投影的连线垂直于 OX 轴，即 $a'a \perp OX$，且 $a'a$ 到原点 O 的距离 Oa_X 反映点 A 的 x 坐标，也表示空间点 A 到 W 面的距离。

2）点的正面投影与侧面投影的连线垂直于 OZ 轴，即 $a'a'' \perp OZ$，且 $a'a''$ 到原点 O 的距离 Oa_Z 反映点 A 的 z 坐标，也表示空间点 A 到 H 面的距离。

3）点 A 的水平投影 a 到 OX 轴的距离等于点 A 的侧面投影 a'' 到 OZ 轴的距离，即 $aa_X = a''a_Z$，且反映点 A 的 y 坐标，也表示空间点 A 到 V 面的距离。

[例 2-1] 已知空间点 $A(15，16，20)$，试作出 A 点的三面投影。

解 作图步骤如下（图 2-14）：

1）画投影轴，即分别画出两正交直线，其交点为原点。然后在 OX 轴上量取 x 坐标值 15mm，并过该点作 OX 轴的垂线。

2）在垂线上，由 OX 轴向下量取 y 坐标值 16mm 得投影 a，再从 OX 轴向上量取 z 坐标值 20mm 得投影 a'。

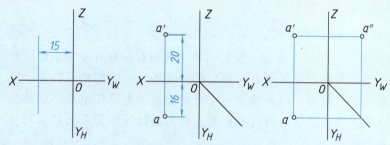

a) 画投影轴并作 OX 轴垂线　　b) 在垂线上取投影 a、a'　c) 按点的投影特性作出投影 a''

图 2-14　由点的坐标作三面投影

3）作出 $a'a'' \perp OZ$，按点的投影特性作出投影 a''，即可完成 A 点的三面投影。

三、投影面和投影轴上的点

当空间点的 x、y、z 坐标有一个为 0 时，空间点必在相应的某一投影面上；有两个坐标为 0 时，空间点必在相应的某一投影轴上。

如图 2-15 所示，点 A 的 y 坐标为 0，则在 V 面上；点 B 的 z 坐标为 0，则在 H 面上；而点 C 除 x 坐标不为 0，另两坐标均为 0，则必在 OX 轴上。从图 2-15 中分析坐标和投影得知，投影面和投影轴上的点具有以下特性：

（1）投影面上的点　点相对某一投影面的坐标为 0，在该投影面上的投影与该点重合，在另外两投影面上的投影分别在相应的投影轴上。值得注意的是如图 2-15 所示，H 面上点 B 的 W 面投影 b'' 在 OY 轴上，由于 OY 轴分成 OY_H 轴和 OY_W 轴，故 b'' 应属于 OY_W 轴；投影图中只能画出几何形体的投影，不能画出和标注出实际的几何形体及其符号，所以在图 2-15b 中点 A 的 V 面投影 a' 处，不能标注出与投影 a' 重合的点 A，同理也不能在点 B 的 H 面投影 b 处标注与投影 b 重合的点 B。

（2）投影轴上的点　点相对某两个投影面的坐标为 0，在包含这条轴的两个投影面上的投影都与该点重合，在另一投影面上的投影与原点重合。

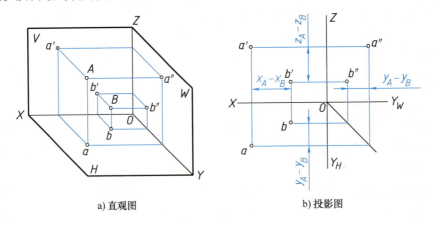

a) 直观图   b) 投影图

图 2-15　投影面和投影轴上的点

四、两点的相对位置及重影点

1. 两点的相对位置

如图 2-16 所示，空间两点在同一投影体系中的相对位置分左右、前后和上下三个方向，可以用两点在三个方向的坐标差来确定两点的相对位置；反之，若已知两点的相对位置，以及其中一个点的投影，也能作出另一点的投影。实际上，由投影图判断空间两点的位置主要是通过投影关系比较其对应坐标的大小来进行的。

两点的
相对位置

如图 2-16 所示，点 A 的 x 坐标大于点 B 的 x 坐标，说明点 A 在点 B 之左；点 A 的 y 坐标大于点 B 的 y 坐标，说明点 A 在点 B 之前；点 A 的 z 坐标大于点 B 的 z 坐标，说明点 A 在点 B 之上。从而最终确定点 A 在点 B 的左前上方。

a) 直观图   b) 投影图

图 2-16　两点的相对位置

2. 重影点

若两个或两个以上的点的某一同面投影（几何元素在同一投影面上的投影称为同面投影）重合，则这些点称为对这个投影面或这个投影的重影点。

由图 2-17 可知，点 C 在点 A 正后方，两点的 x、z 坐标分别相等，A、C 两点在同一条

垂直于 V 面的投射线上，其正面投影重合，称点 A、C 为对正面投影的重影点。同理，若一点在另一点的正下方或正上方，即 x、y 坐标分别相等，则称两点为对水平投影的重影点；若一点在另一点的正左方或正右方，即 y、z 坐标分别相等，则称两点为对侧面投影的重影点。

在投影图中，当两点的同面投影出现重影时，需要判断这两个点的可见性。对正面投影、水平投影、侧面投影的重影点的可见性，分别根据前遮后、上遮下、左遮右的原则来判断。可以根据两点的另一对不相等的坐标进行判断，坐标值大的可见。如图 2-17 所示，应该是较前的点 A 的正面投影 a' 可见，而后方的点 C 的正面投影 c' 被遮住不可见。必要时，不可见点的投影可以加括号表示，如图 2-17 所示的（c'）。

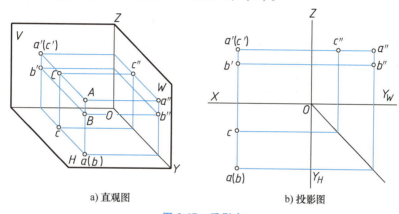

a) 直观图　　　　　　　　b) 投影图

图 2-17　重影点

第三节　直线的投影

两点确定一条直线，要确定直线的投影，只要找出直线上两点的投影，并将两点的同面投影连接起来即得直线在该投影面上的投影，如图 2-18 所示。

直线的投影一般仍为直线；当直线平行于投影面时，其投影反映实长；当直线和投影面垂直时，其投影积聚为一点；当直线倾斜于投影面时，其投影长度缩短，如图 2-19 所示。

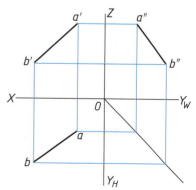

图 2-18　直线的投影

一、各种位置直线及投影特性

将直线段简称为直线，直线在三投影面体系中的位置可分为三大类——一般位置直线、投影面平行线和投影面垂直线。投影面平行线和投影面垂直线统称为特殊位置直线。

直线与 H 面、V 面、W 面的倾角，分别用 α、β、γ 表示。当直线平行于投影面时，倾角为 $0°$；当直线垂直于投影面时，倾角为 $90°$；当直线倾斜于投影面时，倾角在 $0° \sim 90°$ 之间。

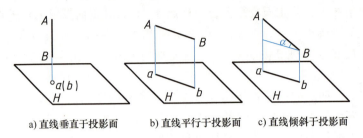

a) 直线垂直于投影面　　b) 直线平行于投影面　　c) 直线倾斜于投影面

图 2-19　直线的投影特性

1. 一般位置直线

与三个投影面都倾斜的直线称为一般位置直线。如图 2-20 所示，一般位置直线的投影特性如下：

1）三面投影都倾斜于投影轴，且都小于直线的实长。

2）各投影与投影轴的夹角均不反映空间直线对各基本投影面的倾角。

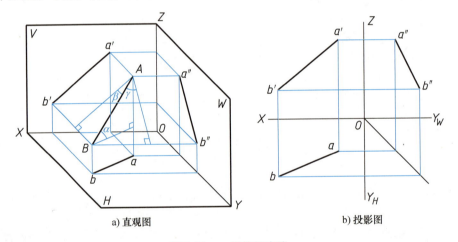

a) 直观图　　　　　　　　　　　　b) 投影图

图 2-20　一般位置直线

2. 投影面平行线

平行于一个投影面，与另两个投影面相倾斜的直线称为投影面平行线。平行于 H 面的直线，称为水平线；平行于 V 面的直线，称为正平线；平行于 W 面的直线，称为侧平线。投影面平行线上的点有一个坐标值相等。

各种投影面平行线的投影图及投影特性见表 2-1。

表 2-1　各种投影面平行线的投影图及投影特性

名称	正平线（平行于 V 面，与 H、W 面相倾斜）	水平线（平行于 H 面，与 V、W 面相倾斜）	侧平线（平行于 W 面，与 H、V 面相倾斜）
直观图			

（续）

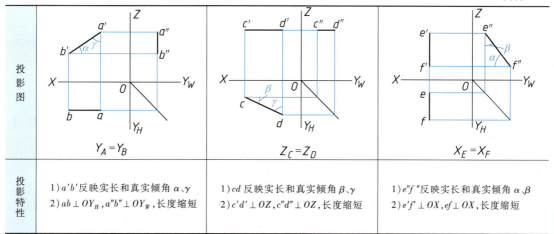

投影图	$Y_A = Y_B$	$Z_C = Z_D$	$X_E = X_F$
投影特性	1）$a'b'$ 反映实长和真实倾角 α、γ 2）$ab \perp OY_H$，$a''b'' \perp OY_W$，长度缩短	1）cd 反映实长和真实倾角 β、γ 2）$c'd' \perp OZ$，$c''d'' \perp OZ$，长度缩短	1）$e''f''$ 反映实长和真实倾角 α、β 2）$e'f' \perp OX$，$ef \perp OX$，长度缩短

从表 2-1 可以概括出投影面平行线的投影特性如下：

1）在与直线相平行的投影面上的投影反映实长；它与投影轴的夹角分别反映直线对另两投影面的真实倾角。这是平行线的度量特性。

2）在另外两个投影面上的投影，垂直于同一条投影轴，且长度缩短。这也是平行线投影作图或判断的主要依据。

特殊位置直线的投影特性

3. 投影面垂直线

垂直于一个投影面，与另两个投影面相平行的直线称为投影面垂直线。垂直于 H 面的直线，称为铅垂线；垂直于 V 面的直线，称为正垂线；垂直于 W 面的直线，称为侧垂线。投影面垂直线上的点有两个坐标值分别相等。

各种投影面垂直线的投影图及投影特性见表 2-2。

表 2-2　各种投影面垂直线的投影图及投影特性

名称	正垂线（垂直于 V 面，平行于 H、W 面）	铅垂线（垂直于 H 面，平行于 V、W 面）	侧垂线（垂直于 W 面，平行于 H、V 面）
直观图	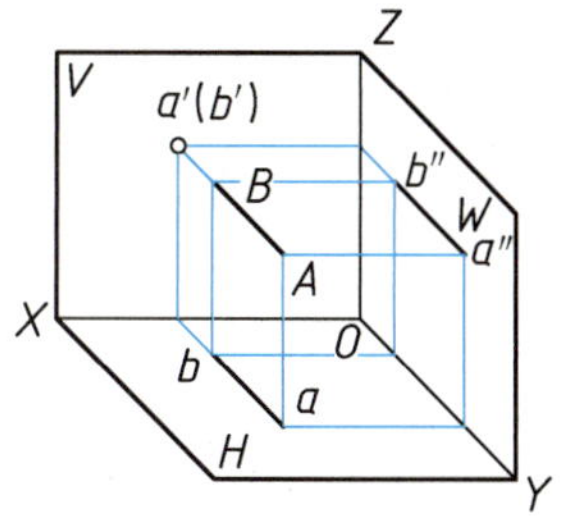	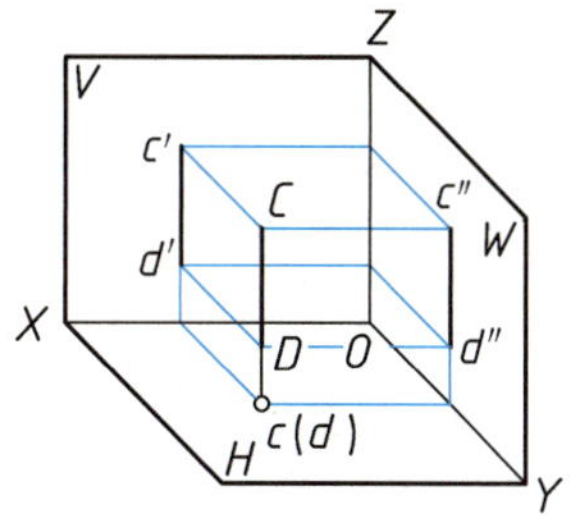	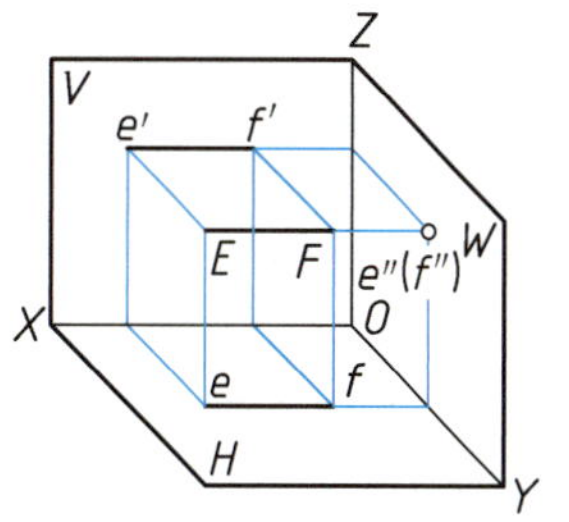
投影图	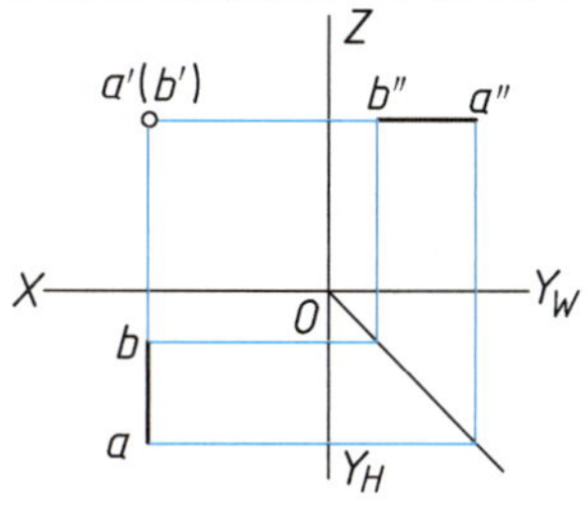 $X_A = X_B$，$Z_A = Z_B$	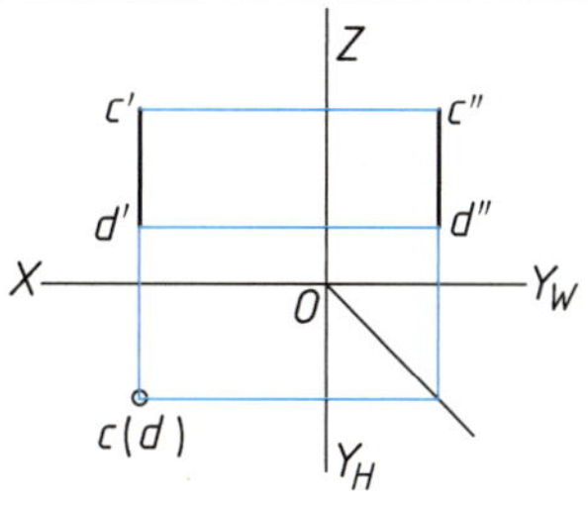 $X_C = X_D$，$Y_C = Y_D$	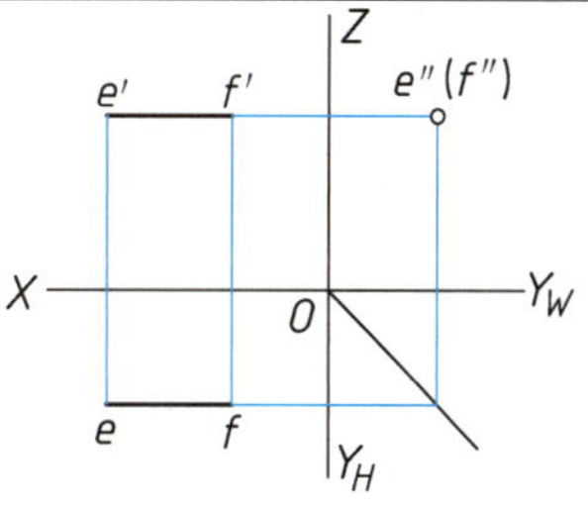 $Y_Z = Y_F$，$Z_E = Z_F$

（续）

投影特性	1）$a'b'$积聚成一点 2）$ab/\!/OY_H$，$a''b''/\!/OY_W$，ab、$a''b''$都反映实长	1）cd积聚成一点 2）$c'd'/\!/OZ$，$c''d''/\!/OZ$，$c'd'$、$c''d''$都反映实长	1）$e''f''$积聚成一点 2）$ef/\!/OX$，$e'f'/\!/OX$，ef、$e'f'$都反映实长

从表 2-2 可以概括出投影面垂直线的投影特性如下：

1）在与直线相垂直的投影面上的投影积聚成一点。这是垂直线投影作图或判断的主要依据。

2）在另外两投影面上的投影，平行于同一条投影轴，反映实长。

二、求一般位置直线段的实长及其与投影面的倾角——直角三角形法

综上所述，只有特殊位置的直线在投影中才可以知道其实长，以及其对投影面的倾角大小，而在一般位置直线的投影中则不能。因为已知直线段的两面投影，该直线段在空间的位置就完全确定了，我们可以根据这两面投影，通过图解法求出直线段的实长，以及其对某一投影面的倾角。这一作图方法称为直角三角形法。

如图 2-21a 所示，一般位置直线 AB，它的水平投影为 ab，对水平投影面的倾角为 α。在垂直于 H 面的平面 $ABba$ 内，将投影 ab 平移至直线 AB_1，则 $\triangle AB_1B$ 便构成一直角三角形。在该直角三角形中可以看出：一直角边 $AB_1 = ab$，即直线 AB 的水平投影长度；另一直角边 $B_1B = z_B - z_A = \Delta z$，即为 A、B 两端点的 z 坐标差；斜边 AB 即为实长；$\angle BAB_1 = \alpha$，即直线 AB 对水平投影面的倾角，其作图方法如图 2-21b 所示。

同理，通过直线 AB 的其他投影，也可求出其实长，以及与 V 或 W 面的倾角 β 或 γ，如图 2-22 所示。

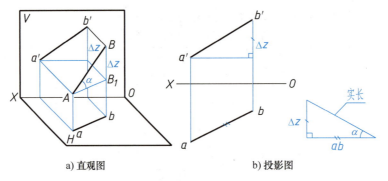

a）直观图　　　　　　　　b）投影图

图 2-21　投影、倾角与实长的关系

表 2-3 给出了在利用直角三角形法图解问题时，直角三角形各边、角间的关系。

表 2-3　直线段 AB 的各种直角三角形边、角构成

直角三角形各边、角	斜边	倾角	直角边	
			倾角邻边	倾角对边
关系	实长 AB	α	水平投影 ab	坐标差 Δz_{AB}
		β	正面投影 $a'b'$	坐标差 Δy_{AB}
		γ	侧面投影 $a''b''$	坐标差 Δx_{AB}

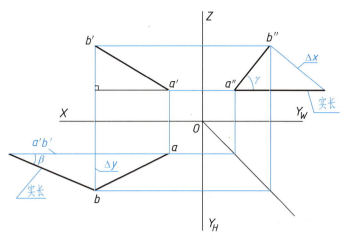

图 2-22 求线段的实长及倾角 β、γ

[例 2-2] 如图 2-23a 所示,已知直线 AB 的正面投影 $a'b'$ 和点 A 的水平投影 a。若已知:(1)实长为 25mm;(2)$\beta = 30°$;(3)$\alpha = 30°$。试分别完成直线 AB 的水平投影。

解 (1)由直线 AB 的正面投影 $a'b'$ 和实长(25mm)可确定一个直角三角形,另一直角边即为 Δy,如图 2-23b 所示。

(2)由直线 AB 的正面投影 $a'b'$ 和 β(30°)可确定一直角三角形,另一直角边即为 Δy,如图 2-23c 所示。

(3)已知正面投影 $a'b'$ 即为已知直角边 Δz,与已知的 α(30°)即可确定一直角三角形,另一直角边即为 ab,如图 2-23d 所示。

直角三角形
法的应用

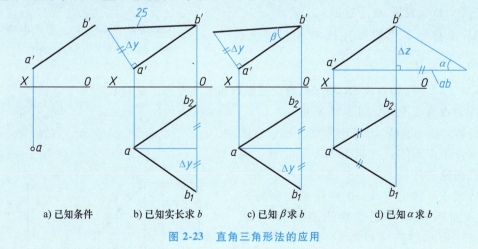

a)已知条件　　b)已知实长求 b　　c)已知 β 求 b　　d)已知 α 求 b

图 2-23 直角三角形法的应用

三、直线上点的投影特性

(1)从属性 直线上的点,其投影必在直线的同面投影上,如图 2-24 中的 K 点。

(2)定比性 不垂直于投影面的直线上的点,分割直线段之比,在投影图上保持不变,即

$$AK : KB = ak : kb = a'k' : k'b' = a''k'' : k''b''$$

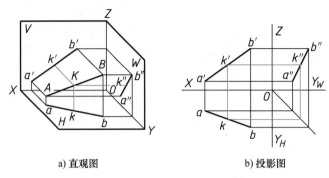

a) 直观图 b) 投影图

图 2-24 直线上点的投影特性

利用直线上确定点的作图方法可以解决一些度量或定位问题。

[例 2-3] 如图 2-25a 所示，已知直线 AB 上有一点 C，点 C 把直线分为两段，且 $AC : CB = 3 : 2$。试作点 C 的投影。

解 分析：根据直线上的点分直线段之比在投影图上保持不变的性质，可直接作图。

作图步骤如下：

1) 由水平投影 a 作任意直线，在其上量取 5 个单位长度得点 B_0，在直线 aB_0 上取点 C_0，使 $aC_0 : C_0B_0 = 3 : 2$，如图 2-25b 所示。

2) 连接点 B_0 与投影 b，过点 C_0 作直线 bB_0 的平行线交投影 ab 于投影 c。

3) 由投影 c 作投影连线与 $a'b'$ 交于投影 c'。

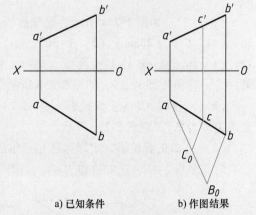

a) 已知条件 b) 作图结果

图 2-25 应用定比性分线段

[例 2-4] 已知直线 AB 和点 K 的正面投影和水平投影，试判断点 K 是否在直线上，如图 2-26 所示。

解 分析：因为直线 AB 是侧平线，所以在已知两面投影中不能直接判断点 K 的位置，需通过作图确定。

点在直线上的判断

方法 1：作出直线 AB 和点 K 的侧面投影，从而判断点 K 是否属于直线 AB。从图 2-26a 所示的侧面投影中可以看出，投影 k'' 不在投影 $a''b''$ 上，因此点 K 不在直线 AB 上。

方法 2：用点分割线段成定比的方法，在水平投影上作辅助线并在其上截取投影 $a'k'$ 和 $k'b'$，由作图可知，点 K 不在直线 AB 上，如图 2-26b 所示。

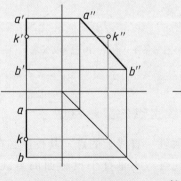
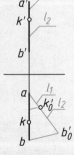

a) 用作出其他投影的方法 b) 用点分割线段成定比方法

图 2-26 点在直线上的判断

四、两直线的相对位置及投影特性

空间两直线的相对位置有三种情况——平行、相交、交叉，如图 2-27 所示。平行和相交两直线都属于共面直线，交叉两直线属于异面直线。在相交和交叉两种直线中，又存在相交垂直和交叉垂直的特殊情况。

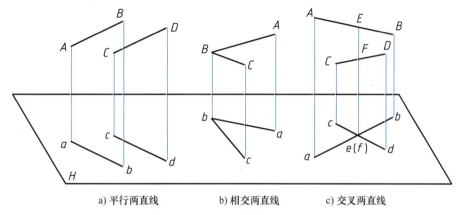

a) 平行两直线　　　　b) 相交两直线　　　　c) 交叉两直线

图 2-27　两直线的相对位置

1. 平行两直线的投影特性

若空间两直线平行，则它们的同面投影均互相平行，如图 2-28 所示；反之，若两直线的同面投影互相平行，则两直线在空间一定互相平行。

若要判断两条一般位置直线是否平行，则只要检查任意两个投影面上的投影是否平行就能断定，如图 2-28 所示。若要判断两条投影面平行线是否平行，则通常只能通过在与它们平行的投影面上的投影进行判断，不可以由两面投影直接确定平行。如图 2-29 所示，侧平线 AB、CD 在 V、H 面上的投影虽然平行，但通过侧面投影可以看出空间直线 AB、CD 并不平行。

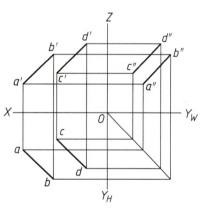

图 2-28　平行两直线

2. 相交两直线的投影特性

若空间两直线相交，则它们的每个同面投影也一定相交，且交点的投影符合点的投影特性；反之亦然，如图 2-30 所示。

3. 交叉两直线的投影特性

空间既不平行也不相交的两条直线，称为交叉两直线。其投影既不满足平行两直线的投影特性，也不满足相交两直线的投影特性，如图 2-31 所示。

交叉两直线同面投影的交点是一对重影点。重影点的可见性，按照前遮后、上遮下、左遮右的原则来判断。根据重影点的可见性可以判断两直线在空间相对于某一投影面的位置。如图 2-31 所示，直线 AB 与 CD 的正面投影 a'b' 与 c'd' 相交，设点 E 在直线 AB 上，点 F 在直线 CD 上，E、F 两点的正面投影重合，从它们的水平投影或侧面投影可知，点 F 在前为可见，点 E 在后

交叉两直线
的投影

为不可见，则两直线相对 V 面时直线 CD 在直线 AB 之前。用同样的方法可以判断水平投影重影点的可见性，从而确定交叉两直线相对于 H 投影面的空间位置关系。

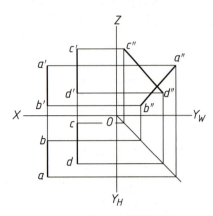

图 2-29　判断两直线是否平行

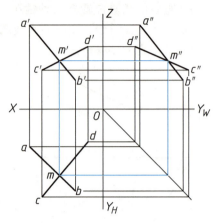

图 2-30　相交两直线

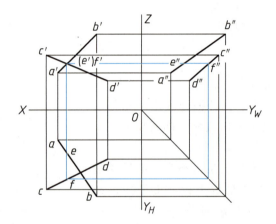

图 2-31　交叉两直线

[**例 2-5**]　如图 2-32a 所示，判断直线 AB、CD 的相对位置。

解　分析：由于两直线的同面投影不平行，所以直线 AB、CD 不平行。若直线 AB、CD 相交，则投影 a'b' 与 c'd' 的交点是直线 AB 与 CD 的交点的投影；若直线 AB、CD 交叉，则投影 a'b' 与 c'd' 的交点分别是位于直线 AB、CD 上对正面投影的重影点投影。如图 2-32b 所示，用直线上的点分割线段长度比的投影特性判断。

作图步骤如下：

1）在投影 a'b' 与 c'd' 的相交处，定出直线 AB 上的点 E 的正面投影 e'。

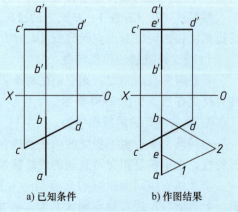

a) 已知条件　　　　b) 作图结果

图 2-32　判断直线 AB、CD 的相对位置

40

2）由投影 a 任作一直线，在其上量取 $a1 = a'e'$，$12 = e'b'$。

3）连接投影 2 与 b，作 $1e // 2b$，与投影 ab 交于投影 e，即为点 E 的水平投影。因为投影 e 不在投影 ab 与 cd 的交点处，所以直线 AB 与 CD 交叉。

4. 垂直两直线的投影特性——直角投影定理

两直线垂直包括相交垂直和交叉垂直两种情况，是相交两直线和交叉两直线的特殊情况。

当互相垂直的两直线都平行于某一投影面时，则两直线在该投影面上的投影必定反映直角；当互相垂直的两直线都不平行于某一投影面时，两直线在该投影面上的投影不可以反映直角。当互相垂直的两直线之一平行于某一投影面时，则两直线在该投影面上的投影仍反映直角，这一投影特性称

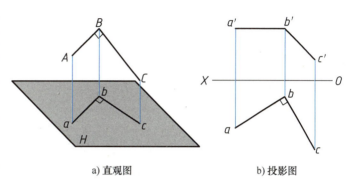

a) 直观图　　　　　b) 投影图

图 2-33　直角投影定理

为直角投影定理；反之，如果两直线在某一投影面上的投影为直角，两直线中只要有一条平行于该投影面，则两直线在空间必定互相垂直，如图 2-33 所示。

直角投影定理的证明：设 $AB \perp BC$，且 $AB // H$ 面，BC 倾斜于 H 面。由于 $AB \perp BC$，$AB \perp Bb$，所以 $AB \perp$ 平面 $BCcb$。又 $AB // ab$，故 $ab \perp$ 平面 $BCcb$，因而 $ab \perp bc$。

[例 2-6]　如图 2-34a 所示，过点 C 作正平线 AB 的垂线 CD（其垂足 D），并求点 C 与正平线 AB 的距离。

解　分析：由于直线 AB 是正平线，故可以用直角投影定理求之。

作图步骤如下（图 2-34b）：

1）过投影 c' 作 $c'd' \perp a'b'$（完成此步已经满足直角投影定理）。

2）由投影 d' 求出投影 d。

3）连接投影 cd，则 $CD \perp AB$，投影 $c'd'$、cd 即为垂线 CD 的两面投影，投影 d'、d 则为垂足 D 的两面投影。

4）用直角三角形法作直线段 CD 的实长。以投影 cd 为一条直角边，再以点 C、D 与 H 面的距离差 $z_C - z_D$ 为另一条直角边 cc_0，则组成的直角三角形的斜边 c_0d 即为直线段 CD 的实长，也就是点 C 与正平线 AB 的距离。

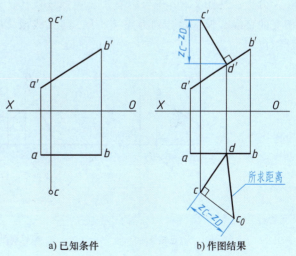

a) 已知条件　　　　　b) 作图结果

图 2-34　过点 C 作直线 CD 垂直于正平线 AB，并求点 C 与正平线 AB 的距离

41

[例 2-7]　如图 2-35a 所示，已知以 AB 为底的等腰 $\triangle ABC$ 的水平投影，其中直线 AB 为正平线，求等腰 $\triangle ABC$ 的正面投影。

解　分析：根据等腰三角形的性质，等腰三角形的高一定位于底 AB 的中垂线上。由已知条件可知，$ab /\!/ OX$，直线 AB 为正平线，根据直角投影定理，正面投影反映垂直关系。

作图步骤如下：

1）根据直线上点的投影特性，找投影 $a'b'$ 的中点 d'，过点 d' 做投影 $a'b'$ 的垂线，投影 c' 必在该垂直线上，如图 2-35b 所示。

2）利用点的投影规律获得投影 c'，依次连接正面投影 $a'b'c'$ 即为所求等腰 $\triangle ABC$ 的正面投影，如图 2-35c 所示。

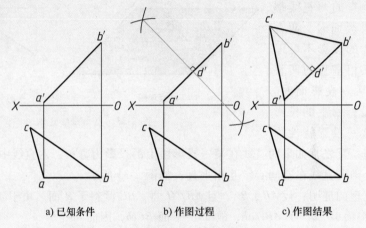

a）已知条件　　　b）作图过程　　　c）作图结果

图 2-35　直角投影定理的应用实例

[例 2-8]　如图 2-36a 所示，求作两交叉直线 AB、CD 的公垂线及两者之间的距离。

解　分析：从图 2-36b 中可以看出，直线 AB、CD 的公垂线 EF，是与直线 AB、CD 都垂直相交的直线，设垂足分别为点 E、F，则直线段 EF 的实长就是交叉两直线 AB、CD 之间的距离。

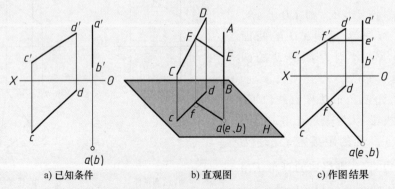

a）已知条件　　　b）直观图　　　c）作图结果

图 2-36　求交叉两直线的公垂线和距离

因为直线 AB 为铅垂线，其水平投影积聚为一点，所以点 E 的水平投影一定与该点重合。又因为 $EF \perp AB$，所以直线 EF 为水平线，而直线 CD 是一般位置直线，根据直角投影定理，作图必须满足 $ef \perp cd$，而且投影 ef 为 AB、CD 两直线间的真实距离。

作图步骤如下（图 2-36c）：

1）在水平投影上作 $ef \perp cd$，与投影 cd 交于投影 f。

2）由投影 f 作投影连线，在投影 $c'd'$ 上求出投影 f'，再由投影 f' 作 $e'f' /\!/ OX$ 且与投影 $a'b'$ 交于投影 e'。投影 $e'f'$、ef 即为所求。投影 ef 为 AB、CD 两直线间的真实距离。

第四节　平面的投影

一、平面的表示法

1. 用几何元素表示

如图 2-37 所示，根据初等几何学所述平面的基本性质可知，平面有以下几种表示法：

1）不在同一直线上的三点（图 2-37a）。

2）一条直线和直线外一点（图 2-37b）。

3）两条相交直线（图 2-37c）。

4）两条平行直线（图 2-37d）。

5）任意平面几何图形（图 2-37e），如三角形、多边形或圆等。

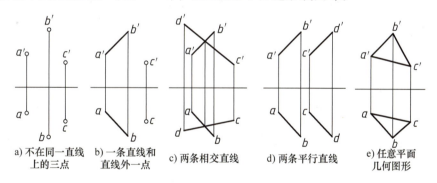

a) 不在同一直线　　b) 一条直线和　　c) 两条相交直线　　d) 两条平行直线　　e) 任意平面
　　 上的三点　　　　直线外一点　　　　　　　　　　　　　　　　　　　　　 几何图形

图 2-37　几何元素表示平面

2. 用迹线表示

平面与投影面的交线，称为平面的迹线。平面也可用迹线来表示，用迹线表示的平面称为迹线平面，如图 2-38 所示。平面与 V 面、H 面、W 面的交线分别称为正面迹线（V 面迹线）、水平迹线（H 面迹线）、侧面迹线（W 面迹线）。迹线的符号用平面名称的大写字母附加投影面名称的角标表示，如图 2-38 中的 P_V、P_H、P_W 所示。迹线又是投影面上的直线，其投影与本身重合，用粗实线表示，并标注对应的符号。它在另外两投影面上的投影，分别在相应的投影轴上，不需要作任何表示和标注。

对于特殊位置平面，不画无积聚性的迹线，用两段短的粗实线表示有积聚性的迹线的位置，中间以细实线相连，并标上相应的迹线符号，如图 2-39 所示。

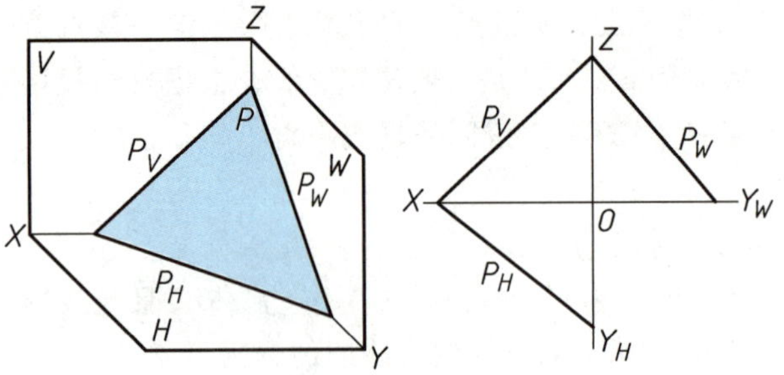

a) 直观图　　　　　　　b) 投影图

图 2-38　迹线表示平面

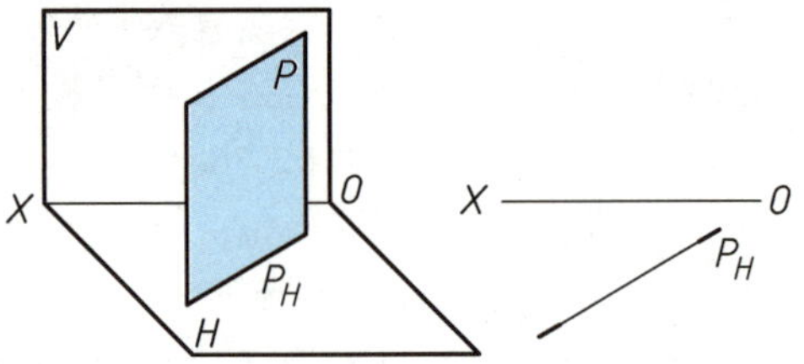

a) 直观图　　　　　　　b) 投影图

图 2-39　特殊位置平面的迹线表示法

二、各种位置平面及投影特性

平面在三投影面体系中的位置可分为三种类型——一般位置平面、投影面垂直面和投影面平行面。投影面垂直面和投影面平行面统称为特殊位置平面。

平面与 H 面、V 面、W 面的倾角分别用 α、β、γ 表示。当平面平行于投影面时，倾角为 $0°$；当平面垂直于投影面时，倾角为 $90°$；当平面倾斜于投影面时，倾角在 $0°\sim90°$ 之间。

1. 一般位置平面

一般位置平面是指对三个投影面都倾斜的平面。图 2-40 所示为一般位置平面 $\triangle ABC$ 的直观图和投影图，由于平面对 H、V、W 面都倾斜，所以它的三面投影均为三角形，且面积缩小。即一般位置平面的投影具有类似性，没有度量特性。

一般位置平面
的投影

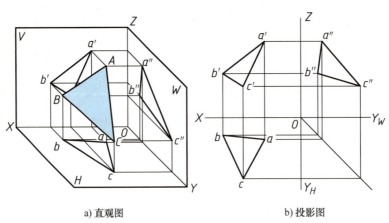

a) 直观图　　　　　　　　　　　　b) 投影图

图 2-40　一般位置平面 $\triangle ABC$ 的直观图和投影图

2. 投影面垂直面

垂直于一个投影面，与另两个投影面相倾斜的平面称为投影面垂直面。垂直于 H 面的平面称为铅垂面；垂直于 V 面的平面称为正垂面；垂直于 W 面的平面称为侧垂面。

各种投影面垂直面的投影图及投影特性见表 2-4。

表 2-4　各种投影面垂直面的投影图及投影特性

名称	正垂面（垂直于 V 面，与 H、W 面相倾斜）	铅垂面（垂直于 H 面，与 V、W 面相倾斜）	侧垂面（垂直于 W 面，与 H、V 面相倾斜）
直观图	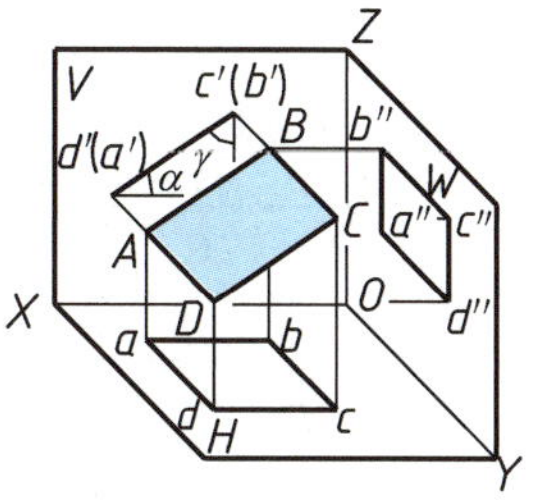	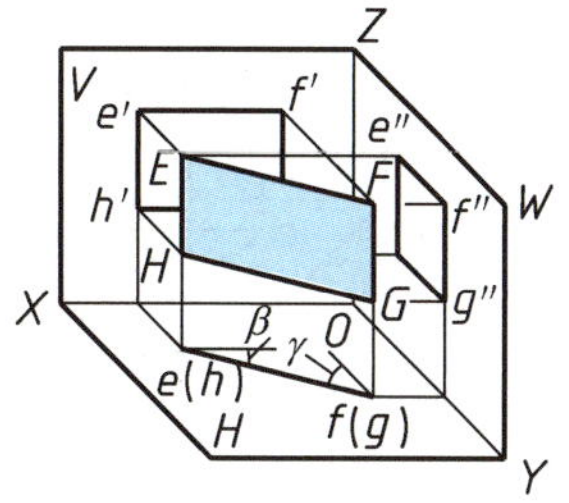	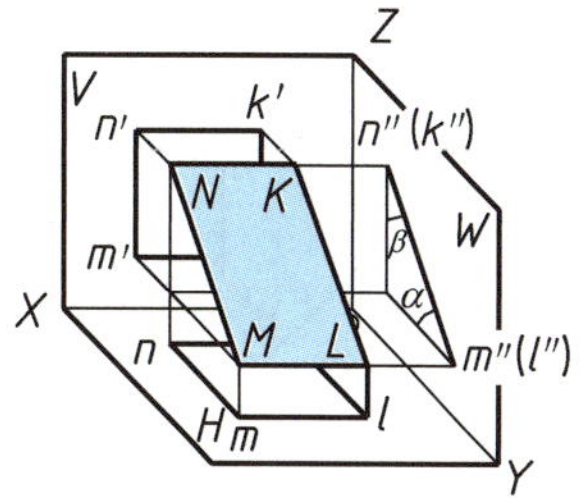
投影图	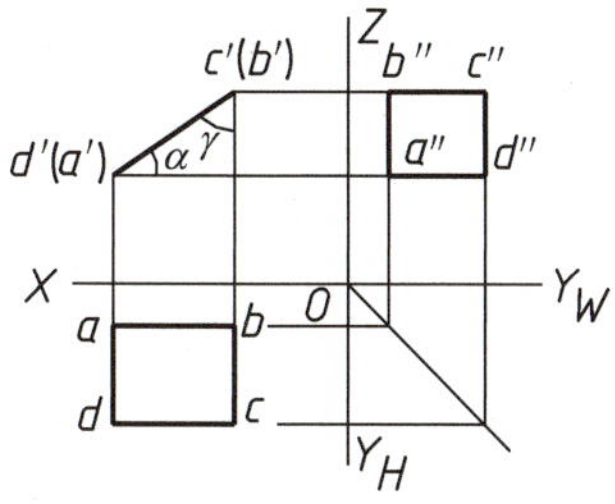	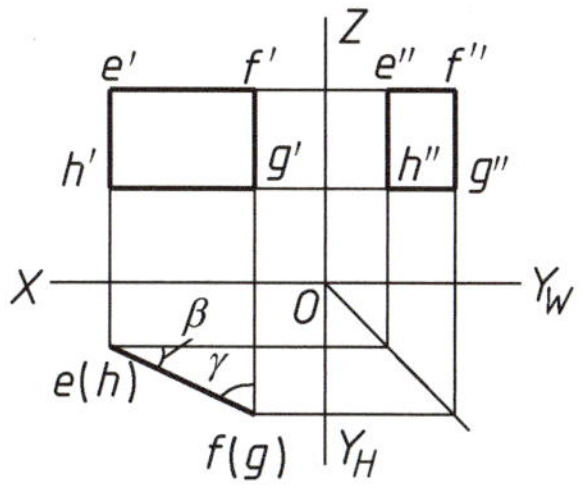	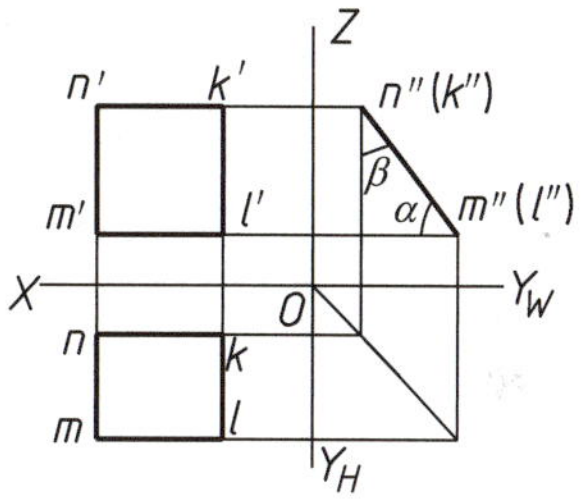
迹线表示法	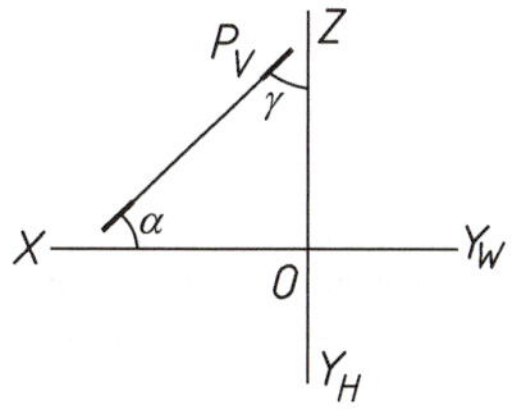	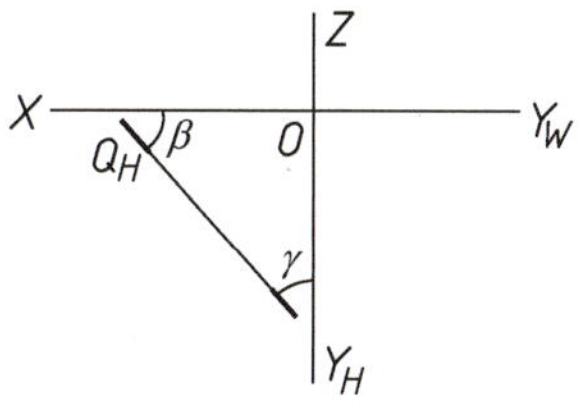	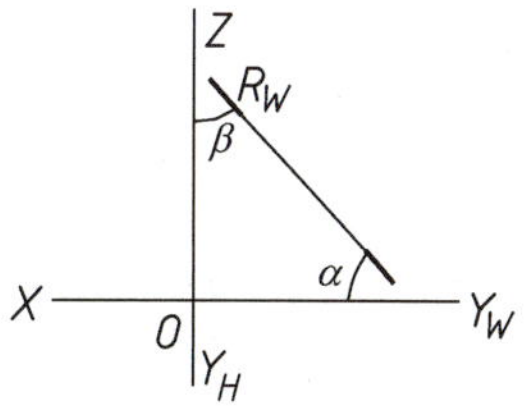
投影特性	1）正面投影积聚成直线，并反映真实倾角 α、γ 2）水平投影、侧面投影仍为平面图形，面积缩小	1）水平投影积聚成直线，并反映真实倾角 β、γ 2）正面投影、侧面投影仍为平面图形，面积缩小	1）侧面投影积聚成直线，并反映真实倾角 β、α 2）正面投影、水平投影仍为平面图形，面积缩小

从表 2-4 可以概括出投影面垂直面的投影特性如下：

1）在与平面相垂直的投影面上的投影积聚成直线，该直线与投影轴的夹角分别反映平面对另外两个投影面的真实倾角。

2）在另外两个投影面上的投影具有类似性。

3. 投影面平行面

平行于一个投影面，与另两个投影面相垂直的平面称为投影面平行面。平行于 H 面的平面称为水平面；平行于 V 面的平面称为正平面；平行于 W 面的平面称为侧平面。

各种投影面平行面的投影图及投影特性见表 2-5。

从表 2-5 可以概括出投影面平行面的投影特性如下：

1）在与平面相平行的投影面上的投影反映实形。

2）在另外两个投影面上的投影分别积聚成直线，且平行于相应的投影轴。这也是投影面平行面最明显的投影作图特性。

特殊位置平面
的投影特性

表2-5　各种投影面平行面的投影图及投影特性

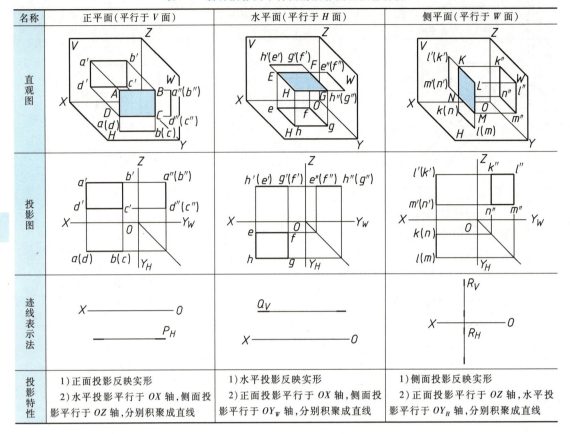

名称	正平面(平行于 V 面)	水平面(平行于 H 面)	侧平面(平行于 W 面)
直观图			
投影图			
迹线表示法			
投影特性	1)正面投影反映实形 2)水平投影平行于 OX 轴,侧面投影平行于 OZ 轴,分别积聚成直线	1)水平投影反映实形 2)正面投影平行于 OX 轴,侧面投影平行于 OY_W 轴,分别积聚成直线	1)侧面投影反映实形 2)正面投影平行于 OZ 轴,水平投影平行于 OY_H 轴,分别积聚成直线

三、平面内的点和直线

在平面的投影内,确定一点或一直线,以及通过投影判断点或直线是否在已知平面内是最基本的作图。

1. 平面内的点

点在平面内的几何条件是点在该平面内的一条直线上,所以在平面内取点应先在平面内取一直线,然后再在该直线上取符合要求的点,如图 2-41a 的点 D 所示。

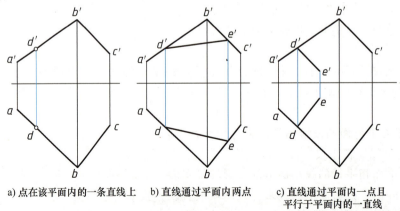

a) 点在该平面内的一条直线上　　b) 直线通过平面内两点　　c) 直线通过平面内一点且平行于平面内的一直线

图 2-41　平面内的点和直线

2. 平面内的直线

直线在平面内的几何条件是直线通过平面内两点，或直线通过平面内一点且平行于平面内的一直线，如图 2-41b、c 的直线 DE 所示。

[例 2-9]　如图 2-42a 所示，已知平面由两平行直线 AB、CD 确定，试判断点 M 是否在该平面内。

解　分析与作图：

判断点是否属于平面的依据是看点能否属于平面内的一条直线。为此，过点 M 的正面投影 m' 作属于平面 $ABCD$ 的辅助直线 （st、$s't'$），再检验点 M 的水平投影 m 是否在直线 st 上。由作图可知，点 M 不在该平面内，如图 2-42b 所示。

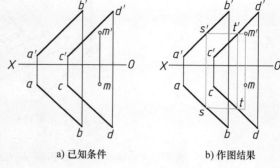

a) 已知条件　　　b) 作图结果

图 2-42　判断点是否属于平面

3. 特殊位置平面内的点和直线

因为特殊位置平面在与它相垂直的投影面上的投影积聚成直线，所以特殊位置平面上的点、直线在该投影面上的投影都位于平面有积聚性的这条迹线上。

[例 2-10]　如图 2-43a 所示，已知点 A、B 和直线 CD 的两面投影。试过点 A 作正平面；过点 B 作正垂面，使 $\alpha = 45°$；过直线 CD 作铅垂面。

解　分析与作图：

包含点或直线作特殊位置平面，该平面的积聚性投影必定与点或直线在该投影面上的投影重合。因此，过点 A 所作的正平面，其水平投影积聚成经过投影 a 且平行于 OX 轴的直线，正面投影可包含投影 a' 作任一平面图形；同理，可作包含点 B 的正垂面和包含 CD 直线的铅垂面，如图 2-43b 所示。而图 2-43c 所示为所求平面的迹线表示法。

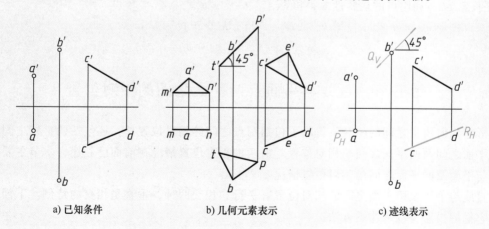

a) 已知条件　　　b) 几何元素表示　　　c) 迹线表示

图 2-43　过点或直线作特殊位置平面

4. 平面内投影面的平行线

平面内投影面的平行线，是既位于平面内又平行于某一投影面的直线，如图 2-44 所示。

在一般位置平面内投影面的平行线有三种——平面内的水平线、正平线和侧平线。它们具有投影面平行线的性质。

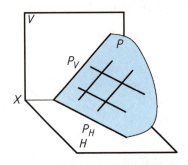

图 2-44 平面内投影面的平行线

[例 2-11] 如图 2-45 所示，已知平面 $ABCD$ 的两面投影，在其上取一点 K，使点 K 在 H 面之上 10mm，在 V 面之前 15mm。

解 分析：因为已知平面 $ABCD$ 是一般位置平面，所以在该平面内三个投影面的平行线都有。可以得知在平面内距 H 面 10mm 的点的轨迹为平面内的一条水平线，即直线 EF；而在平面内距 V 面 15mm 的点的轨迹为平面内的一条正平线，即直线 GH。EF 与 GH 两直线的交点 K 即为所求。

作图步骤如下：

1）自 OX 轴向上量取 10mm 完成水平线 EF 的正面投影 $e'f'$，利用点的从属性求得投影 e、f 及 ef。

2）自 OX 轴向下量取 15mm 完成正平线 GH 的水平投影 gh，利用点的从属性求得投影 g'、h' 及 $g'h'$。

3）投影 ef 与 gh 交于投影 k，投影 $e'f'$ 与 $g'h'$ 交于投影 k'。

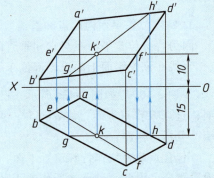

图 2-45 在平面上求一定点 K

第五节 直线与平面及两平面之间的相对位置

形体几何要素之间的相对位置除了包括两点之间的相对位置外，还包括两直线之间、直线与平面之间及两平面之间的相对位置。前两种相对位置情况在前面已叙述，本节主要介绍直线与平面及两平面之间的相对位置情况。

直线与平面及两平面之间的相对位置有平行和相交两种，垂直是相交的特例。下面分别讨论它们的投影特性和作图方法。

一、直线与平面平行及两平面平行

1. 直线与平面平行

直线与平面互相平行，其几何条件：如果空间一直线与平面内任一直线平行，则此直线与平面平行。如图 2-46 所示，直线 AB 平行于平面 P 内的直线 CD，那么直线 AB 与平面 P 平行；反之，如果直线 AB 与平面 P 平行，那么在平面 P 内必定可以找到与直线 AB 平行的直线 CD。

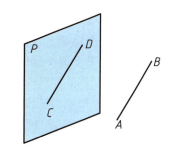

图 2-46　直线与平面平行的几何条件

在投影作图中，若平面的投影中有一个具有积聚性，则判断直线与平面是否平行只需看平面有积聚性的投影与已知直线的同面投影是否平行即可。若直线、平面的同面投影都具有积聚性，则直线和平面一定平行，如图 2-47 所示。平面 CDEF 垂直于 H 面，故在 H 面上有积聚性，由于投影 cf 平行于直线 AB 的同面投影 ab，所以直线 AB 平行于平面 CDEF。由于直线 MN 和平面 CDEF 的 H 面投影都具有积聚性，故直线 MN 也平行于平面 CDEF。

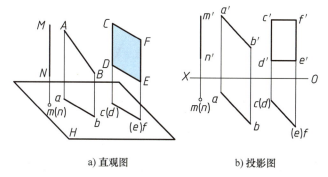

a) 直观图　　　　　　b) 投影图

图 2-47　直线与投影面垂直面平行

[**例 2-12**]　过点 C 作平面平行于直线 AB，如图 2-48a 所示。

解　分析与作图：

该问题求解较为简单，如图 2-48b 所示，欲使直线 AB 与平面平行，必须保证直线 AB 平行于平面内一直线。所以，过点 C 作 CD//AB（即作 cd//ab，c'd'//a'b'），再过点 C 作任一直线 CE，则由相交两直线 CD、CE 确定的平面即为所求。显然，由于直线 CE 是任意作出的，这样可以作出无数个平行于已知直线的一般位置平面。

假如过点 C 作一铅垂面平行于已知直线，那么只能作一个平面，即过点 C 的水平投影 c 作平面 P 平行于投影 ab，如图 2-49 所示。

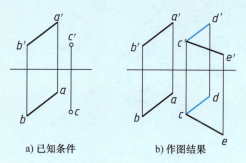

a) 已知条件　　　　b) 作图结果

图 2-48　过点作平面平行于直线

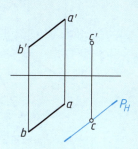

图 2-49　过点作铅垂面平行于直线

49

[例 2-13]　如图 2-50a 所示，判断直线 DE 是否平行于△ABC。

解　分析：只要检验是否能在△ABC 上，作出任一条直线平行于 DE 即可。

作图步骤如下（图 2-50b）：

1）过投影 a' 作 $a'f'//d'e'$，交投影 $b'c'$ 于点 f'。

2）由投影 f' 作投影连线与投影 bc 交于点 f，连接投影 a 与 f。

3）检验投影 af 是否与投影 de 平行。检验结果是 $af//de$，所以断定直线 DE 平行于△ABC。

判断线面
是否平行

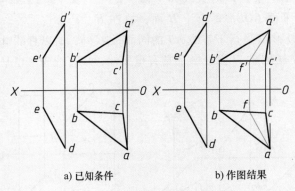

a) 已知条件　　　　　b) 作图结果

图 2-50　判断直线是否平行于平面

[例 2-14]　如图 2-51a 所示，已知直线 DE 平行于△ABC，试补全△ABC 的正面投影。

解　分析：通过直线 AB 上的任一点作直线 DE 的平行线，它与直线 AB 确定一个△ABC 平面，于是可按已知平面内的直线的一面投影，求作另一面投影的方法完成△ABC 的正面投影。

补全三角形
的投影

作图步骤如下（图 2-51b）：

1）过投影 a、a' 分别作投影 de、$d'e'$ 的平行线，其水平投影与投影 bc 交于点 f，由投影 f 作投影连线得点 f'。

2）连接投影 b' 与 f' 并延长交于点 c'。

3）连接投影 a' 与 c'，补全△ABC 的正面投影△$a'b'c'$ 即可。

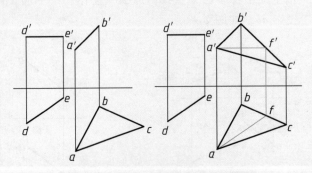

a) 已知条件　　　　　b) 作图结果

图 2-51　补全与已知直线平行的平面

2. 两平面互相平行

两平面互相平行，其几何条件：如果平面内两条相交直线分别与另一平面内的两条相交直线平行，则该两平面互相平行。

如图 2-52 所示，平面 *P* 上有一对相交直线 *AB*、*AC* 分别与平面 *Q* 上的一对相交直线 *DE*、*DF* 平行，即 *AB*//*DE*，*AC*//*DF*，那么平面 *P* 与 *Q* 也平行。

若两平面都垂直于同一投影面，且两个平面的积聚性投影互相平行，则该两平面在空间必定互相平行。如图 2-53 所示，因为 *ad*//*eh*，则平面 *ABCD* 平行于平面 *EFGH*。

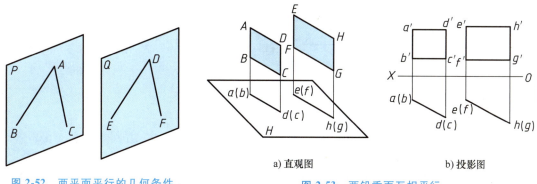

图 2-52 两平面平行的几何条件

a) 直观图   b) 投影图

图 2-53 两铅垂面互相平行

二、直线与平面相交及两平面相交

空间直线与平面及两平面之间若不平行，则必然相交。直线与平面相交，其交点是直线和平面的共有点；两平面相交，其交线是两平面的共有直线。假设平面是不透明的，则相交问题主要解决交点、交线的投影作图及可见性判断。

1. 特殊位置直线或平面与一般位置直线或平面相交

当直线或平面与某一投影面垂直时，可利用其有积聚性的投影直接确定与另一直线的交点或平面的交线的一面投影。

[例 2-15] 如图 2-54 所示，求直线 *AB* 与铅垂面 *CDFE* 的交点，并判断直线 *AB* 的可见性。

解 分析：如图 2-54a 所示，直线 *AB* 与铅垂面 *CDEF* 相交于点 *K*，交点 *K* 是两者的共有点。根据平面投影的积聚性及交点的共有性，可知交点的水平投影 *k* 必在平面的水平投影 *cd* 和直线的水平投影 *ab* 的交点上，再根据点 *K* 在直线上的特性（从属性）求出交点 *K* 的正面投影 *k'*。

作图步骤如下：

1）在图 2-54b 中的水平投影上，求出投影 *cd* 与 *ab* 的交点 *k*。

2）在投影 *a'b'* 上求得点 *K* 的正面投影 *k'*，则 *K*(*k*、*k'*) 为所求交点。

3）判断可见性。由于平面的水平投影具有积聚性，直线的水平投影不需要判断其可见性。在正面投影中，因平面不透明，以交点为界，凡位于平面之前的线段可见，即 *k'b'* 可见，画成粗实线；位于平面之后的线段不可见，即 *k'a'* 部分不可见，画成细虚线。交点是可见与不可见的分界点，但超出平面范围的直线仍可见。作图结果如图 2-54c 所示。

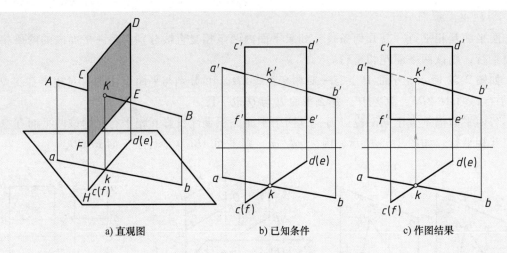

a) 直观图　　　　　　　b) 已知条件　　　　　　　c) 作图结果

图 2-54　一般位置直线与投影面垂直面相交

[例 2-16]　如图 2-55a 所示，求铅垂线 EF 与平面 ABC 的交点，并判断直线
EF 的可见性。

解　分析：由于直线 EF 是铅垂线，交点 K 的水平投影 k 与投影 ef 重合。又
因点 K 是直线 EF 与△ABC 的共有点，利用面内取点的方法，在△ABC 内作
辅助线，此线与直线 EF 的交点即为 K 点。

铅垂线与
一般位置
平面相交

作图步骤如下（图 2-55b）：

1）由题可知，投影 k 与 ef 重合，过 k 作辅助线 ad，由投影 ad 得投影 a'
d'，投影 a'd' 与 e'f' 的交点即为所求投影 k'。

2）判断可见性。取交叉两直线 AB、EF 对 V 面投影的重影点，直线 AB 上的点 Ⅱ 的
水平投影 2 在投影 ab 上，直线 EF 上的点 Ⅰ 的水平投影 1 重合于投影 ef。因为投影 1 在投
影 2 前，所以直线 EF 上的点 Ⅰ 的正面投影 1' 可见，于是投影 k'1' 画成粗实线。点 K 是可
见与不可见的分界点，于是投影 k' 上方不可见，画成细虚线；超出平面范围的直线仍为可
见，应画成粗实线。

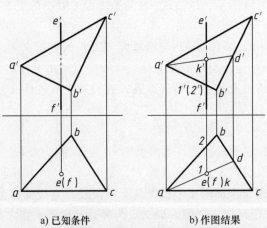

a) 已知条件　　　　　　　b) 作图结果

图 2-55　铅垂线与一般位置平面相交

2. 特殊位置平面与一般位置平面相交

根据两平面相交的交线是直线且为两平面的共有线这一特性，求交线只需求出交线上的两个共有点即可，故问题可转化为一般位置直线与特殊位置平面相交求交点的问题。

[例 2-17] 如图 2-56b 所示，求铅垂面 *STUV* 与一般位置平面 △*ABC* 的交线，并判断可见性。

解 分析：平面 △*ABC* 与铅垂面相交，如图 2-56a 所示，可看成是直线 *AB*、*CB* 分别与铅垂面相交，利用例 2-15 的作图方法，可方便地求出交点 *K*、*L*，连接点 *K*、*L* 即为所求交线。

作图步骤如下（图 2-56c）：

53

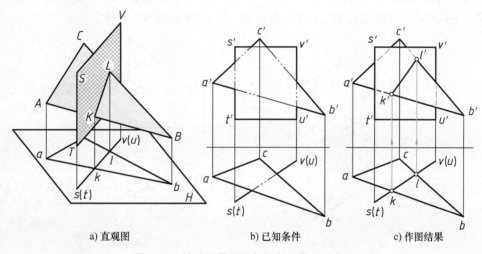

a) 直观图   b) 已知条件   c) 作图结果

图 2-56 特殊位置平面与一般位置平面相交

1）作出 △*ABC* 的 *AB* 边与平面 *STUV* 的交点 *K* 的两面投影 *k*、*k'*。

2）同理作出 △*ABC* 的 *BC* 边与平面 *STUV* 的交点 *L* 的两面投影 *l*、*l'*。

3）连接投影 *k'* 与 *l'*，而投影 *kl* 与平面 *STUV* 的积聚投影重合，投影 *k'l'*、*kl* 即为所求交线 *KL* 的两面投影。

4）判断可见性。由平面 △*ABC* 和平面 *STUV* 的水平投影，可看出平面 △*ABC* 在交线 *KL* 的右下部分位于平面 *STUV* 之前。因而在正面投影中的 *b'k'l'* 部分可见，画成粗实线；而 *a'k'l'c'* 部分中重影于平面投影 *s't'u'v'* 的部分不可见，画成细虚线。

当两平面均垂直于同一投影面时，其交线也一定与两平面所垂直的投影面垂直，利用有积聚性的投影，可方便地求出该交线，如图 2-57 所示。

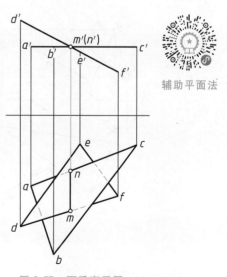

辅助平面法

图 2-57 两垂直于同一投影面的平面相交

3. 一般位置直线与一般位置平面相交

由于一般位置直线和一般位置平面的投影都没有积聚性，如图 2-58b 所示，所以在投影图上无法直接确定交点，需经过一定的作图过程才能求得。其作图过程应分为三步（图 2-58a、c）：

1）包含已知直线 AB 作垂直于投影面的辅助平面 R。

2）求辅助平面 R 与已知平面 △CDE 的交线 MN。

3）交线 MN 与已知直线的交点 K 即为所求。

利用重影点来判断直线的可见性。在正面投影上取投影 $a'b'$ 与 $d'e'$ 的重影点 I（1、$1'$）和 II（2、$2'$），可判断投影 $a'k'$ 在前为可见，应画成粗实线，而投影 $b'k'$ 被平面投影 △$c'd'e'$ 遮住的一段应画成细虚线。同理，在水平投影上取投影 ce 与 ab 的重影点 III（3、$3'$）和 IV（4、$4'$）可断定投影 ak 这一段可见，作图结果如图 2-58d 所示。

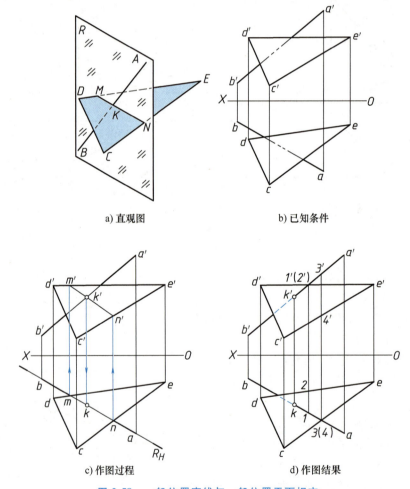

a) 直观图　　　　b) 已知条件

c) 作图过程　　　　d) 作图结果

图 2-58　一般位置直线与一般位置平面相交

4. 两个一般位置平面相交

求两个一般位置平面的交线，可将一平面视为由两相交直线构成，只要分别求出这两条直线与另一平面的交点，然后将两交点的同面投影相连接，即得两平面的共有交线。交点需用前面介绍的一般位置直线与平面相交求交点的三个作图步骤才能作出。

如图 2-59 所示，平面 △ABC 与 △MNL 相交，可分别求出边 MN 及 ML 与平面 △ABC 的两个交点 K(k、k') 及 E(e、e')，连接 KE 便是两三角形的交线。作图过程中，包含直线 MN、ML 所作的辅助平面 S、R 分别为两个正垂面。

一般位置
平面相交

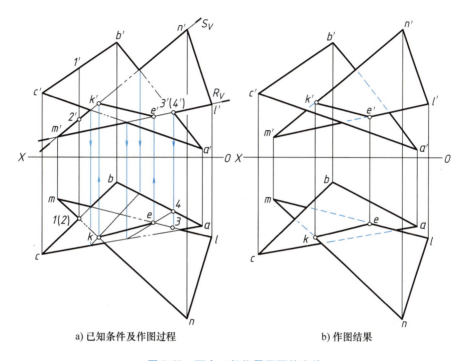

a) 已知条件及作图过程   b) 作图结果

图 2-59   两个一般位置平面的交线

判断可见性：两平面交线是两平面在投影图上可见与不可见的分界线，交点是可见与不可见的分界点。根据平面的连续性，只要判断出平面的一部分可见性，其余部分经过逻辑分析就自然明确了。尽管每个投影上都有四对重影点，实际上只要分别选择一对重影点判断即可，判断方法与图 2-58d 所示相同。

三、直线与平面垂直及两平面垂直

1. 直线与平面垂直

直线与平面垂直的几何条件：直线垂直于平面内任意两条相交直线。该直线也称为平面的法线。反之，若一直线垂直于一平面，则此直线垂直于该平面内的所有直线。

为作图方便，取平面内两条相交的特殊位置直线——正平线和水平线。根据直角投影定理：直线与平面垂直，则直线的正面投影垂直于这个平面内的正平线的正面投影；直线的水平投影垂直于这个平面内的水平线的水平投影，如图 2-60 所示。

由此可知，在投影作图时若要确定平面法线的方向，则必须先确定平面内两条投影面平行线的方向。

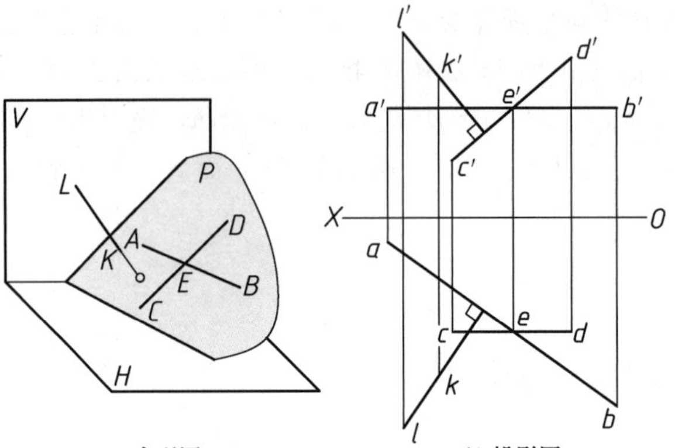

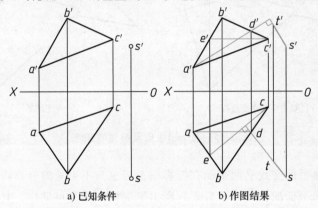

a) 直观图　　　　　b) 投影图

图 2-60　直线与平面垂直

[例 2-18]　如图 2-61a 所示，试过点 S 作平面 $\triangle ABC$ 的法线 ST。

解　分析：该题是求法线 ST 的方位，为此只需要作出两面投影 st、$s't'$ 即可。

作图步骤如下（图 2-61b）：

1）先作出平面 $\triangle ABC$ 内的水平线 CE（$c'e'$、ce）和正平线 AD（$a'd'$、ad）。

2）分别过投影 s' 引投影 $a'd'$ 的垂直线 $s't'$，过投影 s 引投影 ce 的垂直线 st，即为所求。

a) 已知条件　　　　　b) 作图结果

图 2-61　过点作平面的垂直线（法线）

应当注意，所求法线与平面内的正平线和水平线是交叉垂直，在投影图上不反映垂足位置，而垂足是法线与平面的交点。因此，若想得到垂足，只有按一般位置直线与平面求交点的三个作图步骤才能求得；若想知道点 S 到平面 $\triangle ABC$ 的距离还应再作图求出点 S 与垂足间的实长。

[例 2-19]　如图 2-62a 所示，过点 A 作平面垂直于直线 BC。

解　分析：根据直角投影定理和上述作图过程，只要过点 A 分别作正平线和水平线与直线 BC 相垂直，则相交两直线所确定的平面即为所求。

作图步骤如下（图 2-62b）：

1）过点 A 作与直线 BC 相垂直的正平线 AD，即过投影 a 作 $ad /\!/ OX$，过投影 a' 作 $a'd' \perp b'c'$。

2）过点 A 作与直线 BC 相垂直的水平线 AE，即过投影 a' 作 $a'e' /\!/ OX$，过投影 a 作 $ae \perp bc$。

正平线 AD 与水平线 AE 所确定的平面 DAE 即为所求。

若直线垂直于投影面垂直面，则直线必平行于与该平面相垂直的投影面，在该投影面上直线的投影垂直于平面积聚性投影，另两面投影平行于投影轴（投影面平行线的特性）。如图 2-63 所示，直线 AB 与垂直于 H 面的平面 CDEF 互相垂直，则直线 AB 必为水平线。

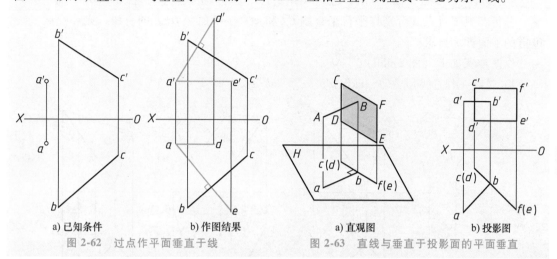

图 2-62　过点作平面垂直于线　　　　　　图 2-63　直线与垂直于投影面的平面垂直

[例 2-20] 已知菱形 ABCD 的正面投影和一对角线 AC 的水平投影，如图 2-64a 所示。试完成该菱形的水平投影。

解　分析：此题的目的在于求直线 BD 的水平投影。根据菱形的对角线互相平分且垂直相交的特性，则直线 BD 必位于直线 AC 的中垂面上，因此，只要作出直线 AC 的中垂面并在其上求直线 BD 的水平投影，问题便得解。

作图步骤如下（图 2-64b）：

1）由菱形对角线的正面投影的交点 e′ 作投影连线交投影 ac 的中点得投影 e。

2）过点 E 作直线 AC 的垂直面 FEG（即正平线 FE 与水平线 EG），在垂直面上取投影 bd，并依次连接投影 abcd 即为所求。

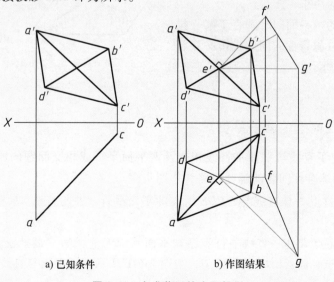

a) 已知条件　　　　　　b) 作图结果

图 2-64　完成菱形的水平投影

57

2. 两平面互相垂直

两平面互相垂直的几何条件：一个平面上有一条直线垂直于另一平面。由此可知，直线垂直于平面是两平面垂直的必要条件。

[例 2-21]　如图 2-65a 所示，过点 A 作平行于直线 CJ 且垂直于平面 $\triangle DEF$ 的平面。

解　分析：只要过点 A 分别作平行于直线 CJ 和垂直于平面 $\triangle DEF$ 的直线，则相交两直线确定的平面即为所求。

作图步骤如下（图 2-65b）：

1）过点 A 作直线 $AB // CJ$，即作 $a'b' // c'j'$，$ab // cj$。

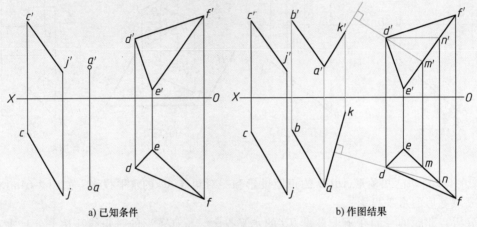

a) 已知条件　　　　　　　　　　　　b) 作图结果

图 2-65　过点 A 作平面平行于直线 CJ，且垂直于平面 $\triangle DEF$

2）在平面 $\triangle DEF$ 中作水平线 DN 和正平线 DM。

3）过点 A 作直线 $AK \perp \triangle DEF$，即作 $a'k' \perp d'm'$，$ak \perp dn$，相交两直线 AB、AK 所确定的平面即为所求。

若互相垂直的两平面同时垂直于某一投影面，则两平面有积聚性的同面投影必互相垂直，如图 2-66 所示。

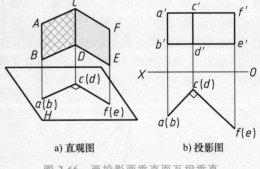

a) 直观图　　　　　　　b) 投影图

图 2-66　两投影面垂直面互相垂直

*四、综合性问题的解法举例

前面分别讨论了直线与平面平行或相交及两平面平行或相交问题的原理和求解作图方法。现再举例说明综合性问题的解题思路和作图步骤。

[例 2-22]　过点 K 作直线与 $\triangle CDE$ 所在的平面平行，并与直线 AB 相交，如图 2-67a 所示。

解　分析：欲过定点 K 作一直线平行于已知平面 $\triangle CDE$ 有无穷多解。这些直线的轨迹为一过点 K 且平行于平面 $\triangle CDE$ 的平面 Q，如图 2-67b 所示，该平面与直线 AB 相交于点 S，直线 KS 即为所求。

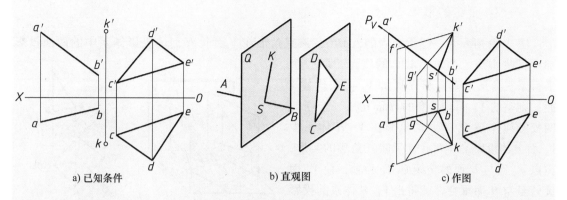

a) 已知条件　　　　　b) 直观图　　　　　c) 作图

图 2-67　作直线平行于已知平面并与已知直线相交

作图步骤如下（图2-67c）：

1）过点 K 作直线 $KF(k'f'$、$kf)$ 和 $KG(k'g'$、$kg)$ 对应平行于直线 $CE(c'e'$、$ce)$ 和 $CD(c'd'$、$cd)$，则相交的两直线 KF、KG 确定一平面 FKG 平行于已知平面△CDE。

2）作出直线 AB 与平面 KFG 的交点，因两者都处于一般位置，故利用过直线 AB 的辅助正垂面 P 求得交点 $S(s'$、$s)$。

3）连接点 $K(k'$、$k)$ 与 $S(s'$、$s)$，直线 KS 即为所求。

讨论：本题还可用另一方案求解。欲过定点 K 作一直线与已知直线 AB 相交有无穷多解。这些直线的轨迹为点 K 与直线 AB 所确定的平面 R，如图2-68所示。所求的直线还应与平面△CDE 平行，则此直线一定属于平面 R 且平行于平面△CDE，也必平行于平面 R 与给定平面△CDE 的交线 MN。

作图步骤：过点 K 与直线 AB 确定一平面；求出该平面与平面△CDE 的交线 MN；过点 K 引直线 KS 平行于所作的交线 MN，直线 KS 即为所求。显然，其答案与前面解法求出的结果一致。读者可以试作其投影图。

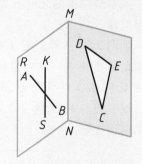

图 2-68　作平面与已知平面相交示意图

综合性问题的解题思路，往往先考虑满足求解的某一要求，列出其所有答案，再一一引入其他要求，在上述答案中找出能同时满足这些要求的解答。这种将综合性问题分解后再一一处理的思路在求解各种复杂问题时经常用到。

第六节　换　面　法

当空间直线和平面对投影面处于平行或垂直的特殊位置时，其投影能够直接反映实形或具有积聚性，这样使得图示清楚、图解方便简捷。当直线和平面处于一般位置时，它们的投影就不具备这些特性。如果把一般位置的直线和平面变换至特殊位置，在解决空间几何元素的相关问题时，往往容易快速而准确地解决。换面法就是研究如何改变几何元素与投影面之间的相对位置，从而简化解题的方法之一。

一、换面法的基本概念

图 2-69 所示为一铅垂面中的 $\triangle ABC$，该三角形在 V 面和 H 面的投影体系中的两面投影都不反映实形，为求 $\triangle ABC$ 的实形，取一个平行于三角形且垂直于 H 面的 V_1 面来代替 V 面，则新的 V_1 面和不变的 H 面构成一个新的两投影面体系 V_1/H。三角形在 V_1/H 体系中 V_1 面上的投影 $\triangle a_1'b_1'c_1'$ 就反映三角形的实形，再以 V_1 面与 H 面的交线 O_1X_1 为轴，使 V_1 面旋转至与 H 面重合，就得出 V_1/H 体系的投影图，这样的方法就称为变换投影面法，简称为换面法。

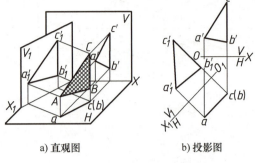

a) 直观图　　　　b) 投影图

图 2-69　V/H 体系变为 V_1/H 体系

新投影面不能任意选择，必须符合以下两个基本条件：

1) 新投影面必须和空间几何元素处在有利于解题的位置。

2) 新投影面必须垂直于一个原有的投影面。

二、点的投影变换规律

1. 点的一次变换

点是最基本的几何元素，因此，在变换投影面时，首先要了解点的投影变换规律。

如图 2-70 所示，点 A 在 V/H 体系中的正面投影为 a'，水平投影为 a。现在保留 H 面不变，取一铅垂面 V_1（$V_1 \perp H$）来代替 V 面，使之形成新的两投影面体系 V_1/H。V_1 面与 H 面的交线是新的投影轴 O_1X_1，过点 A 向 V_1 面引垂直线，垂直线与 V_1 面的交点 a_1' 即为点 A 在 V_1 面上的新投影，这样就得到了点 A 在 V_1/H 体系中的两面投影 a_1'、a。

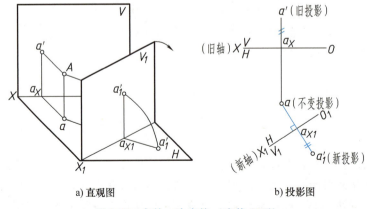

a) 直观图　　　　b) 投影图

图 2-70　点的一次变换（变换 V 面）

因为新、旧两投影面体系具有同一个 H 面，因此可知点 A 到 H 面的距离（即 z 坐标）

在新、旧体系中都是相同的，即 $a'a_X = Aa = a_1'a_{X1}$。当 V_1 面绕 O_1X_1 轴旋转到与 H 面重合时，根据点的投影规律可知，点 A 的两面投影 a、a_1' 的连线 aa_1' 应垂直于 O_1X_1 轴。

根据以上分析，可以得出点的投影变换规律：

1）点的新投影和不变投影的连线垂直于新投影轴。

2）点的新投影到新投影轴的距离等于被变换的旧投影到旧投影轴的距离。

图 2-70b 所示为将 V/H 体系中的投影（a、a'）变换成 V_1/H 体系中的投影（a、a_1'）的作图过程。首先按要求条件画出新投影轴 O_1X_1，新投影轴确定了新投影面在投影体系中的位置。然后过点 a 作 $aa_{X1} \perp O_1X_1$，在垂线上截取 $a_1'a_{X1} = a'a_X$，则投影 a_1' 即为所求的新投影。

图 2-71 所示为变换水平面的作图过程。取正垂面 H_1 来代替 H 面，H_1 面与 V 面构成新投影体系 V/H_1。新、旧两体系具有同一个 V 面。因此 $a_1a_{X1} = Aa' = aa_X$。图 2-71b 所示为在投影图上由投影 a、a' 求作投影 a_1 的过程，首先作出新

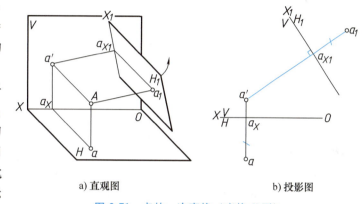

a) 直观图　　　　b) 投影图

图 2-71　点的一次变换（变换 H 面）

投影轴 O_1X_1，然后过投影 a' 作 $a'a_{X1} \perp O_1X_1$，在垂直线上截取 $a_1a_{X1} = aa_X$，则投影 a_1 即为所求的新投影。

2. 点的两次变换

在运用换面法解决实际问题时，变换一次投影面有时不能解决问题，需变换两次或变换多次。图 2-72 所示为变换两次投影面时，求点的新投影的作图方法，其原理与变换一次投影面相同。

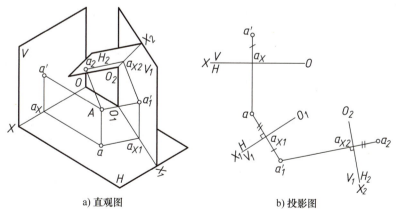

a) 直观图　　　　b) 投影图

图 2-72　点的两次变换

但必须指出：在变换投影面时，新投影面的选择必须符合前面所述的两个条件，而且不能一次变换两个投影面，必须一个变换完以后，在新的两投影面体系中，交替地再变换另一

61

个。如图 2-72 所示,先由 V_1 面代替 V 面,构成新体系 V_1/H;再以 V_1/H 体系为基础,由 H_2 面代替 H 面,又构成新体系 V_1/H_2。

三、直线在换面法中的三种情况

1. 通过一次换面可将一般位置直线变换成投影面平行线

欲将一般位置直线变换成投影面平行线,应设立一个与已知直线平行,且与 V/H 体系中的某一投影面垂直的新投影面,因此新投影轴 O_1X_1 应平行于直线原有的投影。

如图 2-73a 所示,为了使直线 AB 在 V_1/H 体系中成为 V_1 面的平行线,可设立一个与直线 AB 平行且垂直于 H 面的 V_1 面,变换 V 面,按照 V_1 面平行线的投影特性,新投影轴 O_1X_1 应平行于原有投影 ab,作图步骤如图 2-73b 所示:

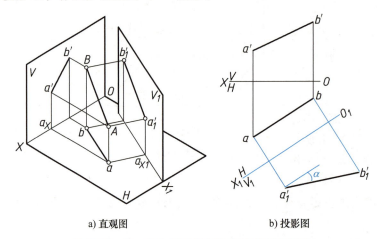

a) 直观图   b) 投影图

图 2-73　将一般位置直线变换成投影面平行线

1) 在适当位置作 $O_1X_1 /\!/ ab$。

2) 按照点的投影变换规律,求作出 A、B 两点的新投影 a_1'、b_1',连接投影 a_1'、b_1',投影 $a_1'b_1'$ 即为所求。

此时,直线 AB 为 V_1/H 体系中的 V_1 面平行线,投影 $a_1'b_1'$ 反映实长,投影 $a_1'b_1'$ 与 O_1X_1 轴的夹角即为直线 AB 对 H 面的倾角 α。

同理,通过一次换面也可将直线 AB 变换成 H_1 面的平行线。这时投影 a_1b_1 反映实长,投影 a_1b_1 与 O_1X_1 轴的夹角即为直线 AB 对 V 面的倾角 β。

2. 通过一次换面可将投影面平行线变换成投影面垂直线

欲将投影面平行线变换成投影面垂直线,应设立一个与已知直线垂直,且与 V/H 体系中的某一投影面垂直的新投影面,因此新投影轴 O_1X_1 应垂直于直线反映实长的投影。

如图 2-74a 所示,在 V/H 体系中有正平线 AB,因为与直线 AB 垂直的平面也必然垂直于 V 面,故可用 H_1 面来变换 H 面,使直线 AB 成为 V/H_1 体系中的 H_1 面垂直线。在 V/H_1 体系中,按照 H_1 面垂直线的投影特性,新投影轴 O_1X_1 应垂直于投影 $a'b'$,作图步骤如图 2-74b 所示:

1) 作 $O_1X_1 \perp a'b'$。

2) 按照点的变换规律,求作出点 A、B 互相重合的投影 a_1、b_1,投影 $a_1(b_1)$ 即为直线 AB 积聚成一点的 H_1 面投影,直线 AB 就成为 V/H_1 体系中的 H_1 面垂直线。

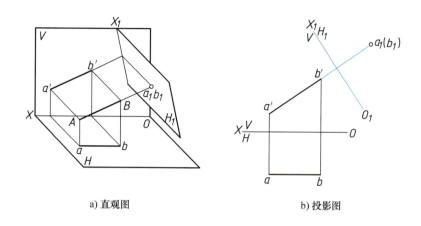

a) 直观图   b) 投影图

图 2-74 将投影面平行线变换成投影面垂直线

同理，通过一次换面也可将水平线变换成 V_1 面垂直线，使其在 V_1 面上的投影积聚成一点。

3. 通过两次换面可将一般位置直线变换成投影面垂直线

欲把一般位置直线变换成投影面垂直线，只通过一次换面显然是不能完成的。因为若选新投影面垂直于已知直线，则新投影面也一定是一般位置平面，它与原体系中的两投影面均不垂直，因此不能构成新的投影面体系。若想达到上述目的，则应先将一般位置直线变换成投影面平行线，再将投影面平行线变换成投影面垂直线，如图 2-75a 所示。作图步骤如图 2-75b 所示：

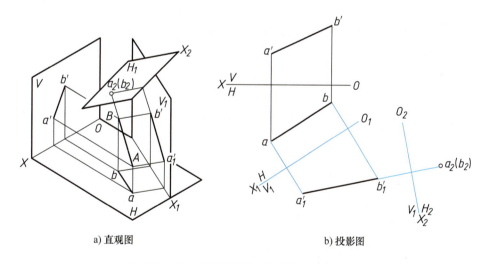

a) 直观图   b) 投影图

图 2-75 将一般位置直线变换成投影面垂直线

1）作 $O_1X_1 /\!/ ab$，将 V/H 体系中的投影 $a'b'$ 变换为 V_1/H 体系中的投影 $a_1'b_1'$。

2）在 V_1/H 体系中作 $O_2X_2 \perp a_1'b_1'$，将 V_1/H 体系中的投影 ab 变换为 V_1/H_2 体系中的投影 $a_2(b_2)$。

同理，通过两次变换也可将一般位置直线变换成 V_2 面垂直线。即先将一般位置直线变换成 H_1 面平行线，再将 H_1 面平行线变换成 V_2 面垂直线。

[例 2-23]　如图 2-76a 所示，已知直线 AB 的正面投影 $a'b'$ 和点 A 的水平投影 a，并已知点 B 在点 A 的后方，直线 AB 对 V 面的倾角 $\beta = 45°$，求直线 AB 的水平投影 ab。

解　分析：因为已知倾角 β，所以应将直线 AB 变换成 H_1 面平行线。由于投影 a_1b_1 与 O_1X_1 轴的夹角反映倾角 β，可作出投影 a_1b_1，按点的投影变换规律，反求出原 V/H 体系中的投影 b。连接投影 a、b，投影 ab 即为所求。

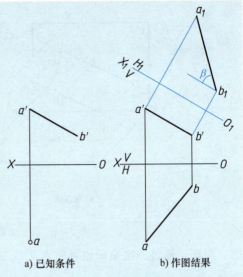

a) 已知条件　　　b) 作图结果

图 2-76　试完成直线 AB 的水平投影

作图步骤如下（图 2-76b）：

1）作 $O_1X_1 // a'b'$，并求出投影 a_1，在 V/H_1 体系中，由 a_1 向后作与 O_1X_1 轴倾斜 $45°$ 的直线，与过投影 b' 的投影连线交于投影 b_1，得投影 a_1b_1。

2）在 V/H 体系中由投影 b' 作投影连线，并在其上量取投影 b 到 OX 轴的距离，使其等于投影 b_1 到 O_1X_1 轴的距离，从而得投影 b，连接投影 a、b，投影 ab 即为所求。

四、平面在换面法中的三种情况

1. 通过一次换面可将一般位置平面变换成投影面垂直面

欲将一般位置平面变换成投影面垂直面，只需使该平面内的任一直线垂直于新投影面即可。但考虑若在平面上取一般位置直线，则需两次换面；若在平面上取投影面平行线，则一次换面便可达到目的。因此，在平面上取一条投影面平行线，设立一个与它垂直的平面为新投影面，新投影轴应与平面上所选的投影面平行线的反映实长的投影相垂直。

将平面 $\triangle ABC$ 变换成投影面垂直面的作图步骤如图 2-77 所示：

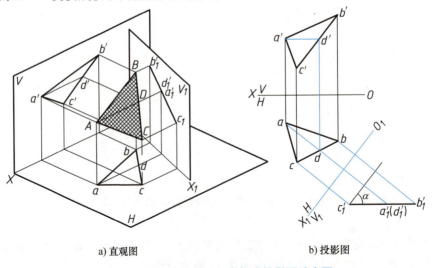

a) 直观图　　　　　　b) 投影图

图 2-77　将一般位置平面变换成投影面垂直面

1）在平面 $\triangle ABC$ 上取一条水平线 AD($a'd'$、ad）。

2）作新投影轴 O_1X_1 垂直于投影 ad。

3）求平面 $\triangle ABC$ 的新投影，则投影 $a'_1b'_1c'_1$ 必在同一直线上。投影 $a'_1b'_1c'_1$ 与 O_1X_1 轴的夹角即为平面 $\triangle ABC$ 与 H 面的倾角 α。

若要求作平面 $\triangle ABC$ 与 V 面的倾角 β，应在平面 $\triangle ABC$ 上取正平线使新投影面 H_1 垂直于这条正平线，新投影轴垂直于正平线的正面投影，则有积聚性的新投影 $a_1b_1c_1$ 与 O_1X_1 轴的夹角即反映平面 $\triangle ABC$ 与 V 面的倾角 β。

2. 通过一次换面可将投影面垂直面变换成投影面平行面

欲将投影面垂直面变换成投影面平行面，应设立一个与已知平面平行，且与 V/H 体系中某一投影面相垂直的新投影面。新投影轴应平行于平面的有积聚性的投影。

将正垂面 $\triangle ABC$ 变换成投影面平行面的作图步骤如图 2-78 所示：

1）作 $O_1X_1 // b'c'$。

2）在新投影面上求出平面 $\triangle ABC$ 的新投影 $a_1b_1c_1$，连接成投影 $\triangle a_1b_1c_1$ 即为平面 $\triangle ABC$ 的实形。

若要求作铅垂面的实形，应使新投影面 V_1 平行于该平面，新投影轴平行于平面的有积聚性的投影。此时，平面在 V_1 面上的投影反映实形。

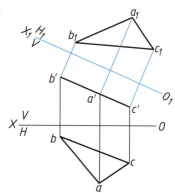

图 2-78　将投影面垂直面变换成投影面平行面

65

3. 通过两次换面可将一般位置平面变换成投影面平行面

欲将一般位置平面变换成投影面平行面，只通过一次换面显然是不能完成的。因为若选新投影面平行于一般位置平面，则新投影面也是一般位置平面，它与原体系中的两投影面均不垂直，不能构成新的投影面体系。若想达到上述目的，应先将一般位置平面变换成投影面垂直面，再将投影面垂直面变换成投影面平行面。

如图 2-79 所示，在 V/H 体系中有处于一般位置的平面 $\triangle ABC$，要求作平面 $\triangle ABC$ 的实形。可先将 V/H 体系中的一般位置平面 $\triangle ABC$ 变成 V_1/H 体系中的 V_1 面垂直面，再将 V_1 面垂直面变成 V_1/H_2 体系中的 H_2 面平行面，投影 $\triangle a_2b_2c_2$ 即为平面 $\triangle ABC$ 的实形，作图步骤如图 2-79 所示：

1）先在 V/H 体系中作平面 $\triangle ABC$ 上的水平线 AD 的两面投影 $a'd'$ 和 ad。

2）作 $O_1X_1 \perp ad$，按投影变换的基本作图法作出点 A、B、C 的 V_1 面投影 a'_1、b'_1、c'_1。

3）作 $O_2X_2 // b'_1c'_1$，按投影变换的基本作图法在 H_2 面上作出 $\triangle a_2b_2c_2$，即为平面 $\triangle ABC$ 的实形。

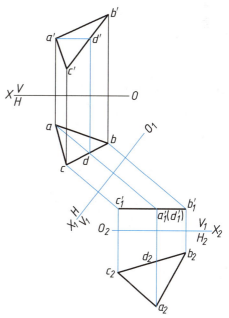

图 2-79　将一般位置平面变换成投影面平行面

当然，也可在平面△ABC上取正平线，第一次换面时设立与正平线正面投影垂直的H_1面，将平面△ABC变换成V/H_1体系中H_1面垂直面；第二次换面时再设立与平面△ABC相平行的V_2面，将平面△ABC变换成V_2/H_1体系中V_2面平行面。作出它的V_2面投影△$a_2'b_2'c_2'$，即为平面△ABC的实形。

五、换面法解题举例

[例2-24] 如图2-80a所示，在平面△ABC内求一点D，使该点在H面之上10mm且与顶点C相距20mm。

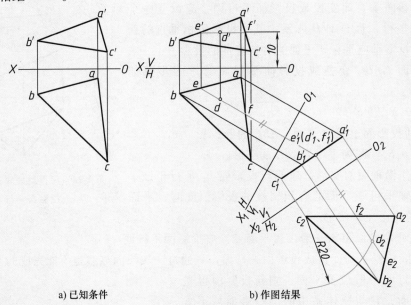

a) 已知条件　　　　　　b) 作图结果

图2-80　按已知条件作△ABC内的点D

解　分析：所求点D应从两个方面考虑：①该点一定位于平面内距H面10mm的一条水平线上；②只有在平面△ABC的实形上才能反映点D与点C间的距离。因此，点D只有在平面△ABC实形内的一条直线（原体系中的水平线）上才能得到其投影，将该投影返回到原体系中即得所求。

作图步骤如下（图2-80b）：

1) 在平面△ABC内作位于H面之上10mm的水平线EF($e'f'$、ef)。

2) 作$O_1X_1 \perp ef$，将平面△ABC变为投影面垂直面，直线EF随同一起变换积聚成点$e_1'(f_1')$。

3) 作$O_2X_2 // a_1'c_1'$，将平面△ABC变换为投影面平行面，直线EF随同一起变换成直线e_2f_2。

4) 在H_2面投影中，以点c_2为圆心、以20mm为半径作弧，交直线e_2f_2于点d_2。

5) 将点d_2返回到原体系（V/H）中的直线EF上，即$e'f'$、ef上，即得所求点d'、d。

[例 2-25]　如图 2-81 所示，求平面 △ABC 与平面 △ABD 之间的夹角。

解　分析：当两个三角形平面同时垂直于某一投影面时，则它们在该投影面上的投影直接反映两面角的真实大小（图 2-81a）。为使两个三角形平面同时垂直于某一投影面，只要使它们的交线垂直于该投影面即可。根据给出的条件，交线 AB 为一般位置直线，若要变换成投影面垂直线则需变换两次投影面，即先变换成投影面平行线，再变换成投影面垂直线。

作图步骤如下（图 2-81b）：

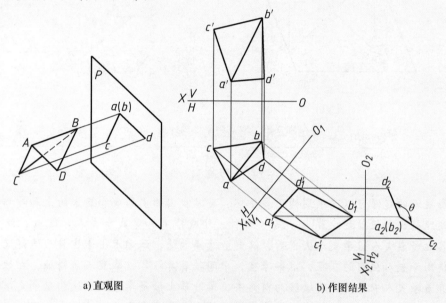

a) 直观图　　　　　　　　　　　b) 作图结果

图 2-81　求两平面之间的夹角

1）作 $O_1X_1 /\!/ ab$，使交线 AB 在 V_1/H 体系中变换成投影面平行线。

2）作 $O_2X_2 \perp a_1'b_1'$，使交线 AB 在 V_1/H_2 体系中变换成投影面垂直线。这时两个三角形平面的投影积聚为一对相交线 a_2c_2、a_2d_2，则 $\angle c_2a_2d_2$ 即为两面角 θ。

[例 2-26]　如图 2-82 所示，平行四边形 ABCD 给定一平面，试求点 S 至该平面的距离。

解　分析：当平面变换成投影面垂直面时，直线 SK 变换成与平面相垂直的投影面平行线，问题得解。如图 2-82a 所示，当平面变换成 V_1 面垂直面时，反映点至平面距离的垂线 SK 为 V_1 面平行线，它在 V_1 面上的投影 $s_1'k_1'$ 反映实长。当然，将平面变换成 H_1 面垂直面也可。一般位置平面变换成投影面垂直面，只需变换一次投影面。

作图步骤如下（图 2-82b）：

1）直线 AD、BC 为水平线，作 $O_1X_1 \perp ad$，将一般位置平面变换成投影面垂直面积聚成投影 $a_1'b_1'$。

2）过投影 s_1' 作直线 $s_1'k_1' \perp a_1'b_1'$，投影 $s_1'k_1'$ 即为所求。

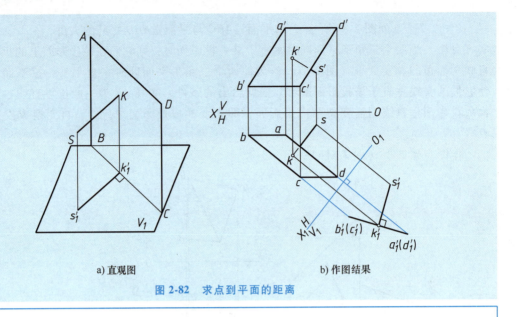

a) 直观图　　　　　　　　b) 作图结果

图 2-82　求点到平面的距离

投影的起源

　　投影技术的起源可以追溯到两千多年前，当时我国的皮影戏和后来的走马灯都是通过灯光的映照将画面投射到纱幕上。据《汉书·外戚传上·孝武李夫人》记载，汉武帝十分宠爱其妃子李夫人。李夫人去世后，汉武帝悲痛欲绝，江湖术士李少翁为博得汉武帝的欢心，借用李夫人生前的衣服，准备净室，中间挂着薄纱幕，幕里点着蜡烛，在烛光的映照下，身着李夫人衣服的少翁缓缓向前走去，薄纱幕上像是李夫人缓缓向皇帝走来。这是最早关于投影的文字记述。元代时，皮影戏曾传到各个国家，这也为后来外国人发明幻灯机和投影机打下了基础。

本 章 小 结

　　本章介绍了投影法的基本原理、正投影的基本性质，以及点、线、面的投影规律及其相对位置的图解方法。

　　通过本章的学习，学生应掌握各种位置点、线、面的投影规律和作图方法，以及变换投影面的方法，注重培养空间想象能力，为学习后续内容奠定好基础。

思 考 题

1. 简述点的投影与其坐标的关系。
2. 如何根据投影判断空间两直线的相对位置（包括垂直）？
3. 试述一般位置直线求实长中构建直角三角形时各要素的关系。
4. 讨论两平面相交交线的投影作图的几种情况。
5. 包含一般位置直线能否作出投影面平行面、投影面垂直面和一般位置平面？

第三章 基本体的投影及表面交线

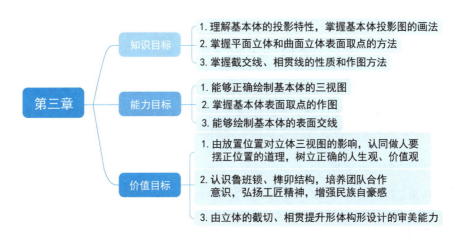

第三章
- 知识目标
  - 1. 理解基本体的投影特性，掌握基本体投影图的画法
  - 2. 掌握平面立体和曲面立体表面取点的方法
  - 3. 掌握截交线、相贯线的性质和作图方法
- 能力目标
  - 1. 能够正确绘制基本体的三视图
  - 2. 掌握基本体表面取点的作图
  - 3. 能够绘制基本体的表面交线
- 价值目标
  - 1. 由放置位置对立体三视图的影响，认同做人要摆正位置的道理，树立正确的人生观、价值观
  - 2. 认识鲁班锁、榫卯结构，培养团队合作意识，弘扬工匠精神，增强民族自豪感
  - 3. 由立体的截切、相贯提升形体构形设计的审美能力

依表面性质不同，立体可分为平面立体和曲面立体。由平面多边形包围而成的立体称为平面立体；由曲面或曲面与平面包围而成的立体称为曲面立体。形状简单又规则的立体称为基本体，它是复杂立体的构形单元。本章将主要介绍基本体三视图的投影规律和作图方法，平面立体和曲面立体的投影特性及其表面取点的方法，以及平面与立体相交和两立体相交时交线的性质与投影作图。

第一节 三视图的形成及投影规律

一、三视图的形成

如图 3-1a 所示，将立体置于三投影面体系中，分别向 V 面、H 面、W 面作正投射。根据国家标准规定，用正投影法绘制的物体的图形称为视图。其中，由前向后投射在 V 面上的视图称为主视图；由上向下投射在 H 面上的视图称为俯视图；由左向右投射在 W 面上的视图称为左视图。为了把三个视图绘制在同一张纸上，按三面投影的展开方法，V 面保持不动，H 面绕 OX 轴向下转 $90°$，W 面绕 OZ 轴向右转 $90°$，就得到了在同一平面上的三视图，如图 3-1b 所示。

因立体与投影面距离的远近不影响其投影，为画图清晰和方便，在画三视图时，不再画

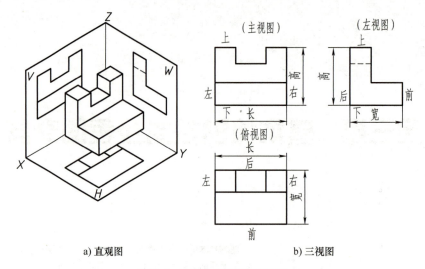

a) 直观图   b) 三视图

图 3-1　三视图的形成及配置

投影轴，并且不注视图的名称。只需按照点的投影规律，即正面投影与水平投影在一竖直的连线上，正面投影与侧面投影在一水平的连线上，以及任意两点的水平投影与侧面投影保持前后方向的 y 坐标差不变和前后对应的原则来绘图。

二、三视图的投影规律

如图 3-1 所示把投影轴 OX、OY、OZ 方向作为形体的长、宽、高三个方向，则主视图反映形体的长和高，俯视图反映形体的长和宽，左视图反映形体的宽和高。由此可得三视图的投影规律：

主视图与俯视图——长对正；主视图与左视图——高平齐；俯视图与左视图——宽相等。

"长对正、高平齐、宽相等"的投影规律，不仅适用于整个形体的投影，也适用于形体上每个局部，乃至点、线、面的投影。在画图和读图时应注意形体上下、左右及前后部位在视图中的反映，如图 3-1b 所示。特别是前后部位，在俯视图和左视图中，远离主视图的一侧为立体的前面，靠近主视图的一边为立体的后面，即"里后外前"。在作图时，根据"宽相等"量取尺寸，要注意方向，前后一定要对应。

另外，在三视图中，可见的轮廓线画成粗实线，不可见的轮廓线画成细虚线，对称中心线画成细点画线。若粗实线与其他图线重合，则应画成粗实线。

三等规律的由来

赵学田是我国著名的教育家、工程图学专家，他在青年时代就立下了"工业救国"的志向。他简洁通俗地总结了三视图的投影规律为"长对正、高平齐、宽相等"。

20 世纪 50 年代初，新中国处于建设初期，赵学田针对当时工人文化水平普遍较低、不会看图，而又必须学会看图的实际需要，创作出一部《机械工人速成看图》并总结出一套教学法，提出了三视图的投影规律"九字诀"。"九字诀"既涵盖了长、宽、高三个方面，又指出了三视图之间的关系，将复杂问题简化，得到了教育界、科技界的认可，被全国各种制图教材广泛采用。

第二节　基本体的投影及其表面上的点与线

一、平面立体的投影

平面立体由若干多边形平面所围成，因此绘制平面立体的投影，可归结为绘制它的所有平面多边形表面的投影，即绘制这些平面多边形的边和顶点的投影。多边形的边就是平面立体表面的交线，交线可见则画成粗实线，不可见则画成细虚线。

常见的平面立体主要有棱柱和棱锥两类：棱线相互平行的是棱柱，棱线交于一点的是棱锥。

平面立体表面上取点和取线的作图问题，就是前面介绍的在平面内取点和取线作图的应用。对于立体表面上点和线的投影，还应考虑它们的可见性。判断可见性的依据：如果点或线所在的平面的某投影可见，则它们在该视图中的投影也可见；否则不可见。

1. 棱柱

（1）棱柱的三视图　棱柱按底面多边形的边数命名，根据棱线与底面是否垂直又分为直棱柱或斜棱柱，底面为正多边形的直棱柱称为正棱柱。这里我们只讨论各种正棱柱的三视图，为作图简便，尽量使棱柱的底面与投影面平行。

图 3-2 所示为一正五棱柱的投射过程和三视图。把五棱柱置于三投影面体系中，为作图方便，使上、下底面平行于 H 面，后侧面平行于 V 面，则其余四个侧面为铅垂面。底面的边分别是四条水平线和一条侧垂线，五条棱线都是铅垂线。俯视图反映上、下底面的实形，为正五边形，这五条边也是五个侧面的积聚性投影，而五个顶点是五条棱线的积聚性投影。主、左视图均由矩形线框组成，矩形的上、下边为上、下底面的积聚性投影，其余各边为棱线的投影，五棱柱的三视图如图 3-2b 所示。

正五棱柱的三视图及表面取点

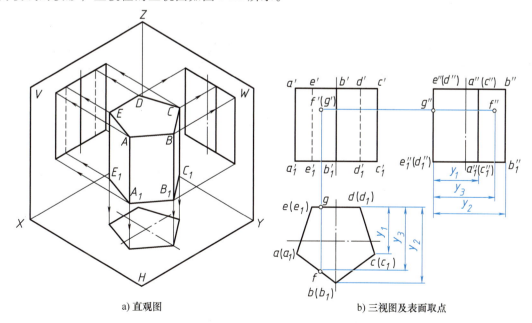

a) 直观图　　　　b) 三视图及表面取点

图 3-2　五棱柱的投射过程、三视图及表面取点

作图时，首先画出三视图的中心线、对称线，并先画出俯视图（正五边形），再按照三视图的投影规律画出主、左两视图。这里必须注意俯视图与左视图之间必须符合宽相等和前后对应的关系，作图时可用分规直接量取宽相等，也可利用45°辅助线作图，但45°辅助线必须准确画出。

（2）棱柱表面上取点、取线　由于棱柱的各表面均处于特殊位置，投影具有积聚性，因此可利用平面的积聚性投影直接取点、取线，作图简便。

如图3-2b所示，已知五棱柱表面上的点 F、G 的正面投影 $f'(g')$，求其水平投影和侧面投影。

首先判断已知点属于哪个平面，该平面的哪个投影有积聚性，由点的已知投影，利用投影规律在平面的积聚性投影上确定点的投影，在线、面的积聚性投影上不判断点的可见性。由已知条件可知投影 f' 可见，点 F 是属于平面 AA_1B_1B 的点，该平面的正面投影和侧面投影可见，水平投影具有积聚性，因此，点 F 的水平投影在直线 ab 上，侧面投影可见。根据特殊平面上取点的方法，得投影 f 和 f''。由已知条件知投影 g' 不可见，点 G 是属于平面 DD_1E_1E 的点，该平面的水平投影和侧面投影均具有积聚性，根据平面上取点的方法，得投影 g 和 g''。

2. 棱锥

常见的棱锥包括三棱锥、四棱锥等。下面以三棱锥为例，说明其投影特性及在其表面上取点的方法。

（1）棱锥的三视图　图3-3a所示为一个三棱锥的投射过程和三视图。从图中可见，底面是水平面，其俯视图的三角形反映底面的实形，正面投影和侧面投影积聚成直线；三个侧棱面都是一般位置平面，其三个视图均为类似形，由于右侧棱线在左视图中不可见，故应是虚线。

画棱锥三视图时，应先画底面的三面投影，再画出棱锥顶点的三面投影，最后画出各棱线的三面投影。

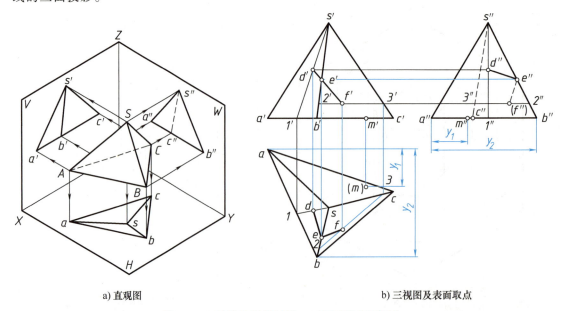

a) 直观图　　　　　　　　　　　　b) 三视图及表面取点

图 3-3　三棱锥的投射过程、三视图及表面取点

（2）棱锥表面上取点、取线　棱锥的表面有一般位置平面和特殊位置平面，表面上取点、取线的方法与所在平面的位置有关。一般位置平面上的点的投影，通过在平面内过点作一辅助线求解。一般过锥顶作辅助线，或过已知点作底边的平行线为辅助线。

如图 3-3b 所示，已知三棱锥表面上点 M 的水平投影 m 及直线 DE、EF 的正面投影 $d'e'$、$e'f'$，求点和直线的其他投影。

由图可知，投影 m 不可见，于是判断出点 M 是属于底面 ABC 的点。底面 ABC 的正面投影和侧面投影都具有积聚性，于是可很容易求出投影 m' 和 m''。由于投影 $d'e'$ 和 $e'f'$ 可见，得出直线 DE 和 EF 分别属于棱面 $\triangle SAB$ 和 $\triangle SBC$，棱面 $\triangle SAB$ 的水平投影和侧面投影均可见，棱面 $\triangle SBC$ 的水平投影可见但侧面投影不可见。转折点 E 在棱线 SB 上，利用点的从属性，在直线 SB 的投影上获得投影 e 和 e''。在棱面 $\triangle SAB$ 上过锥顶作辅助线 $S\text{I}$，求出投影 d、d''，在棱面 $\triangle SBC$ 上过点 F 作与底边平行的辅助线 IIIII，求出投影 f 和 f''。

二、曲面立体的投影

曲面立体由曲面或曲面与平面包围而成。某些曲面可看作由一条线按一定的规律运动所形成，这条运动的线称为母线，而曲面上任一位置的母线称为素线。母线绕轴线旋转，形成回转面。母线上的各点绕轴线旋转时，形成回转面上垂直于轴线的纬圆。

将曲面向某投影面投射时，曲面上可见部分与不可见部分的分界线称为曲面对该投影面的转向轮廓线。绘制曲面立体的三视图，就是绘制围成曲面立体的各表面的投影。除了画出表面之间的交线、曲面立体的顶点投影外，还要画出曲面的转向轮廓线。因为转向轮廓线是对某一投影面而言的，所以对不同的投影面就有不同的转向轮廓线。作图时，凡不属于该投影面的轮廓线，一律不应画出。

在曲面立体表面上取点，应本着"点在线上、线在面上"的原则。此时的"线"，可能是直线（如圆柱、圆锥的素线），也可能是纬圆。在曲面立体表面上取线，除了曲面上可能存在的直线及平行于投影面的圆可以直接作出外，通常需要作出表面曲线上的许多点才可以完成投影作图。

常见的曲面立体包括圆柱、圆锥、圆球和圆环。

1. 圆柱

（1）圆柱的形成及三视图　圆柱由圆柱面与上、下底面围成。圆柱面可看作由一直线绕与它平行的轴线旋转一周而成。

为便于作图，把圆柱体的轴线设置为投影面垂直线。如图 3-4a 所示，圆柱的轴线为铅垂线，则圆柱的俯视图是一个圆，它是整个圆柱面积聚成的圆周，所以又称为圆柱面的积聚性投影，圆柱面上任何点、线的水平投影都积聚在这个圆周上。因底面为水平面，所以此圆也是上、下底面的反映实形的投影。用细点画线画出对称中心线，对称中心线的交点是轴线的水平投影。

圆柱的三视图
及表面取点

圆柱的主视图与左视图是大小相同的矩形，用细点画线画出轴线的正面投影和侧面投影，如图 3-4b 所示。矩形的上、下两边分别是圆柱上、下底面的投影；主视图中矩形的两边 $a'a_0'$、$c'c_0'$ 是圆柱面的正面投影的转向轮廓线，在俯视图中为圆周上最左、最右两点，在左视图中与轴线重合，不必画出，它是可见的前半柱面和不可见的后半柱面的分界线；左视图中矩形的两边 $b''b_0''$、$d''d_0''$ 是圆柱面的侧面投影的转向轮廓线，在俯视图中为圆周上最前、

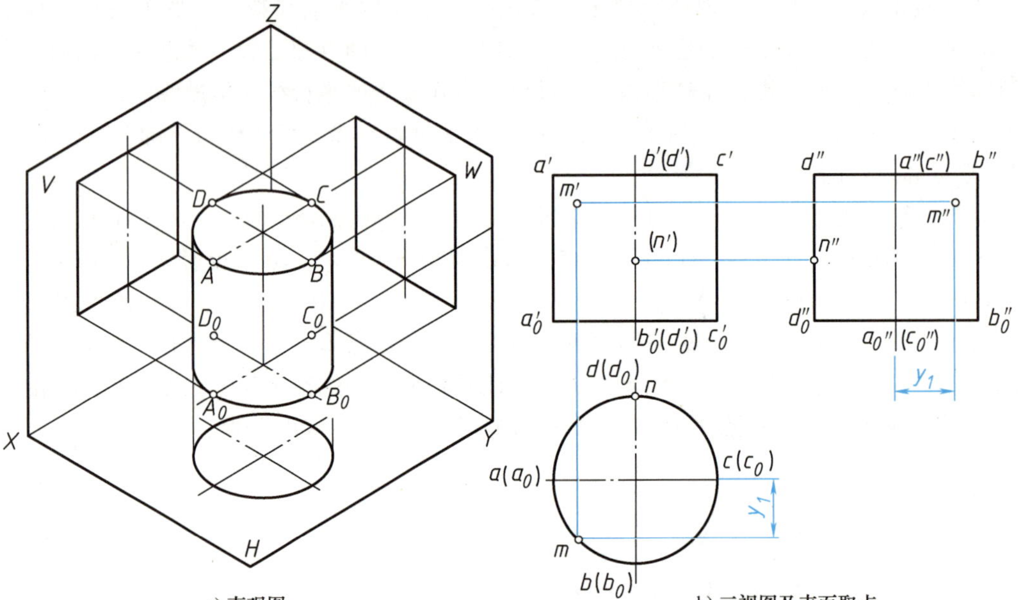

a) 直观图   b) 三视图及表面取点

图 3-4   圆柱的三视图及表面取点

最后两点，在主视图中与轴线重合，不必画出；它是可见的左半柱面和不可见的右半柱面的分界线。

画圆柱的三视图时，首先画出圆柱的轴线和底面圆的中心线，再画出投影为圆的视图，最后画出其他两个视图（相同的两个矩形）。

（2）圆柱表面上取点   当轴线垂直于某一投影面时，圆柱面在该投影面上积聚为圆，圆柱面上的点必然位于该圆上。

如图 3-4b 所示，已知圆柱面上点 M 的正面投影 m' 和点 N 的侧面投影 n''，求该两点的其他投影。

因已知投影 m' 可见，所以点 M 在圆柱的左前柱面。因为圆柱面的水平投影具有积聚性，可以利用积聚投影求出水平投影 m，由投影 m、m' 便可求得投影 m''，且投影 m'' 可见。由已知的投影 n'' 知点 N 在转向轮廓线上，可根据投影关系直接求出投影 n 和 n'，且投影 n' 不可见，即（n'）。

2. 圆锥

（1）圆锥的形成及三视图   圆锥由圆锥面与底面围成。圆锥面可看作由一直线绕与它相交的轴线旋转一周而成。因此，圆锥面的素线都是通过锥顶的直线。

为便于作图，把圆锥的轴线设置为投影面垂直线，底面是投影面平行面，如图 3-5a 所示。圆锥的轴线为铅垂线，底面为水平面。圆锥的俯视图是圆，它既是圆锥底面的投影，又是圆锥面的投影。

用细点画线画出轴线的正面投影和侧面投影。在俯视图中，用细点画线画出对称中心线，对称中心线的交点，既是轴线的水平投影，又是锥顶的水平投影。主视图和左视图是等腰三角形，如图 3-5b 所示。其底边是圆锥底面的积聚性投影，两腰分别为圆锥面上转向轮廓线的投影。转向轮廓线与三视图的对应关系与圆柱相同，读者可自行分析。

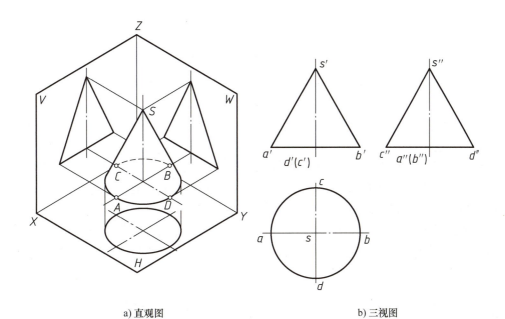

a) 直观图   b) 三视图

图 3-5 圆锥的三视图

（2）圆锥表面上取点 位于圆锥转向轮廓线上的点，利用从属性根据轮廓线的投影可直接求出，如图 3-6b 中的点 N 所示。由于圆锥面的三面投影都没有积聚性，在圆锥面上取点（已知点的一面投影求其他投影）时需采用辅助线法。为作图简便，在曲面上作的辅助线应尽可能是直线或平行于投影面的圆。作图可采用如下两种方法：

圆锥表面取点

1）素线法。如图 3-6a 所示，过锥顶 S 和点 M 作一辅助素线 ST，则点 M 的投影必然位于素线 ST 的同面投影上。即在图 3-6b 中连接投影 $s'm'$ 并延长，与底圆的正面投影相交于投影 t'，求得投影 st 和 $s''t''$，再由投影 m' 根据点在线上的投影特性（从属性）作出投影 m 和 m''。

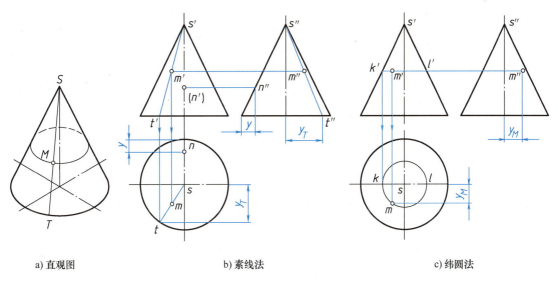

a) 直观图   b) 素线法   c) 纬圆法

图 3-6 圆锥表面取点

2）纬圆法。如图 3-6a 所示，过点 M 在圆锥面上作一纬圆（平行于底面），其正面投影积聚为一直线，水平投影为圆，点 M 的水平投影必然位于该圆上。即在图 3-6c 中过投影 m′ 作一水平线（纬圆的正面投影），与两条转向轮廓线相交于 k′、l′两点，则投影 k′l′ 为纬圆的直径。以此作出纬圆的水平投影，并求出纬圆上的投影 m，再由投影 m′ 和 m 求投影 m″。

3. 圆球

（1）圆球的形成及三视图　圆球由球面围成，球面可看作由半圆（或整圆）绕其直径旋转一周而成。

圆球的三个视图都是与球的直径相等的圆，如图 3-7b 所示。这三个圆不是球上某一个圆的三个投影，它们分别是球面对 V 面、H 面和 W 面的转向轮廓线。主视图中的圆 a′ 是前、后半球的分界圆，也是球面上最大的正平圆；俯视图中的圆 b 是上、下半球的分界圆，也是球面上最大的水平圆；左视图中的圆 c″ 是左、右半球的分界圆，也是球面上最大的侧平圆。画图时，先用点画线画出三个圆的对称中心线，对称中心线的交点是球心的投影，各中心线也是转向轮廓圆的积聚性投影。

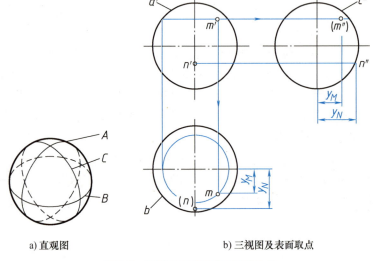

a) 直观图　　　　　　　　　b) 三视图及表面取点

图 3-7　圆球的三视图及表面取点

（2）球面上取点　球面的三个视图都没有积聚性，而且球面上不存在直线，为作图简便，球面上取点常选用平行于投影面的纬圆。

如图 3-7 所示，已知属于球面的点 M、N 的正面投影 m′、n′，求另两面投影。

根据给出的投影 m′ 的位置和可见性，可断定点 M 在上半球的右前部，因此点 M 的水平投影可见，侧面投影不可见。作图采用辅助纬圆法，即过投影 m′ 作一水平纬圆，则点的投影必属于该水平纬圆的同面投影。该问题也可采用过投影 m′ 作正平纬圆或侧平纬圆来解决，这里不再赘述。点 N 位于转向轮廓圆上，利用从属性可直接求出另两面投影。

4. 圆环

（1）圆环的形成及视图　圆环由环面围成。圆环面可看作以圆为母线，绕与其共面但不通过圆心的轴线旋转一周而形成。圆母线中离轴线较远的半圆旋转形成的曲面是外环面，离轴线较近的半圆旋转形成的曲面是内环面。

如图 3-8 所示,圆环的轴线处于铅垂位置,主视图中的左、右两个圆是平行于正平面的两个素线圆的投影;上、下两条公切线是圆母线上最高点 Ⅰ 和最低点 Ⅱ 旋转形成的两个水平圆的正面投影,它们都是环面的主视图的转向轮廓线。圆母线的圆心及圆母线上最左点 Ⅲ、最右点 Ⅳ 旋转形成的三个水平圆的正面投影,都分别重合在用点画线表示的环的上下对称线上。俯视图中的最大圆和最小圆,是圆母线上最左点 Ⅲ 和最右点 Ⅳ 旋转形成的两个水平圆的水平投影,也是环面俯视图的转向轮廓线;点画线圆是母线圆的圆心旋转形成的水平圆的水平投影。

(2)圆环表面上取点 因圆环是回转面又无积聚性投影,故在环面上取点的作图应采用辅助纬圆法。

如图 3-8 所示,已知环面上一点 A 在主视图中的投影 a' 和点 B 在俯视图中的投影 (b),求该两点的其他投影。

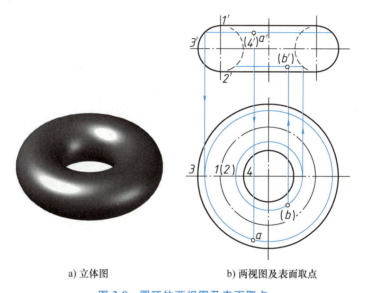

a)立体图   b)两视图及表面取点

图 3-8 圆环的两视图及表面取点

根据投影 a'、b 的位置和可见性,可以断定点 A 在上半环面的前半部的外环面上,所以点 A 的水平投影可见;而点 B 在前半环面的下半部的内环面上,所以点 B 的正面投影不可见。采用辅助纬圆法作图,即过投影 a' 作一水平纬圆,其正面投影是垂直于轴线的一条直线,故点 A 的水平投影 a 一定在纬圆的同面投影上;同理,过投影 (b) 作一水平纬圆,在该纬圆的正面投影上求出点 B 的正面投影 (b')。

第三节 平面与立体表面相交

在工程上常见到平面与立体表面相交的情形。例如,车刀的刀头是由一个四棱柱与多个平面相交(切割)而成,如图 3-9a 所示;铣床上的尾座顶尖,也是由圆锥与圆柱的组合体与两个平面相交而成,如图 3-9b 所示。在画图时,为了准确地表达它们的形状,必须画出平面与立体相交所产生交线的投影。

平面与立体相交,可看作用平面截切立体,此平面称为截平面,截平面与立体表面所产

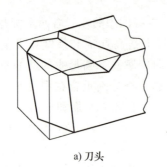

a) 刀头   b) 顶尖

图 3-9 平面与立体相交

生的交线称为截交线，截交线所围成的平面图形称为截断面，被截切后的形体称为截切体，如图 3-10 所示。

从图中可以看出，截交线具有以下基本性质：

（1）共有性 截交线是截平面与立体表面的交线，必然为两者共有，截交线上的每一点都是截平面和立体表面的共有点，这些共有点的连线就是截交线。

（2）封闭性 因截交线属于截平面，所以截交线一般是封闭的平面图形。

根据上述性质，画截交线的投影可归结为求平面与立体表面共有点的作图问题。

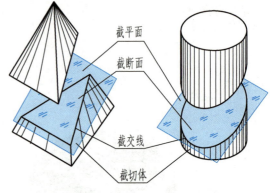

图 3-10 平面切割立体示意图

一、平面与平面立体表面相交

平面立体被截平面切割后所得的截交线，是由直线段组成的平面多边形，多边形的各边是立体表面与截平面的交线，而多边形的顶点是立体的棱线或底边与截平面的交点，如图 3-10 所示。交点的数量就是多边形的边数。因此，求截平面与平面立体的截交线，就是求出截平面与平面立体上各被截棱线或底边的交点，然后依次连接即可。

[例 3-1] 如图 3-11a 所示，求四棱锥被正垂面 P 切割后所得截交线的投影。

解 分析：由图 3-11a 可知，因截平面 P 与四棱锥的四个棱面都相交，所以截交线为四边形。四边形的四个顶点即为四棱锥的四条棱线与截平面 P 的交点。由于截平面 P 是正垂面，故截交线的正面投影积聚在 P_V 上，而其水平投影和侧面投影则为类似形（四边形）。

四棱锥的
截交线

作图步骤如下（图 3-11b）：

1）确定截平面 P 与四棱锥四条棱线交点的正面投影 $1'$、$2'$、$3'$、$4'$。

2）根据直线上点的投影性质，在四棱锥各条棱线的水平、侧面投影上，求出交点的相应投影 1、2、3、4 和 $1''$、$2''$、$3''$、$4''$。

3）按照在同一表面上两点相连的原则，将各点的同面投影按顺序连接，即得截交线的水平投影和侧面投影。在图中由于去除了被截平面切去的部分，这样，截交线的三个投影均可见。

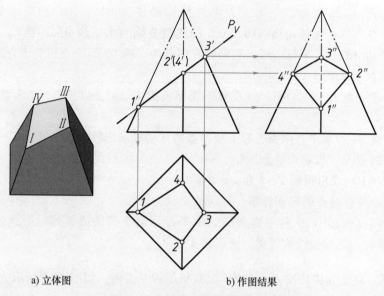

a) 立体图　　　　　　　b) 作图结果

图 3-11　四棱锥截切后的截交线

4) 要特别注意平面立体被截切后原有棱线的变化。由主视图可见，截平面 P 以上棱线均被截去，因此在俯视图和左视图中该部分棱线不应画出。在左视图中，由于左侧棱线点 I 以上被截去，但右侧棱线点 III 以上被截去，故投影 1″3″ 为右边棱线的投影，不可见，应画成细虚线。

[例 3-2]　试求 P、Q 两平面切割三棱锥 SABC 所得截交线的投影，如图 3-12 所示。

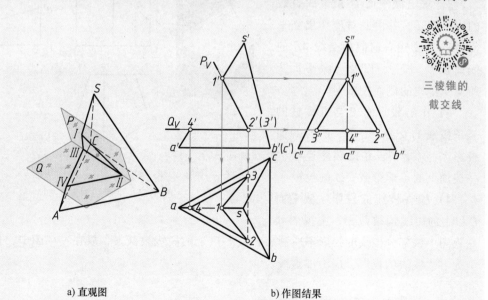

三棱锥的
截交线

a) 直观图　　　　　　　b) 作图结果

图 3-12　平面切割三棱锥

解 分析：由图 3-12a 可知，正垂面 P 与三棱锥两棱面 SAB、SAC 的交线分别为 I II、I III。水平面 Q 与三棱锥两棱面 SAB、SAC 的交线分别为水平线 III IV、III IV，它们分别与三棱锥底面的边 AB、AC 平行，所以它们的方向已知。P、Q 两平面相交于直线 III III。

作图步骤如下（图 3-12b）：

1）确定截平面 P、Q 与棱线 SA 交点的正面投影 1'、4'，以及 P、Q 两截平面交线的正面投影 2'(3')。

2）在棱线 SA 的水平、侧面投影上根据点的从属性求出投影 1'、1"和 4'、4"。

3）截平面 Q 与三棱锥两棱面 SAB、SAC 的交线为水平线，其水平投影 42//ab，43//ac，由投影 2'(3') 求出投影 2、3 和 2"、3"。

4）按顺序连接各点的同面投影，即得截交线的投影。

5）判断可见性，P、Q 两平面交线的水平投影被上部锥面遮住，因此投影 23 不可见，画成细虚线；其他交线均可见，画成粗实线。

[例 3-3]　完成五棱柱被 P、Q 两平面截切后的左视图，如图 3-13 所示。

解 分析：由主视图看出切口由正垂面 P 和侧平面 Q 截切获得，必须逐个求出两截切平面的截交线。截平面 P 与五棱柱的四个侧面及截平面 Q 相交，形成的截交线为五边形，其正面投影积聚为直线，水平投影和侧面投影为类似形。截平面 Q 与五棱柱的顶面、两个侧面及截平面 P 相交，截交线为四边形，其水平投影和正面投影积聚成直线，侧面投影反映实形。P、Q 两截平面交于一正垂线。

作图步骤如下（图 3-13b）：

1）作出完整五棱柱的左视图。

2）求出截平面 Q 积聚成直线的水平投影，并由此对应作出截平面 Q 与五棱柱右前侧面交线 AB 的侧面投影 a"b"，以及与截平面 P 所交正垂线的侧面投影 b"f"。

3）作出截平面 P 与五棱柱的三条棱线的交点 C、D、E 的侧面投影 c"、d"、e"，并按顺序连接同一棱面上的点即得截交线的投影。

4）检查棱线的投影。截平面 P 以上的棱线均被截去，主视图和左视图中该部分棱线的投影不应画出；点 E 以上的棱线被截去，故在左视图中，投影 e"以上为右边棱线的投影，应为细虚线。

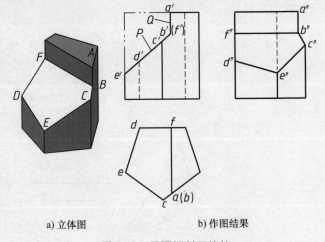

a) 立体图　　　b) 作图结果

图 3-13　平面切割五棱柱

二、平面与曲面立体表面相交

平面与曲面立体表面相交产生的截交线，一般是封闭的平面曲线，也可能是由曲线和直线围成的平面图形或平面多边形。截交线的形状取决于曲面立体的形状，以及截平面与曲面立体轴线的相对位置。

　　求平面与曲面立体表面相交产生的截交线的投影就是求截平面与曲面立体表面的一系列共有点的投影。截交线上的任一点都可看作曲面立体上的某一条线（直线或曲线）与截平面的交点。因此，在曲面立体上适当地作出一系列辅助线（素线或纬圆），求出它们与截平面的交点，然后依次光滑连接即得截交线。当截平面为特殊位置时，截交线的投影积聚在截平面有积聚性的同面投影上，可用在曲面立体表面取点的作图方法求截交线的投影。

　　截交线上的点分为特殊点和一般点。作图时应先作出特殊点的投影，特殊点确定截交线的形状和范围，如截交线的最高、最低、最前、最后、最左、最右点等，或者是截交线对称轴的顶点，这些点一般都在转向轮廓线上。为能较准确地作出截交线的投影，还应在特殊点之间作出一定数量的一般点的投影，最后连成截交线的投影，并判断可见性。

1. 平面与圆柱相交

　　平面截切圆柱时，根据截平面与圆柱轴线的相对位置不同，截交线有矩形、圆和椭圆三种情况，见表 3-1。

表 3-1　圆柱表面的截交线

截平面位置	平行于轴线	垂直于轴线	倾斜于轴线
立体图	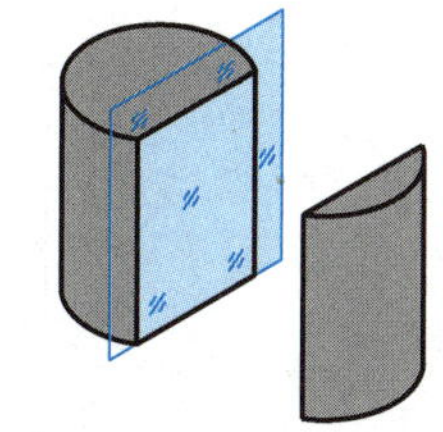	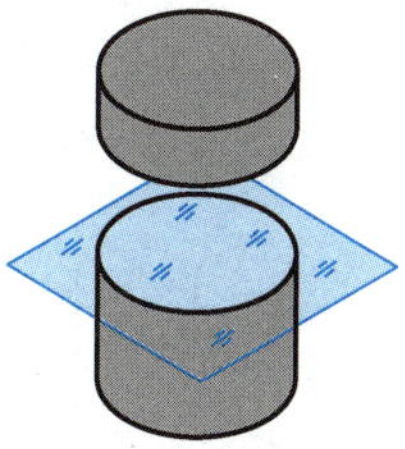	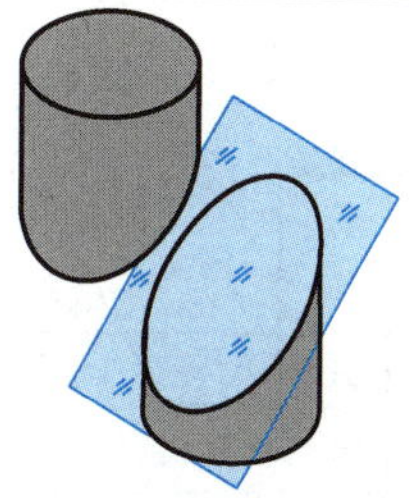
投影图	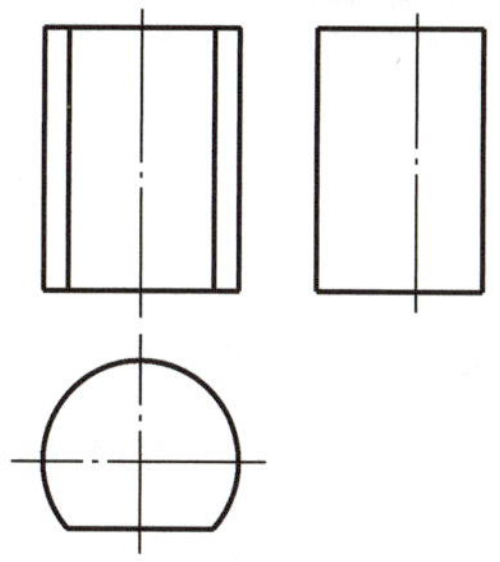	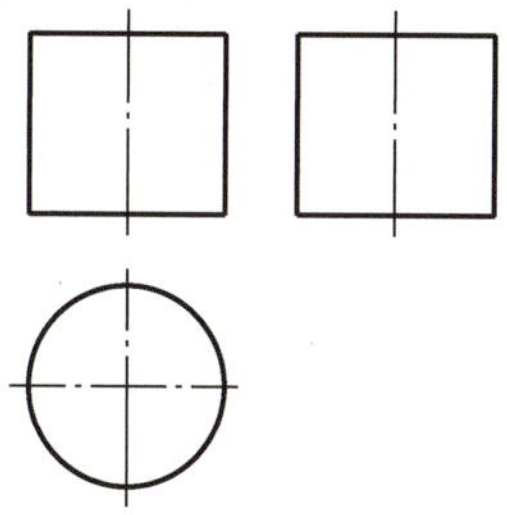	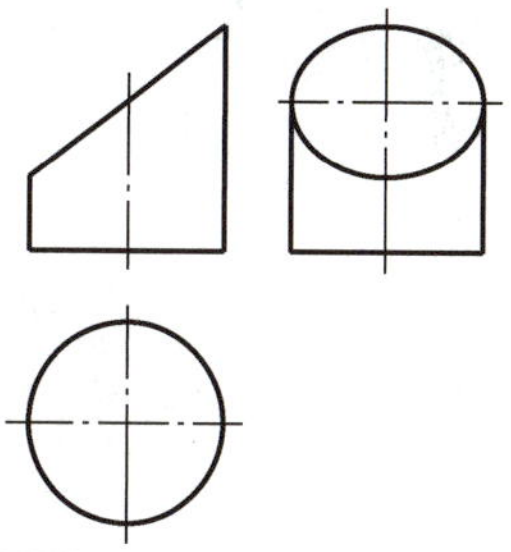
截交线形状	矩形	圆	椭圆

　　注意：当截平面与圆柱轴线夹角为 45° 时，截交线投影为圆。

　　若被两个及两个以上平面截切，应逐个分析和绘制每一截切平面的截交线。

　　[例 3-4]　求作圆柱与正垂面 P 的截交线，如图 3-14 所示。

解　分析：正垂面 P 倾斜于圆柱轴线，截交线是一个椭圆，其正面投影与平面 P 的积聚性投影重合。由于圆柱面的水平投影具有积聚性，所以截交线的水平投影与该圆重合，截交线的侧面投影是椭圆，需要求一系列共有点才能作出。

　　作图步骤如下（图 3-14b）：

　　1）作特殊点。一般由封闭的图形确定特殊点。由俯视图可知，投影 1、2、3、4 是特殊点，均在转向轮廓线上。在主视图上找到其对应的正面投影 1′、2′、3′、(4′)，由此可作出它们的侧面投影 1″、2″、3″、4″。投影 1″2″、3″4″ 分别是截交线的侧面投影椭圆的短轴和长轴。

2）作一般点。为准确作出椭圆的侧面投影，在俯视图上两特殊点之间任意选取一般点。为作图简便，可对称取水平投影 5、6、7、8，在主视图上作出其对应的投影 5′、（6′）、7′、（8′），由此，可求出侧面投影 5″、6″、7″、8″。一般点的数量可根据作图准确程度的要求而定。

3）依次光滑连接投影 1″、7″、3″、5″、2″、6″、4″、8″、1″ 即得截交线的侧面投影。

4）检查轮廓线的投影，将不到位的轮廓线延长到投影 3″ 和 4″，即延长到特殊点。

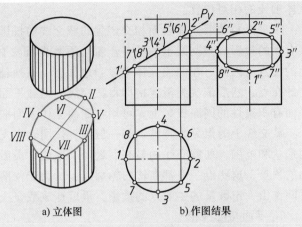

a）立体图   b）作图结果

图 3-14　正垂面截切圆柱的截交线

[例 3-5]　求作定位轴切口的水平投影和侧面投影，如图 3-15a 所示。

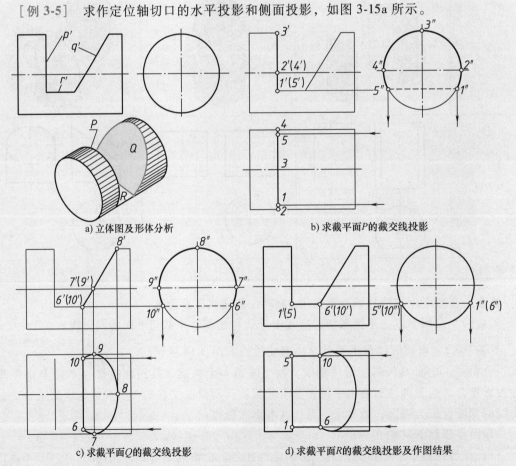

a）立体图及形体分析

b）求截平面P的截交线投影

c）求截平面Q的截交线投影

d）求截平面R的截交线投影及作图结果

图 3-15　定位轴切口的投影作图

解　分析：圆柱体的切口由侧平面 *P*、正垂面 *Q* 和水平面 *R* 截切而成，各截平面在主视图的投影都具有积聚性，因此各条截交线的正面投影分别与投影 *p'*、*q'*、*r'* 重合，要求作的是切口截交线在俯、左视图中的投影。平面 *R* 与 *P*、*Q* 两平面的交线为两条正垂线，如图 3-15a 所示。

作图步骤如下（图 3-15b~d）：

1）如图 3-15b 所示，先求截平面 *P* 的截交线投影。截平面 *P* 垂直于圆柱轴线，它与圆柱面的交线是一段圆弧，平面 *P* 与平面 *R* 的交线是一段正垂线 Ⅳ。由于平面 *P* 为侧平面，所以截交线在主、俯视图中的投影均积聚成直线，在左视图中的投影与圆柱面的投影重合。

2）如图 3-15c 所示，求截平面 *Q* 的截交线投影。截平面 *Q* 倾斜于圆柱轴线且为正垂面，它与圆柱面的截交线是一部分椭圆，在左视图中的投影与圆柱面的投影重合，平面 *Q* 与平面 *R* 的交线是正垂线 ⅥⅩ。按照例 3-4 的作图方法，可求出该部分椭圆在俯视图中的投影。

3）求截平面 *R* 的截交线投影。由于截平面 *R* 平行于圆柱轴线，它与圆柱面的截交线是两段素线 Ⅷ 和 ⅤⅩ，平面 *R* 与平面 *P*、*Q* 的交线是两条正垂线，它们组成了一水平矩形，其水平投影和侧面投影如图 3-15d 所示。根据投影分析，矩形在俯视图中的投影可见，应画成粗实线；在左视图中的投影积聚成直线且不可见，应画成细虚线。

擦去俯视图中被切去的两段轮廓线，即完成切口的投影。

若将圆柱改为圆筒，在圆筒上切口、开槽，如图 3-16a 所示，截平面不仅与外圆柱表面相交，同时又与内圆柱表面相交，产生内、外两层截交线，其作图方法与例 3-5 相同，投影如图 3-16b 所示。

83

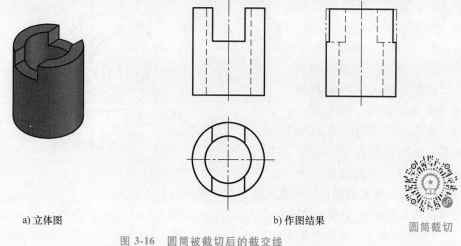

a) 立体图　　　　　　　b) 作图结果　　　　　　圆筒截切

图 3-16　圆筒被截切后的截交线

2. 平面与圆锥相交

平面截切圆锥时，根据截平面与圆锥轴线的相对位置不同，圆锥面上可以产生形状不同的截交线，见表 3-2。

表 3-2 圆锥表面的截交线

截平面位置	截平面垂直于轴线（$\theta=90°$）	截平面倾斜于轴线（$\theta>\alpha$）	截平面倾斜于轴线（$\theta=\alpha$）	截平面平行或倾斜于轴线（$\theta=0°$或$\theta<\alpha$）	截平面过锥顶
立体图					
投影图					
截交线形状	圆	椭圆	抛物线	双曲线	两素线

[例 3-6] 求正垂面和圆锥的截交线，如图 3-17 所示。

解 分析：根据截平面与圆锥的相对位置，可知截交线为椭圆。由于截平面为正垂面，所以截交线的正面投影 ab 与平面 P 的正面投影重合，为一直线，椭圆的长轴 AB 的正面投影 ab 与之重合，其短轴 CD 是一正垂线，投影 c'、(d') 重合于该直线的中点。截交线的水平投影和侧面投影均为椭圆，需作图求出。作图时，应当先找出椭圆长、短轴的端点和转向轮廓线上的点，再适当作一些一般点，然后将它们用曲线光滑地连接起来即可。

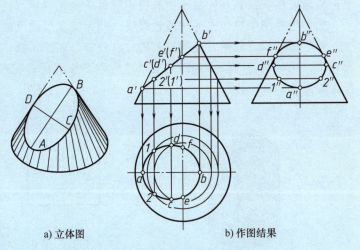

a) 立体图　　　　b) 作图结果

图 3-17　正垂面截切圆锥

作图步骤如下（图 3-17b）：

1）作特殊点。求转向轮廓线上的点 A、B、E、F。先在主视图上确定其已知投影 a'、b'、e'、f'，然后求出它们的水平、侧面投影 a、b、e、f 和 a''、b''、e''、f''。其中点 A、B 是最左、最右点，又是空间椭圆长轴的两端点，如图 3-17b 所示。

2）求椭圆短轴端点 C、D 的投影。其正面投影 c'、d' 重合于投影 $a'b'$ 的中点。为求出点 C、D 的水平投影，过投影 $c'(d')$ 作纬圆，画出纬圆的水平投影，则投影 c、d 位于该纬圆上。由投影 c、d、c'、d'，可求出投影 c''、d''。点 C、D 也是截交线的最前、最后点。

3）求作一般点。为了较准确地作出截交线的水平、侧面投影，在截交线上的特殊点之间作一般点 I 、II 。在主视图上取投影 $1'$、$2'$，过投影 $1'$、$2'$ 作纬圆求出水平投影 1、2，从而可得侧面投影 $1''$、$2''$。

4）将作出的投影 a、2、c、e、b、f、d、1、a 依次连接起来即为截交线椭圆的水平投影，将投影 a''、$2''$、c''、e''、b''、f''、d''、$1''$、a'' 依次连接起来即为截交线椭圆的侧面投影。

5）检查轮廓线。在左视图中，椭圆与圆锥的侧面转向轮廓线切于点 e''、f''。圆锥的侧面转向轮廓线在点 E、F 上部被切去，故不再画出。

[例 3-7]　求圆锥被正平面 P 截切后的投影，如图 3-18a 所示。图 3-18c 所示为这种交线的实例——螺母的倒角曲线。

圆锥截交线的投影

解　分析：由于截平面平行于圆锥轴线，故与圆锥面的截交线为双曲线，左右对称，其水平投影、侧面投影均与截平面的积聚性投影重合，正面投影反映实形，需作图求出。

作图步骤如下：

1）求特殊点。截交线的最低点 A、B 位于底面圆上，在俯视图中确定投影 a、b，然后求出投影 a'、b'，而截交线的最高点位于圆锥的最前轮廓素线上，在左视图中确定投影 c''，利用投影关系求得 c'。

2）求一般点。用纬圆法在特殊点之间作一般点，如对称求出点 D、E。在俯视图中对称地取 d、e 两点，过投影 d、e 作纬圆，求出纬圆的正面投影，利用投影关系求得投影 d'、e'。

3）用粗实线将作出的投影 a'、d'、c'、e'、b' 依次连接起来即为截交线的正面投影，作图结果如图 3-18b 所示。

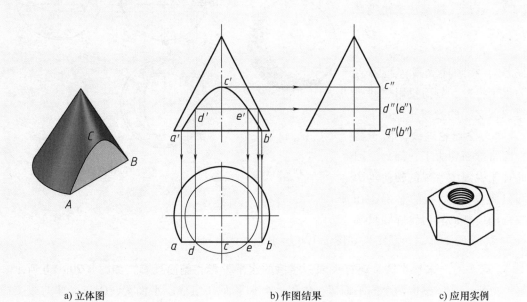

a) 立体图　　　　b) 作图结果　　　　c) 应用实例

图 3-18　正平面截圆锥

3. 平面与圆球相交

平面与球相交，截交线是圆。截平面与投影面的相对位置不同，截交线的投影也不同，可能是圆，也可能是直线段或椭圆。当截平面平行于投影面时，截交线在该投影面上的投影反映实形——圆，另两面投影积聚成直线；当截平面垂直于投影面时，在该投影面上截交线的投影积聚成倾斜的直线，另两面投影为椭圆。

[例 3-8]　求作圆球被正垂面 P 截切后的水平投影和侧面投影，如图 3-19 所示。

解　分析：正垂面 P 与圆球的截交线为圆，其正面投影积聚成直线，与平面 P 的正面投影重合，而水平投影和侧面投影均为椭圆，需求出椭圆上的特殊点和一般点，然后依次连接获得。

作图步骤如下：

1）求特殊点。截交线圆的正面投影积聚为直线 $1'2'$，因投影 $1'$、$2'$ 在球面正面投影的转向轮廓线上，可直接求出其水平投影 1、2，它们是截交线圆水平投影椭圆短轴的端点。在主视图中，取投影 $1'2'$ 的中点，就是截交线圆上处于正垂线位置的直径 Ⅲ Ⅳ 的投影 $3'(4')$，通过投影 $3'(4')$ 作水平纬圆，在纬圆的水平投影上求出投影 3、4，即为截交线圆水平投影椭圆长轴的端点。点 Ⅰ、Ⅱ 是截交线的最左、最右点，也是最低、最高点；点 Ⅲ、Ⅳ 是截交线的最前、最后点。另外 P 平面与圆球面水平投影的转向轮廓线相交于点 $5'(6')$，可直接求出其水平投影 5、6，再由两投影求得投影 $5''$、$6''$。P 平面与球面侧面投影的转向轮廓线相交于点 $7'(8')$，可直接求得侧面投影 $7''$、$8''$，并据此求出水平投影 7、8。

2）求一般点。在截交线的正面投影 $1'2'$ 上，选择适当位置定出投影 $a'(b')$ 和 $c'(d')$，然后按纬圆法求出投影 a、b、c、d 和 a''、b''、c''、d''。

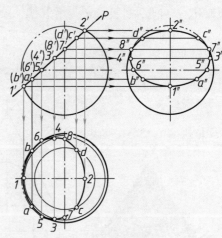

3）按顺序光滑连接各点的水平投影、侧面投影，即可得到截交线的投影。

4）检查轮廓线。由于截平面将球面切去了一部分，因此在俯视图中，球的转向轮廓圆只画投影 5、6 的右部，在左视图中球的转向轮廓圆只画投影 7、8 的下部，作图结果如图 3-19b 所示。

a) 立体图　　　　b) 作图结果

图 3-19　正垂面截圆球

[例 3-9]　求作半圆头螺钉头部一字槽的水平投影和侧面投影，如图 3-20a、b 所示。

解　分析：一字槽由两个侧平面 P、Q 和一个水平面 R 组成。平面 P、Q 与半球的截交线是平行于侧面的两段圆弧，平面 R 与半球的截交线为前、后两段水平圆弧。

作图步骤如下：

86

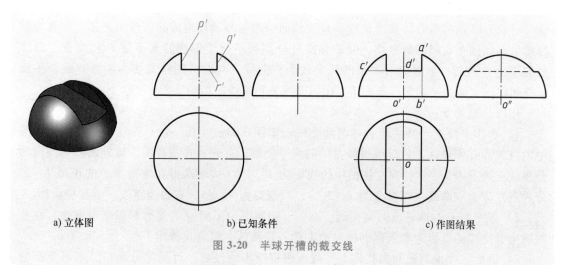

a) 立体图   b) 已知条件   c) 作图结果

图 3-20　半球开槽的截交线

1) 作一字槽两侧平面 P、Q 与半球的截交线，其侧面投影反映截交线圆弧实形，半径为 $a'b'$；其水平投影积聚为直线。

2) 作一字槽底面 R 与半球的截交线，因为平面 R 是水平面，故水平投影反映两段圆弧的实形，半径为 $c'd'$；其侧面投影积聚为直线，不可见部分画为细虚线。

3) 检查轮廓线。侧面投影中，平面 R 以上的转向轮廓线被切去，故不画，作图结果如图 3-20c 所示。

4. 平面与组合回转体相交

由两个或两个以上回转体组合而成的形体称为组合回转体。

当平面与组合回转体相交时，其截交线是由截平面与各个回转体的截交线组合而成的平面图形，整个截交线由各种曲线与直线形成。各回转体之间的交线称为分界线，分界线与截平面的交点称为分界点。

为了准确绘制组合回转体的截交线，必须对该形体进行分析，弄清它由哪些回转体组成，并找出它们的分界线。

[例 3-10] 求作顶尖组合体头部的截交线，如图 3-21a、b 所示。

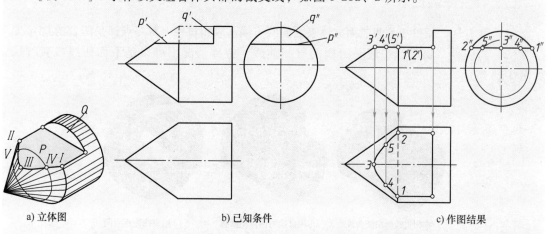

a) 立体图   b) 已知条件   c) 作图结果

图 3-21　顶尖组合体头部的截交线

解 分析：该顶尖组合体是由轴线垂直于侧面的圆锥与圆柱组成的同轴回转体，圆锥与圆柱的公共底圆是它们的分界线。圆锥和圆柱分别被平行于轴线的水平面 P 和垂直于轴线的侧平面 Q 截切，平面 P 与圆锥的截交线为双曲线，与圆柱的截交线为两条直线；平面 Q 与圆柱的交线为一圆弧。平面 P、Q 的交线是正垂线，如图 3-21b 所示。

作图步骤如下：

1) 求作平面 P 与顶尖组合体的截交线。如图 3-21c 所示，由于平面 P 在主、左视图中的投影都有积聚性，只需求出截交线的水平投影。首先，在主视图中确定圆锥与圆柱的分界线点的投影 $1'$、$2'$，在左视图中的投影为 $1''$、$2''$，从而求得在俯视图中的投影 1、2。分界点左边为双曲线（特殊点为 1、2、3，一般点为 4、5），右边为直线，可直接画出。

2) 求平面 Q 与圆柱面的截交线。在主、俯视图中平面 Q 的投影都积聚为直线，在左视图中截交线的投影为积聚到圆柱表面上的一段圆弧，可直接作出。

3) 最后，完成圆锥和圆柱体分界线在俯视图中的投影，可见部分加粗，不可见部分应画成细虚线。

第四节　两曲面立体表面相交

两立体相交称为相贯，其表面交线称为相贯线。根据立体的表面性质不同可分为三类：两平面立体相交，平面立体和曲面立体相交，以及两曲面立体相交。在实际中，常见的是两曲面立体相交，相贯线的形状与相交两曲面立体的形状、大小和相对位置有关。如图 3-22 所示的三通管，包含两个外圆柱面相交形成的相贯线及三通管内部两个圆柱孔相交形成的相贯线，三通管的三视图中需要画出这些相贯线的投影。与平面立体相交的相贯线的投影可以利用求截交线的方法画出，本节只讨论两曲面立体相交时，相贯线的性质和投影作图。

图 3-22　两回转体的相贯线
示例——三通管

一、相贯线的性质

（1）共有性　相贯线是两曲面立体表面的共有线，故相贯线上每一点都是两者的共有点。

（2）封闭性　相贯线一般是封闭的空间曲线，特殊情况下可以是平面曲线或直线段，如图 3-23 所示。

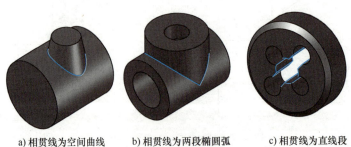

a) 相贯线为空间曲线　　b) 相贯线为两段椭圆弧　　c) 相贯线为直线段

图 3-23　相贯线的形式

（3）表面性　相贯线位于两立体的表面，它的形状取决于立体的形状、大小和两立体的相对位置。

二、相贯线的作图方法

根据相贯线的性质可知，求相贯线的投影就是求两曲面立体表面的若干共有点的投影，只要将这些点的投影依次光滑地连接起来，即得相贯线的投影。

求相贯线常用的方法有表面取点法和辅助平面法，作图步骤如下：

（1）分析　首先分析两回转体的形状、相对位置及相贯线的空间形状，然后分析相贯线的投影情况，以及回转体表面有无积聚性投影可以利用。

（2）求点

1）作特殊点。特殊点是确定相贯线的范围和变化趋势的点，一般是相贯线上处于极端位置的点，如最高、最低、最前、最后、最左、最右点，这些点通常是曲面转向轮廓线上的点，对称的相贯线特殊点还包括其对称平面上的点。

2）作一般点。为比较准确地作图，需要在特殊点之间插入若干一般点。

（3）判断可见性　相贯线上的点只有同时位于两个回转体的可见表面上时，其投影才可见；若位于面的积聚性投影上，则不必判断可见性。

（4）连接　依次光滑地连接相邻两共有点的投影，即得相贯线的投影。

（5）整理　注意回转体的轮廓线要整理到位，应画到特殊点处。

1. 表面取点法

表面取点法就是利用圆柱面的积聚性投影求相贯线。

适用范围：表面取点法只适用于两相贯立体中，至少有一个是轴线垂直于投影面的圆柱的情况。

求解原理：两曲面立体相交，如果其中有一个是轴线垂直于投影面的圆柱，则相贯线在该投影面上的投影有积聚性，并从属于另一曲面立体表面。于是，求两曲面立体的相贯线投影，可看作已知另一曲面立体表面上线的一个投影而求作其他投影的问题。这样就可以在相贯线上取一些点，按前面介绍的已知曲面立体表面上的点的一个投影求其他投影的方法，即表面取点法，求出这些点的其他投影，从而完成相贯线的投影。

[例 3-11]　求作轴线垂直相交两圆柱的相贯线，如图 3-24a 所示。

解　分析：由图 3-24a 可知，小圆柱与大圆柱的轴线垂直相交（称为正交），其相贯线是一条封闭的且前后、左右均对称的空间曲线。

根据两圆柱轴线的位置，大圆柱面的侧面投影及小圆柱面的水平投影具有积聚性，因此相贯线的水平投影与小圆柱的水平投影重合，是一个圆；相贯线的侧面投影与大圆柱的侧面投影重合，是一段圆弧。因此该题只需要求相贯线的正面投影。

两圆柱正贯

作图步骤如下：

1）作特殊点。一般先从封闭的已知投影入手确定特殊点。由在俯视图中的投影（圆）可以看出，相贯线的最左、最右点及最前、最后点的投影，分别用 a、b、c、d 表示，点 A、B、C、D 分别在小圆柱的正面和侧面的转向轮廓线上，在已知的左视图中标出投影 a''、(b'')、c''、d''，显然点 A、B 是相贯线的最高点，点 C、D 是最低点。

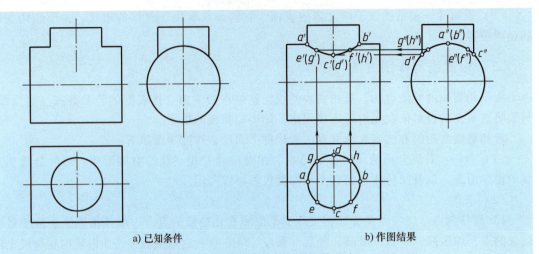

a) 已知条件　　　　　　　　　　　　　　b) 作图结果

图 3-24　两正交圆柱的相贯线的画法

2）作一般点。在已知的相贯线水平投影上，可前后、左右对称取出 e、f、g、h 四点，求出它们的侧面投影 $e''(f'')$、$g''(h'')$，由水平、侧面投影可求出其正面投影 $e'(g')$、$f'(h')$。

3）判断可见性，光滑连接各点。相贯线前后对称，后半部分与前半部分的正面投影重合，所以只画相贯线前半部分的正面投影即可，依次光滑连接 a'、e'、c'、f'、b' 各点，即为所求。

4）整理轮廓线。两圆柱的轮廓线均画到点 a'、b'，相交部位不会有轮廓线。

　　两轴线垂直相交的圆柱，在零件中最为常见。由于圆柱面可以是圆柱的外圆柱面，也可以是圆柱孔的内圆柱面。因此，两圆柱相交可以出现如图 3-25 所示的三种形式，即两圆柱外表面相交、圆柱外表面与圆柱内表面（孔）相交、两圆柱内表面（孔）相交。只要圆柱内、外表面的大小和相对位置不变，它们的相贯线形状和作图方法就是完全相同的。

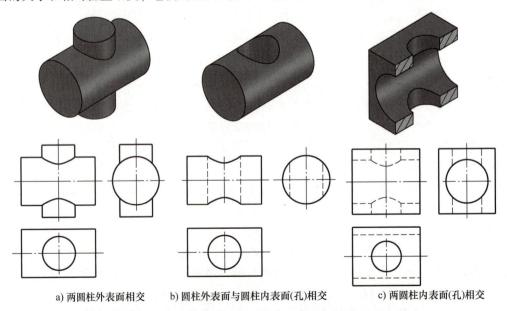

a) 两圆柱外表面相交　　b) 圆柱外表面与圆柱内表面(孔)相交　　c) 两圆柱内表面(孔)相交

图 3-25　两圆柱相贯线的常见情况

[例 3-12] 求作圆柱与圆锥正交的相贯线，如图 3-26a 所示。

解 分析：从图 3-26a 可以看出，圆柱与圆锥轴线正交，其相贯线为封闭的空间曲线，前后、左右对称。由于圆柱的轴线垂直于侧立投影面。因此，相贯线的侧面投影与圆柱面的侧面投影重合，为一段圆弧，所以需要求出相贯线的正面投影和水平投影。

作图步骤如下：

1) 求特殊点。由于侧面投影已知，故可确定相贯线的最高、最低点及最前、最后点。最高点在圆锥的左、右轮廓线上，同时是相贯线的最左、最右点，用 a''、(b'') 表示，根据投影关系求出投影 a'、b'。最低点是圆锥前、后轮廓线上的点，同时是相贯线的最前、最后点，用 c''、d'' 表示，根据投影关系求出投影 c'、d'，继而求出特殊点的水平投影 a、b、c、d。

2) 作一般点。在相贯线已知的侧面投影上，可前后、左右对称取 $e''(f'')$、$g''(h'')$ 四点，由于这些点是圆柱与圆锥表面的共有点，可利用投影关系和纬圆法求得投影 e、f、g、h，$e'(g')$、$f'(h')$。

3) 判断可见性，光滑连接各点。相贯线前后对称，后半部分与前半部分的正面投影重合，所以只画相贯线前半部分的投影即可，最后，依次光滑连接 A、B、C、D、E、F、G、H 各点的正面投影和水平投影，即可求得相贯线，如图 3-26b 所示。

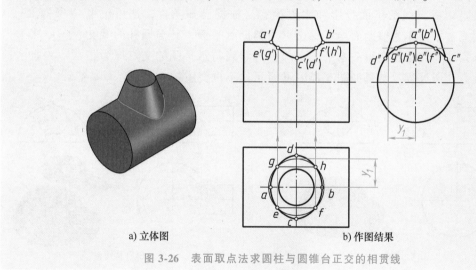

a) 立体图　　　　　　　　　b) 作图结果

图 3-26　表面取点法求圆柱与圆锥台正交的相贯线

2. 辅助平面法

对于圆柱与非圆柱的回转体相贯，还可以采用辅助平面法求相贯线。

求解原理：辅助平面法就是用辅助平面同时截切相贯的两回转体，在两回转体表面得到两条截交线，这两条截交线的交点即为相贯线上的点。这些点既在两立体表面上，又在辅助平面内。因此，辅助平面法就是利用三面共点的原理，用若干个辅助平面求出相贯线上一系列共有点，如图 3-27 所示。

为作图简便，选择辅助平面时应遵循以下原则：

1) 选择投影面平行面作为辅助平面，截交线在该投影面上的投影反映实形。

2) 辅助平面应位于两曲面立体相交的区域内，否则得不到共有点。

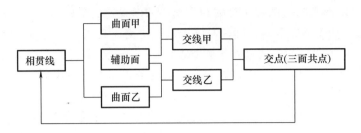

图 3-27 辅助平面法求解原理图

3) 所选择的辅助平面与两回转体表面交线的投影为直线或圆。

用辅助平面法求相贯线的作图步骤如下：

1) 选择恰当的辅助面。

2) 分别求作辅助平面与两回转体表面的交线。

3) 求出交线的交点，即为相贯线上的点。

[例 3-13] 求作圆柱与半球正交的相贯线，如图 3-28a 所示。

解 分析：圆柱与半球相交，相贯线为封闭的前后对称的空间曲线。由于圆柱的轴线是侧垂线，圆柱面的侧面投影积聚为圆，相贯线的侧面投影与该圆重合。只需要求相贯线的正面投影和水平投影。根据已知条件，选用正面、侧平面或水平面作为辅助面均可。这里用辅助水平面，其与圆柱的截交线为两平行素线，与球相交得一水平圆，两平行素线与水平圆的交点即为相贯线上的点。作图过程及结果如图 3-28b~d 所示，不再赘述。

圆柱与半球
相贯

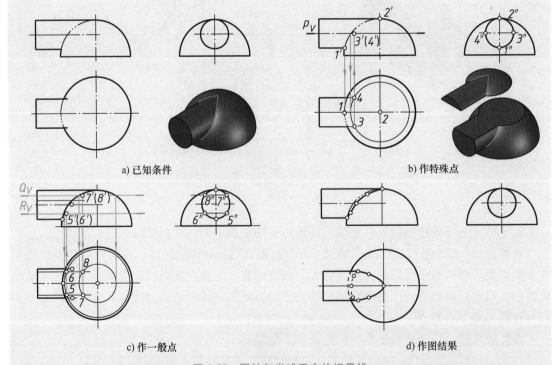

a) 已知条件

b) 作特殊点

c) 作一般点

d) 作图结果

图 3-28 圆柱与半球正交的相贯线

[例 3-14]　求作圆台与半球的相贯线，如图 3-29a 所示。

解　分析：由于圆台轴线为铅垂线且位于半球左侧前后对称中心平面上，所以相贯线为前后对称而左右不对称的封闭空间曲线。因为圆锥面和球面的三视图均无积聚性，故相贯线的三面投影均需求出。求作它们的相贯线必须用辅助平面法。

圆台与半球相贯

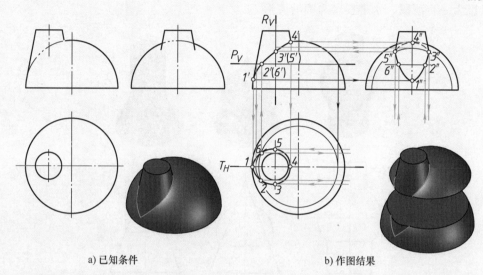

a) 已知条件　　　　　　　　　　　　b) 作图结果

图 3-29　圆台与半球的相贯线

为了使辅助平面与圆台和球的交线为直线或平行于投影面的圆，对圆台而言，所选的辅助平面只能通过锥顶或垂直于轴线。再根据圆球截切特性，只能选取过圆锥顶的正平面、侧平面和垂直圆锥轴线的水平面作为辅助平面，如图 3-29b 所示。

作图步骤如下：

1）求作特殊点。过圆锥轴线作辅助正平面 T_H，它与圆锥和球的交线在主视图中均为投影轮廓线，两交线相交于 $1'$、$4'$ 两投影点，由此可求出投影 1、4 和 $1''$、$4''$；再过锥顶作辅助侧平面 R_V，它与圆锥的交线在投影左视图中也是投影轮廓线，而与球的交线是一侧平半圆，两交线相交于投影 $3''$、$5''$，由此求出投影 $3'$、$(5')$ 和 3、5。

2）求作一般点。在主视图特殊点之间的适当位置作一辅助水平面 P_V，它与圆锥和球的交线均为水平圆，两者交于投影 2、6，由投影 2、6 可求出投影 $2'$、$(6')$ 和 $2''$、$6''$。

3）判断可见性，光滑连接相贯线。因相贯体前后对称，故主视图中相贯线前后重合为可见的粗实线；俯视图中由于相贯线位于两回转体的公共可见部分，因此也可见；在左视图中，两回转体的公共可见部分为左半圆锥面，因此，应以投影 $3''$、$5''$ 为界点，将投影 $3''$、$2''$、$1''$、$6''$、$5''$ 连成粗实线，而投影 $3''$、$4''$、$5''$ 连成细虚线。

辅助平面法为相贯线作图的基本方法，凡是用表面取点法求作的问题都可使用该方法作图。采用辅助平面法的关键在于选取合适的截平面，如在例 3-14 中，求作一般点时，若不是采用辅助水平面，而是采用辅助正平面或侧平面，它们与圆锥面的交线为双曲线，这样将会使得作图更加烦琐复杂。

三、相贯线的特殊情况

两回转体相交，其相贯线一般为空间曲线，但在特殊情况下，也可能是平面曲线或直线。

1）当两个回转体具有公共轴线时，相贯线为垂直于轴线的圆，如图3-30所示，该圆的正面投影为一直线段，水平投影为圆的实形。

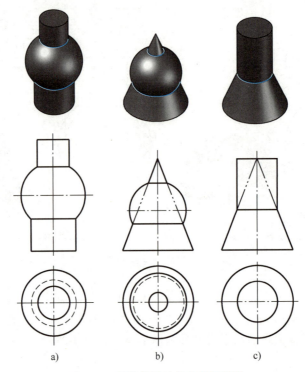

a)   b)   c)

图 3-30   回转体同轴相交的相贯线

2）当两圆柱轴线平行或圆锥共锥顶相交时，相贯线为直线，如图3-31所示。

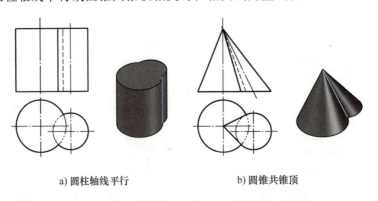

a) 圆柱轴线平行   b) 圆锥共锥顶

图 3-31   圆柱轴线平行、圆锥共锥顶的相贯线

3）当圆柱与圆柱、圆柱与圆锥轴线相交，并公切于一个球时（两圆柱直径相等），相贯线为椭圆——平面曲线。若两轴线同时平行于某一投影面，则椭圆在该投影面上的投影为

直线，如图 3-32 所示，椭圆的正面投影为一直线，直线的两端点为两回转体轮廓线的交点。

画相贯线时，若遇到上述这些特殊情况，则可直接画出相贯线。

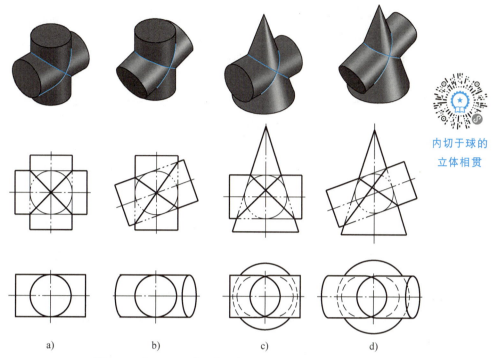

内切于球的
立体相贯

a)	b)	c)	d)

图 3-32　切于同一球面的圆柱、圆锥的相贯线

 牟合方盖

　　两个等径圆柱正交相贯，其相交部分称为牟合方盖，它是我国古代著名数学家刘徽在研究球体体积公式时创建的几何模型。牟合方盖在我国古代数学史上发挥了重要作用，著名的祖暅原理（"幂势既同，则积不容异"）就是祖冲之和他的儿子祖暅承袭刘徽的想法得出的，它比西方的卡瓦列里原理早了一千多年。牟合方盖体现了我国古人丰富的想象能力，以及为解决问题建立空间几何模型的智慧。

牟合方盖

四、圆柱、圆锥相贯线的变化规律

　　圆柱、圆锥相贯时，其相贯线空间形状和投影形状的变化，取决于它们尺寸大小的变化和相对位置的变化。

直径对相贯线
的影响

1. 直径变化对相贯线形状的影响

　　1）两圆柱轴线正交，当其中一圆柱直径不变而另一圆柱直径变化时，相贯线的变化情况见表 3-3。当 $d_1 < d_2$ 时，相贯线为左、右两条封闭的空间曲线，见表 3-3 中第 2 列；当 d_1 增大到与 d_2 相等时，相贯线由空间曲线变为平面曲线（两个椭圆），其正面投影是直线，见表 3-3 中第 3 列；当 d_1 继续增大至 $d_1 > d_2$ 时，相贯线变为上、下两条封闭的空间曲线，见表 3-3 中第 4 列。

表 3-3　两圆柱直径变化对相贯线的影响

直径大小	$d_1 < d_2$	$d_1 = d_2$	$d_1 > d_2$
立体图	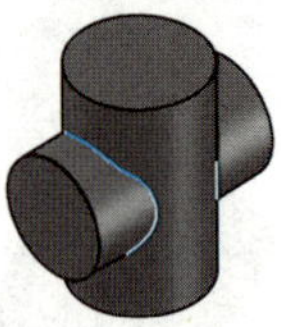	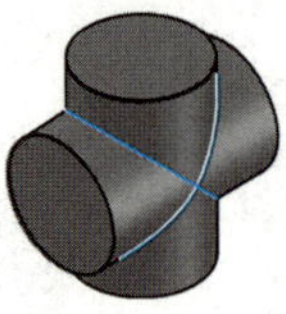	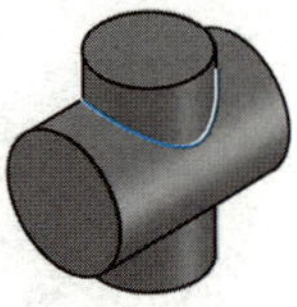
投影图	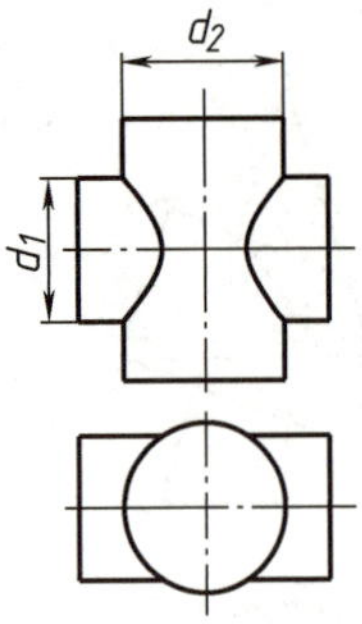	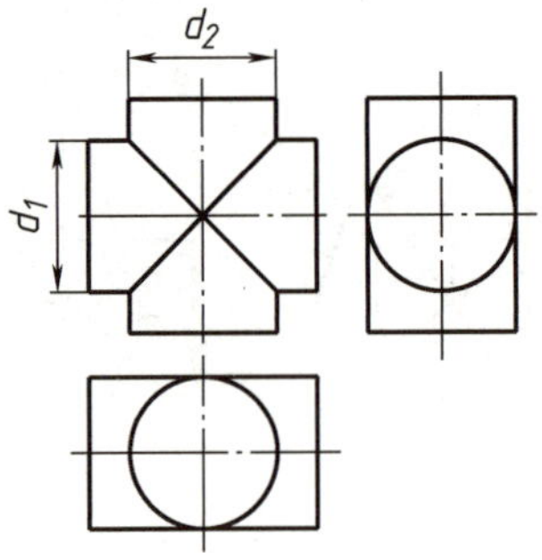	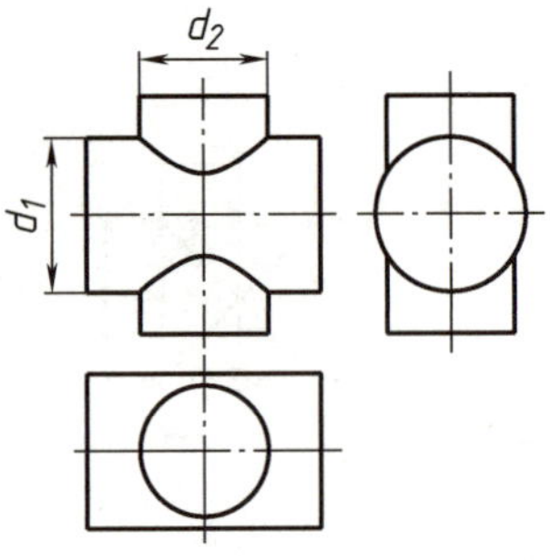

作图时，还应注意相贯线投影的特点。两直径不等的圆柱正交，相贯线为空间曲线，在两圆柱的非圆视图中，相贯线的投影在大圆柱轴线两侧，总是向大圆柱的轴线方向弯曲。

2）圆柱与圆锥轴线正交，当圆锥的大小和它们的轴线的相对位置不变，而圆柱的直径变化时，相贯线的变化情况见表 3-4。当圆柱穿过圆锥时，相贯线为在圆锥轴线两侧的两条封闭的空间曲线，见表 3-4 中第 2 列；当圆锥穿过圆柱时，相贯线为在圆柱轴线两侧的两条封闭的空间曲线，见表 3-4 中第 3 列；当圆柱与圆锥公切于一球面时，相贯线为平面曲线（两个椭圆），见表 3-4 中第 4 列。

圆柱与圆锥正贯

表 3-4　圆柱与圆锥正贯相贯线的三种情况

相对位置	圆柱穿过圆锥	圆锥穿过圆柱	圆柱与圆锥公切于球面
立体图	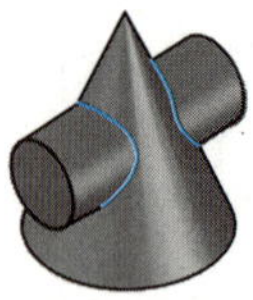	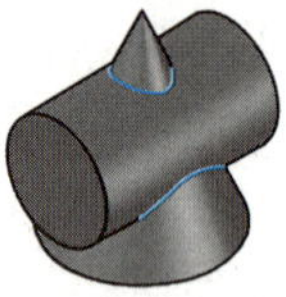	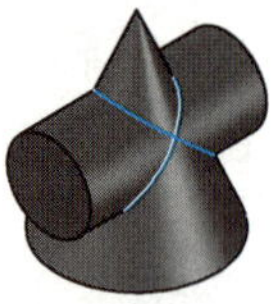
投影图	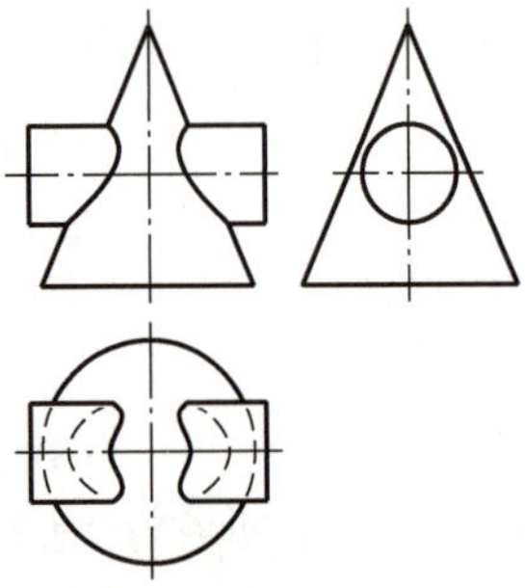	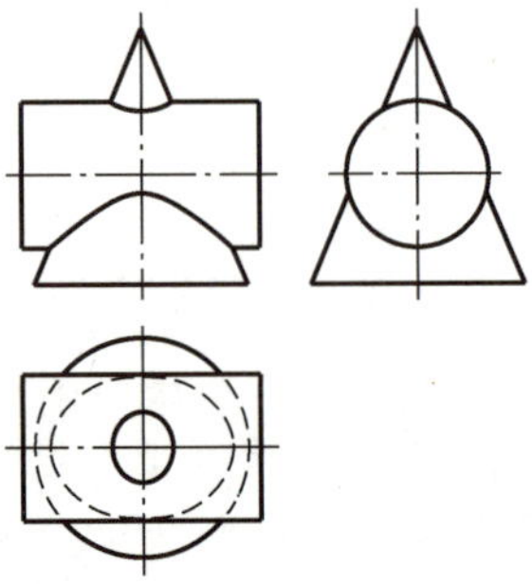	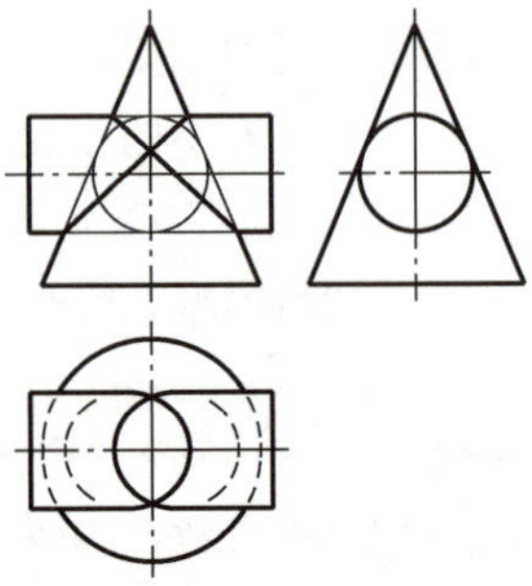

2. 相对位置变化对相贯线的影响

两相交圆柱直径不变，改变其轴线的相对位置，则相贯线也随之变化。

图 3-33 给出了两相贯圆柱，其轴线交叉垂直，在两圆柱轴线的距离变化时，相贯线的变化情况。图 3-33a 所示为铅垂圆柱贯穿水平圆柱，相贯线为上、下两条封闭的空间曲线；图 3-33c 所示为铅垂圆柱与水平圆柱互贯的情况，相贯线为一条封闭的空间曲线；图 3-33b 所示为上述两种情况的临界位置，上、下两条相贯线变为一条封闭的空间曲线，并相交于切点 A。

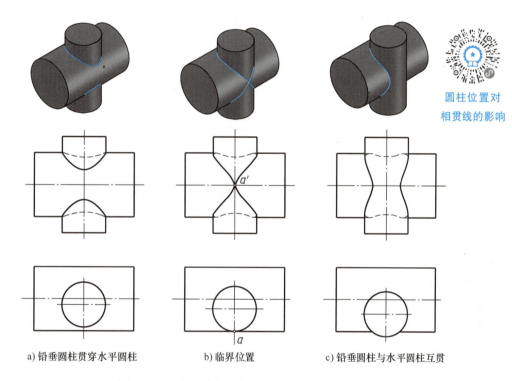

圆柱位置对
相贯线的影响

a) 铅垂圆柱贯穿水平圆柱　　　　b) 临界位置　　　　c) 铅垂圆柱与水平圆柱互贯

图 3-33　两圆柱轴线垂直交叉相贯线的变化

五、组合相贯线

组合相贯线

1. 组合相贯线

上面讨论的是两个基本立体相贯时的相贯线求法。三个或三个以上的基本体相交，其表面形成的交线，称为组合相贯线。在工程上有时会遇到具有组合相贯线的零件，这些相交的立体组成一个相贯体。组合相贯体的各段相贯线，分别是两个立体表面的交线；而两段相贯线的连接点，则必定是相贯体上的三个表面的共有点。

求组合相贯线的步骤如下：

1）分析该相贯体由哪些基本立体相贯组成，产生了几段，各段交线的分界在哪里，找出各段交线的结合点（分界点）。

2）运用前面所学相贯线投影的求法，逐段求出各交线的投影。

[例 3-15]　如图 3-34a、b 所示，求作半球与两个圆柱的组合相贯线。

解　分析：该立体由侧垂圆柱、铅垂圆柱及半球相贯组成。半球面与铅垂圆柱面相切，无交线产生；侧垂圆柱面上半部与半球面同轴线相贯，相贯线为半个侧平圆；侧垂圆柱面下半部与大圆柱面相贯，其相贯线为一条空间曲线。

作图步骤如下：

1）找出半球面与铅垂圆柱面的分界。

2）求出侧垂圆柱面与半球面的交线投影。

3）求出侧垂圆柱面与铅垂圆柱面的交线投影。

侧垂圆柱面与半球面的相贯线是按两个同轴曲面立体的相贯线作出的，侧垂圆柱面与铅垂圆柱面的相贯线是用表面取点法作出的，这里不再赘述，作图结果如图 3-34c 所示。

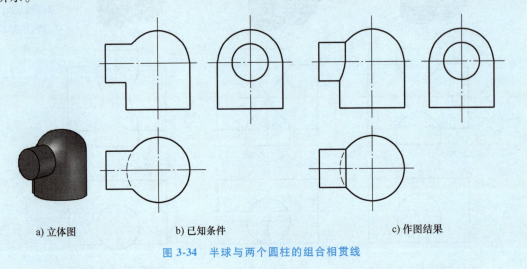

a) 立体图　　　　　　　b) 已知条件　　　　　　　c) 作图结果

图 3-34　半球与两个圆柱的组合相贯线

2. 常见圆柱相贯线

常见圆柱相贯线如图 3-35 所示。

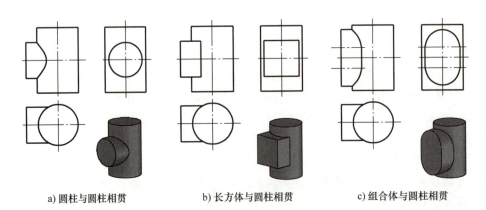

a) 圆柱与圆柱相贯　　　b) 长方体与圆柱相贯　　　c) 组合体与圆柱相贯

图 3-35　常见圆柱相贯线

鲁班锁

鲁班锁又称为孔明锁，相传由春秋时代的鲁班发明。它起源于中国古代建筑中使用的榫卯结构，已有 2400 多年的历史。榫卯结构就是平面与平面立体相交的典型工程应用。飞机发动机的叶片就是利用榫卯结构设计的，枞树型榫卯结构使叶片更好地固定在发动机风扇上，能有效防止发动机高速旋转时叶片被甩飞的情况发生。榫与卯相互嵌合、密不可分，诠释了"天人合一"的哲学思想，体现了合作包容、团结协作的团队精神。

在 2014 年 10 月召开的中德经济技术论坛上，李克强总理将一精巧的鲁班锁送给德国总理默克尔。鲁班被誉为中国工匠鼻祖，而"德国制造"则堪称现代世界制造业标杆，其中寄寓着全球最大制造国与最精良制造国深度合作的含义。鲁班锁代表的不仅是美与手工艺，更是一种"工匠精神"。"中国制造"要由大变强，必须弘扬"工匠精神"。

本 章 小 结

本章介绍了基本立体的投影、表面上点和线的投影作图方法，以及平面与立体相交的截交线、立体与立体相交的相贯线的投影画法。

通过本章的学习，学生应掌握截交线和相贯线的投影作图，其本质是求共有点的投影，首先进行空间分析和投影分析，明确作图步骤，然后运用以下方法作图：①当交线的两面投影有积聚性时，按投影关系直接求交线的第三面投影；②当交线的一面投影有积聚性时，可用在立体表面上取点的方法求出其他投影；③当交线无积聚性投影时，可用辅助面法通过三面共点求得三面投影。

思 考 题

1. 从身边的物体中找全各类立体，分析它们的投影特性。

2. 棱柱与棱锥表面取点方法有何不同？圆柱与圆锥、球表面取点方法有何不同？

3. 当截平面平行于投影面时，怎样求作立体的截交线？

4. 什么是曲面立体截交线、相贯线上的特殊点？

5. 用辅助平面法作相贯线时如何恰当地选择辅助平面的位置？

6. 设计一个由基本体相贯组成的形体，使其至少包含三个基本体，既含有内表面相交，又含有外表面相交，既含有相贯线的一般情况，又含有相贯线的特殊情况。

7. 搜寻身边截交线、相贯线的应用案例，谈谈你对本章内容的看法。

第四章 组 合 体

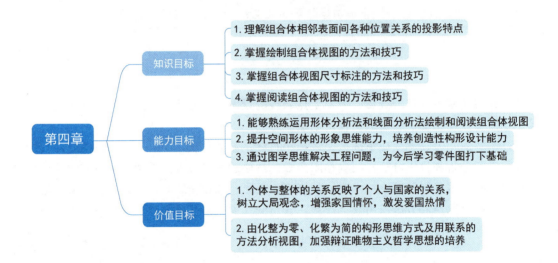

第四章

知识目标
1. 理解组合体相邻表面间各种位置关系的投影特点
2. 掌握绘制组合体视图的方法和技巧
3. 掌握组合体视图尺寸标注的方法和技巧
4. 掌握阅读组合体视图的方法和技巧

能力目标
1. 能够熟练运用形体分析法和线面分析法绘制和阅读组合体视图
2. 提升空间形体的形象思维能力，培养创造性构形设计能力
3. 通过图学思维解决工程问题，为今后学习零件图打下基础

价值目标
1. 个体与整体的关系反映了个人与国家的关系，树立大局观念，增强家国情怀，激发爱国热情
2. 由化整为零、化繁为简的构形思维方式及用联系的方法分析视图，加强辩证唯物主义哲学思想的培养

从几何角度看，机械零件大多可以看作由简单的棱柱、棱锥、圆柱、圆锥、球、环等基本形体组合而成，由基本形体按一定形式组合起来的形体统称为组合体。组合体可以看作由机械零件抽象而成的"几何模型"。组合体的画图、读图及尺寸标注都十分重要，本章主要讨论组合体三视图的绘制、阅读及尺寸标注等内容，为进一步学习零件图相关内容奠定基础。

第一节　组合体的构成

一、组合体的组成方式

组合体的组成方式通常分为叠加式、切割式和综合式三种，如图 4-1 所示。

叠加式是将若干个基本形体像搭积木一样组合在一起，如图 4-1a 所示的六角头螺栓毛坯，可看作由六棱柱、圆柱和圆台三个基本体叠加而成。切割式包括切割和穿孔，如图 4-1b 所示的楔块则是从长方体上切去三棱柱和圆柱而形成的。由叠加和切割组合而成的称为综合式，如图 4-1c 所示的组合体主要由叠加构成，但一个大孔和两个小圆角为切割所形成。

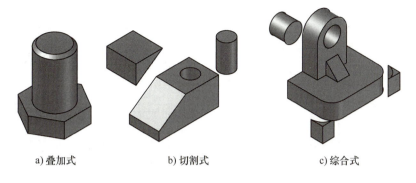

a)叠加式　　　　　　　b)切割式　　　　　　　c)综合式

图 4-1　组合体的组成方式

在许多情况下，叠加式与切割式并无严格的界限，同一物体既可以按叠加式进行分析，也可按切割式去理解。如图 4-2a 所示的组合体，可按图 4-2b 所示的叠加式理解，也可按图 4-2c 所示的切割式理解。一般应根据具体情况，从便于作图和易于分析的角度去理解。组合体多数为综合式。

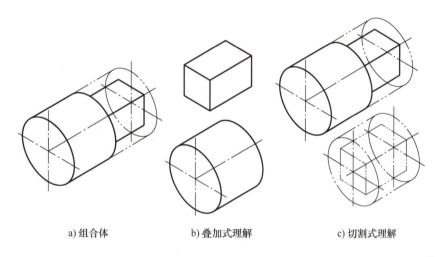

a)组合体　　　　　　b)叠加式理解　　　　　　c)切割式理解

图 4-2　叠加式可按切割式理解

二、组合体上相邻表面之间的连接关系

由基本形体形成组合体时，不同形体上原来有些表面由于互相结合、融为一体而不复存在，有些则连成一个面，有些表面被切去，有些表面会出现相交或相切。在画组合体的视图时，必须注意各组成部分表面间的连接关系，不多线、不漏线；在读图时，也必须注意这些关系，才能清楚整体结构形状。组合体的相邻表面中有下列几种常见的连接关系。

1. 平齐（或共面）

当组合体中两基本形体叠加且表面平齐，形成一个表面时，中间不应有线隔开。如图 4-3b 所示的视图中多画了图线，是错误的，正确的画法如图 4-3a 所示。若两基本形体叠加表面不平齐，相互错开，则中间应该有线隔开，如图 4-4a 所示；图 4-4b 所示视图漏画了分界线，是错误的。

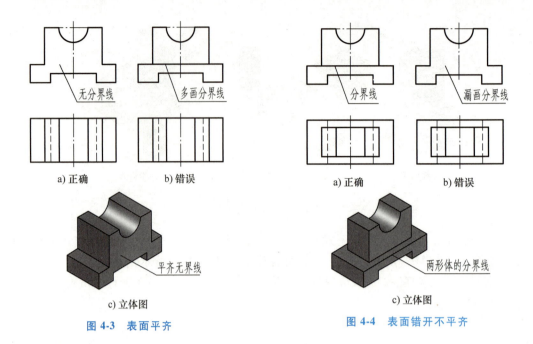

无分界线　　　　多画分界线　　　　　　　分界线　　　　　漏画分界线

a) 正确　　　　b) 错误　　　　　　　　a) 正确　　　　b) 错误

平齐无界线　　　　　　　　　　　两形体的分界线

c) 立体图　　　　　　　　　　　　　c) 立体图

图 4-3　表面平齐　　　　　　　　　图 4-4　表面错开不平齐

2. 相切

　　如果两基本形体叠加且表面相切，在相切处两表面是光滑过渡的，故该处不应画出分界线，如图 4-5 所示。相切处的投影作图要注意两点：①相切处无轮廓线；②相关表面的投影应画到相切处为止。如图 4-5b 所示，主、左视图中不应画出切线，通过俯视图找出切点，确定相切的位置，使底板顶面在主、左视图中画到切线的位置为止。图 4-5c 所示为错误画法。

表面相切

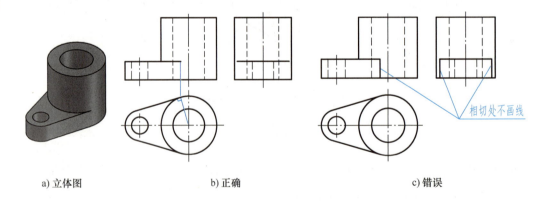

a) 立体图　　　　　　　　b) 正确　　　　　　　　相切处不画线　　　c) 错误

图 4-5　相邻表面的连接关系——相切

　　只有在平面和曲面或两个曲面之间才会出现相切。当与曲面相切的平面或两曲面的公切面垂直于投影面时，在该投影面上应画出相切处轮廓线（公切面）的投影；否则不应画出公切面的投影，如图 4-6 所示。

3. 相交

　　如果两基本形体相交，其邻接表面之间一定会产生交线（截交线或相贯线），此交线是

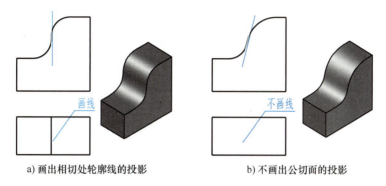

a) 画出相切处轮廓线的投影   b) 不画出公切面的投影

图 4-6 相切的画法

它们的分界线，必须画出，如图 4-7 所示。在绘图时，若不需要精确画出相贯线，可用近似画法简化，如图 4-8 所示。当两圆柱正交且直径相差较大时，其相贯线可以采用圆弧代替非圆曲线的近似画法。如图 4-8 所示，相贯线可用大圆柱的 $D/2$ 为半径作圆弧代替。

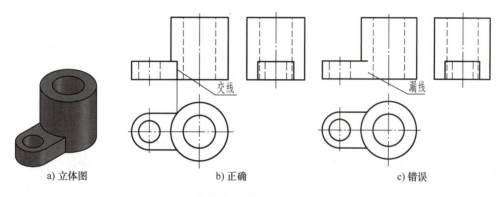

a) 立体图   b) 正确   c) 错误

图 4-7 相邻表面的连接关系——相交

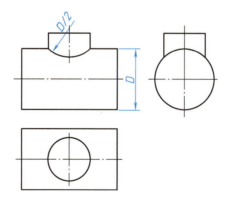

图 4-8 相贯线的简化画法

4. 切割和穿孔

当基本形体被切割、穿孔时，会产生不同形状的截交线或相贯线，此时，需要求截交线和相贯线的投影，如图 4-9 所示。

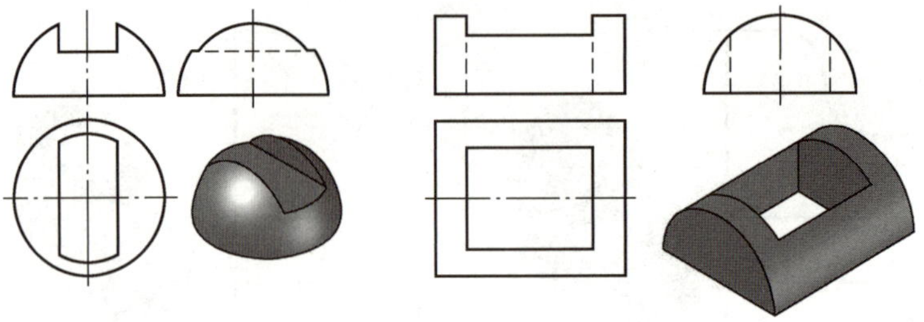

a) 切割

b) 穿孔

图 4-9　切割与穿孔

中国空间站

　　中国空间站是一个天宫空间组合体，由天和核心舱、梦天实验舱、问天实验舱、载人飞船和货运飞船五个模块组成。各飞行器既具备独立的飞行能力，又可以与核心舱组合成多种形态的空间组合体，在核心舱的统一调度下协同工作，完成空间站承担的各项任务。从"天宫一号"到中国空间站，中国载人航天工程经历了艰难的发展历程。通过自力更生、自主创新，中国载人航天工程取得了一项项举世瞩目的成就，完成了众多人类探索的创举。2022 年 12 月 2 日晚，伴随着神舟十四号、神舟十五号航天员乘组成功交接，中国空间站正式开启航天员长期驻留模式。

中国空间站

三、形体分析法

　　任何组合体都可以看作由简单形体组合而成。假想把组合体分解成若干个简单形体，弄清楚各简单形体的形状、相对位置、组合形式及相邻表面间的连接关系，这种分析方法称为形体分析法。形体分析法删繁就简，在画图时，可运用形体分析法将组合体简化成若干个基本形体，在读图时，运用形体分析法就能从简单形体着手读懂复杂的形体，所以形体分析法是组合体画图、读图及标注尺寸的最基本方法。

　　如图 4-10a 所示的支座，可通过分解，看作由如图 4-10b 所示的简单形体所组成。这些简单形体是直立大圆筒、水平小圆筒、底板和肋板，各简单形体之间都是叠加组合。直立大圆筒与水平小圆筒是垂直相交关系，所以两圆筒内、外表面都有相贯线；底板位于大圆筒的左侧并与大圆筒外表面相切，两者的下底面共面；肋板位于底板的上表面并与大圆筒相交。

a) 立体图

b) 分解成简单形体

c) 三视图

图 4-10　支座的形体分析

支座的三视图如图 4-10c 所示，在主视图和左视图中，相切处不画切线，而表面相交处应画出交线。

第二节　组合体三视图的画法

画组合体视图的主要方法是形体分析法。对于叠加式组合体，通常先运用形体分析法把组合体分解为若干个简单形体，确定它们的相对位置、邻接表面关系，然后逐个画出各简单形体的视图，最后综合处理邻接表面之间的关系，完成整个叠加式组合体视图的绘制。

对于切割式组合体，通常先运用形体分析法把组合体还原为切割之前的简单形体（原始形体），然后想象是一些什么位置的截平面对原始形体进行切割，按照切割顺序逐一画出各部分截交线，边画边修改，最后完成切割式组合体视图的绘制。

一、叠加式组合体视图的画法

下面以如图 4-11a 所示的轴承座为例，介绍叠加式组合体三视图的画法。

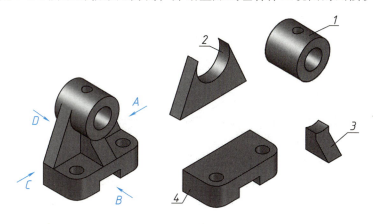

a) 立体图　　　　　　　　　　　　b) 分解成简单形体

图 4-11　轴承座的形体分析

1—圆筒　2—支撑板　3—肋板　4—底板

1. 形体分析

画三视图之前，应对组合体进行形体分析，了解该组合体由哪些基本形体组成，它们的相对位置、组合形式及相邻表面间的连接关系等，对该组合体的形体特点有个总体概念，为画三视图做好准备。如图 4-11 所示的轴承座，由圆筒 1、支撑板 2、肋板 3 及底板 4 组成。支撑板的左、右侧面都与圆筒的外圆柱面相切；肋板与圆筒的外圆柱面相交，其交线由圆弧和直线组成；底板的顶面与支撑板、肋的底面互相叠合。

2. 选择主视图

确定主视图时，要解决组合体从哪个方向投射和怎样放置两个问题。主视图一般应能较明显地反映出组合体的形状特征及其相对位置，即把能较多反映组合体形状和位置特征的方向作为主视图的投射方向，并尽可能使形体的主要表面平行于投影面，以便使投影能反映实形；同时考虑组合体的自然

主视图的选择

安放位置，还要兼顾其他两个视图表达的清晰性（视图中尽量减少细虚线）。如图 4-11a 所示，将轴承座按自然位置安放后，对由箭头所示的 A、B、C、D 四个方向投射所得的视图进行比较，确定主视图，如图 4-12 所示。

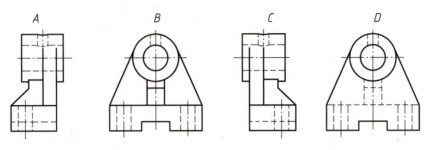

图 4-12 分析主视图的投影方向

若以 D 向作为主视图投射方向，虚线较多，显然没有 B 向清楚；C 向视图与 A 向视图虽然虚、实线的情况相同，但若以 C 向作为主视图投射方向，则左视图会出现较多虚线，没有 A 向好；再比较 B 向视图与 A 向视图，B 向更能反映轴承座各部分的轮廓特征。因此以 B 向作为主视图的投射方向。

主视图确定以后，俯视图和左视图也就确定了。

3. 画图步骤

首先要选择适当的比例，按图纸幅面布置视图的位置，确定各视图的主要中心线或定位线的位置；然后按形体分析法所分解的基本形体及它们之间的相对位置，逐个画出各基本形体的视图。具体画图步骤如下：

（1）选比例，定图幅　组合体的视图确定后，应根据实物大小和复杂程度，按标准选取适当的比例和图幅。画图时，尽可能选择 1：1 的比例。按照选定的比例，根据组合体的长、宽、高计算出三个视图所占范围，并在视图之间留出标注尺寸的位置和适当的间距，据此选用合适的标准图幅。

（2）布图，画基准线　根据各视图每个方向的最大尺寸、视图间足够的标注尺寸空间确定每个视图的位置，画出各视图基准线，包括对称中心线、主要轮廓线、轴线及定位线，每个视图两个方向上至少各有一条基准线，以此确定各视图的具体位置，保证各视图匀称地布置在图纸上。

（3）画底稿　应用形体分析法把组合体分解成简单形体，根据它们的相对位置，逐个画出简单形体的三视图。画图时一般从主视图入手，先大（大形体）后小（小形体），先实（实形体）后空（挖去的形体），先画主要轮廓后画细节（如截交线、相贯线等）。对每个简单形体的作图，应先画特征视图后画另外两视图，先画可见部分后画不可见部分，先画圆弧后画直线。底稿图线要轻、细、准，每个简单形体应同时画出三视图，这样既能保证各视图之间的相对位置和投影关系，又能提高绘图速度。

（4）检查、描深　画完底稿后，应仔细检查，改正错误和补全遗漏后，擦去多余图线，再按国家标准规定的线型描深各类图线。当几种图线重合时，一般按"粗实线—细虚线—细点画线—细实线"的顺序取舍。

轴承座的画图步骤见表 4-1。

画轴承座
的三视图

表 4-1　轴承座的画图步骤

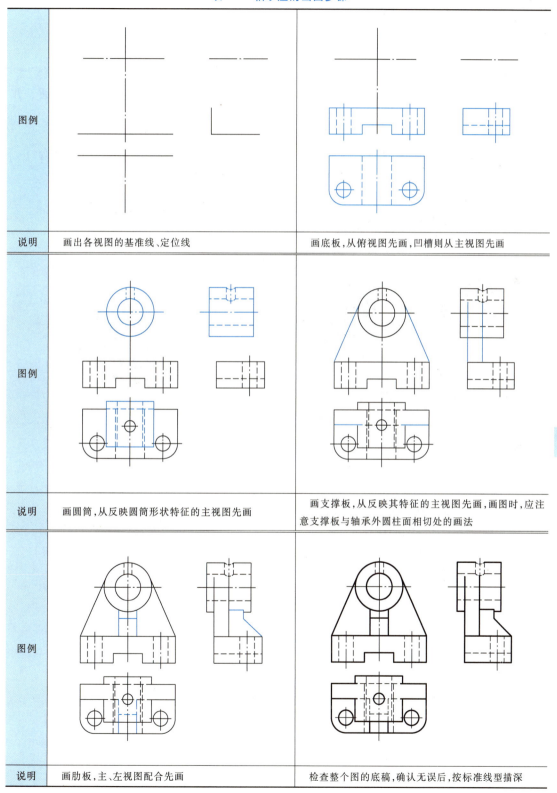

图例	画出各视图的基准线、定位线	画底板,从俯视图先画,凹槽则从主视图先画
说明	画出各视图的基准线、定位线	画底板,从俯视图先画,凹槽则从主视图先画
图例		
说明	画圆筒,从反映圆筒形状特征的主视图先画	画支撑板,从反映其特征的主视图先画,画图时,应注意支撑板与轴承外圆柱面相切处的画法
图例		
说明	画肋板,主、左视图配合先画	检查整个图的底稿,确认无误后,按标准线型描深

二、切割式组合体视图的画法

下面以如图 4-13 所示的顶块为例，介绍切割式组合体三视图的画法。

1. 形体分析

切割式组合体的形体分析与叠加式组合体基本相同，只不过各个形体是从原始形体上一块一块切割下来的。该顶块的原始形体可以看作一个四棱柱分别切去形体 Ⅰ、Ⅱ、Ⅲ、Ⅳ 构成，如图 4-13a 所示。

2. 选择主视图

选择如图 4-13b 所示的大面朝下且置于水平面作为顶块主视图的放置位置，再选择 A 向为主视图的投射方向，因为 A 向最能反映该顶块的形状特征。

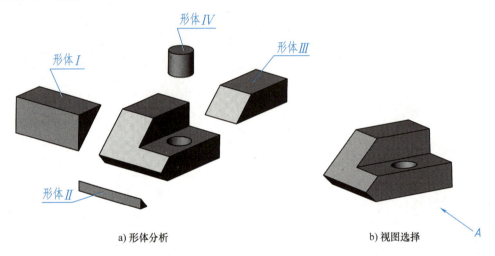

a) 形体分析   b) 视图选择

图 4-13　顶块的形体分析及视图选择

3. 画图步骤

绘图过程如图 4-14 所示，按照想象的切割顺序进行绘图。

画切割式组合体视图时应注意：

1）不应画完组合体的一个完整视图再画另一个视图，而应几个视图联系起来同时进行。

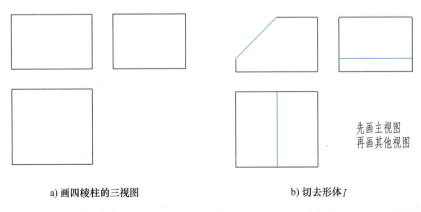

a) 画四棱柱的三视图   b) 切去形体 Ⅰ

先画主视图
再画其他视图

图 4-14　切割式组合体视图的画图步骤

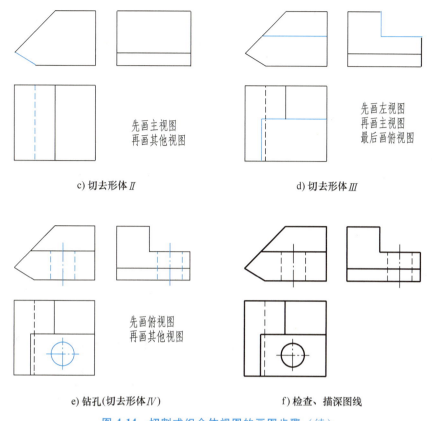

c) 切去形体 II

先画主视图
再画其他视图

d) 切去形体 III

先画左视图
再画主视图
最后画俯视图

e) 钻孔(切去形体 IV)

先画俯视图
再画其他视图

f) 检查、描深图线

图 4-14 切割式组合体视图的画图步骤（续）

2）对于被切去的形体应先画反映其形状特征的视图（截平面的积聚性投影所在的视图），然后再画其他视图。如上例中切去形体 I、II 应先画主视图，而切去形体 III 应先画左视图。

3）切割式组合体视图的绘制中，可采用线面分析法对投影进行分析检查。线面分析法是根据面、线的空间性质和投影规律，分析形体的表面或表面间的交线与视图中的线框或图线的对应关系进行画图、读图的方法。面（平面或曲面）的投影特征可以积聚为线（面与投影面垂直），可以是一封闭线框（面与投影面平行或相倾斜）；当一个面的多面投影都是封闭线框时，则这些封闭线框必为类似形。

第三节　组合体的尺寸标注

三视图只能表达组合体的形状结构，而其真实大小则要依据图上标注的尺寸来确定。因此，标注组合体尺寸是全面表达组合体的一个重要方面。掌握好在组合体三视图上标注尺寸的方法，可为今后在零件图上标注尺寸建立良好的基础。

对组合体尺寸标注的基本要求是"正确、完整、清晰"。

（1）正确　注写尺寸要正确无误，尺寸注法遵守国家标准的相关规定。

（2）完整　尺寸必须标注齐全，不遗漏、不重复，标注的尺寸要能完全确定出组合体各部分形状的大小和位置。

（3）清晰 尺寸布局要整齐、清楚，便于读图。

为使组合体的尺寸标注完整，仍用形体分析法假想将组合体分解为若干基本形体，注出各基本形体的定形尺寸及确定它们之间相对位置的定位尺寸，最后根据组合体的结构特点注出总体尺寸。因此，在分析组合体的尺寸标注时，必须熟悉基本形体的尺寸标注。

一、基本体的尺寸标注

常见基本形体的尺寸标注示例如图 4-15 所示。如图 4-15b 所示的六棱柱长度和宽度只需标注一个，长度加括号作为参考尺寸。对于回转体如圆柱、圆锥，因直径限定了长、宽两个方向的尺寸，只注直径 ϕ 和高度两个尺寸，一般集中标注在非圆视图上，如图 4-15d、e 所示。圆球标注直径 $S\phi$，圆环则标注圆环和圆管的直径。

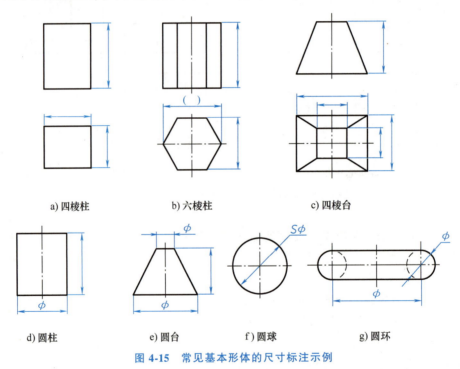

a) 四棱柱 b) 六棱柱 c) 四棱台

d) 圆柱 e) 圆台 f) 圆球 g) 圆环

图 4-15 常见基本形体的尺寸标注示例

二、组合体的尺寸标注

组合体的尺寸分为定形尺寸、定位尺寸和总体尺寸。

（1）定形尺寸 定形尺寸是指确定组合体上各基本形体形状大小的尺寸。在标注定形尺寸时，首先按形体分析法，将组合体分解成若干个简单形体，然后逐个注出各简单形体的定形尺寸。如图 4-16a 所示的轴承座，可分解为底板、立板和肋板三部分，各部分定形尺寸如图 4-16b 所示。

若两个形体具有相同尺寸（如图 4-16b 所示底板上的通孔与底板等高），或两个以上有规律分布的相同结构（如底板上的两孔及立板上对称切去的角），只标注一个形体的定形尺寸；对同一形体中的相同结构（如底板的圆角 R6），也只标注一次。

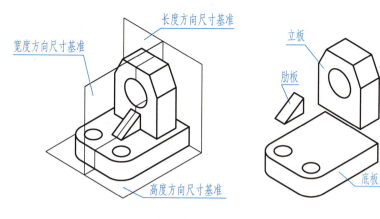

长度方向尺寸基准

宽度方向尺寸基准

立板

肋板

高度方向尺寸基准

底板

a) 直观图及形体分析

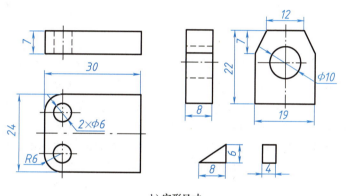

b) 定形尺寸

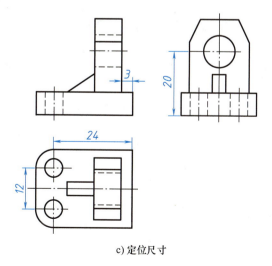

c) 定位尺寸

图 4-16　组合体的尺寸分析

111

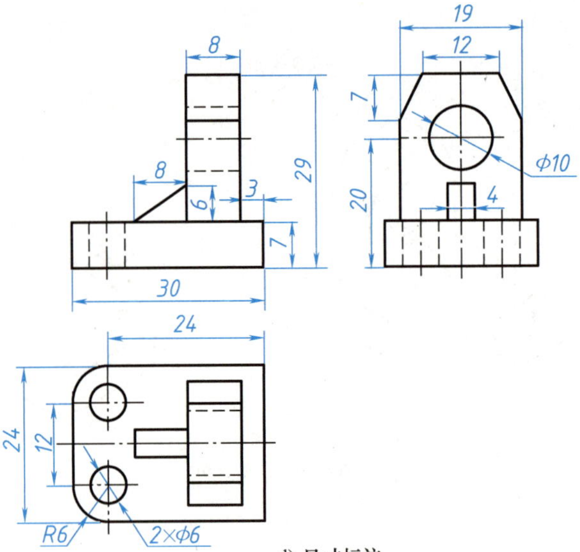

d) 尺寸标注

图 4-16 组合体的尺寸分析（续）

（2）定位尺寸 定位尺寸是指确定组合体上各基本形体之间（包括孔、槽等）相对位置的尺寸，如图 4-16c 所示。标注定位尺寸，必须先选定尺寸基准，即标注尺寸的起点。物体有长、宽、高三个方向，每个方向至少要有一个基准，以便标注各形体间的相对位置。关于基准的确定，一般可选组合体的对称面、较大的平面（如底面、端面）及回转体的轴线等作为尺寸基准。如图 4-16a 所示，选择底面作为高度方向的尺寸基准，形体的前后对称面作为宽度方向的尺寸基准，底板的右侧面作为长度方向的尺寸基准。

两个形体间应该有三个方向的定位尺寸，如图 4-17a 所示。当两形体在某一方向上处于叠加、平齐、对称、同轴等情况之一时，已经确定了某方向的相对位置，就可省略该方向的定位尺寸。如图 4-17b 所示，由于孔板与底板左右对称，仅需标注宽度和高度方向的定位尺寸，省略长度方向的定位尺寸；如图 4-17c 所示，孔板与底板左右对称，后面平齐，仅需确定孔的高度方向定位尺寸。

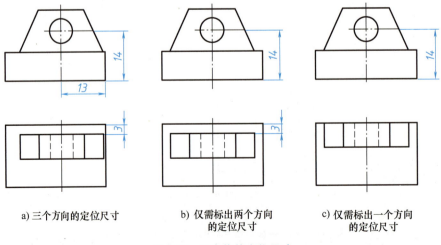

a) 三个方向的定位尺寸   b) 仅需标出两个方向   c) 仅需标出一个方向
　　　　　　　　　　　　　　　的定位尺寸　　　　　　　的定位尺寸

图 4-17 组合体的定位尺寸

（3）总体尺寸　总体尺寸是指组合体的总长、总宽、总高。如图 4-16d 所示的 30、24 和 29 就是总体尺寸。

注意：总体尺寸一般应直接注出。当标注了总体尺寸后，将会产生多余尺寸，这就要对已标注的定形尺寸和定位尺寸做适当的调整。如图 4-18 所示，主视图中的高度 38 为螺栓毛坯的总高尺寸，螺杆高度 27 将成为多余尺寸，不标注；如图 4-16d 所示，注出总高 29，但省略了立板的高度 22。

不标注
总体尺寸

当组合体的端部不是平面而是回转面时，该方向一般不直接标注总体尺寸，而标注回转面轴线的定位尺寸和回转面半径或直径。如图 4-19 所示，总高尺寸不能直接注出。

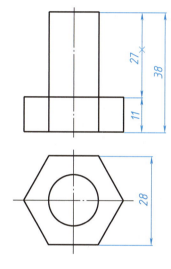

图 4-18　总体尺寸的标注

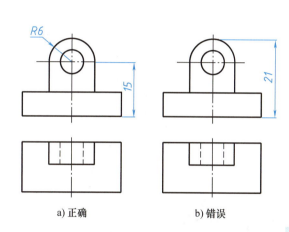

a) 正确　　　　　　b) 错误

图 4-19　不直接标注总体尺寸

注意：有时为了画图方便、读图清晰、便于加工，虽然按上述步骤标注了所有尺寸，最后，有些尺寸可以通过已标注的尺寸计算获得，但仍都注出。如图 4-16d 所示，底板长度方向的定位尺寸 30 等于圆角的定位尺寸 24 与一个圆角的定形尺寸半径 6 之和，同样，底板宽度方向的定形尺寸 24 等于圆角的定位尺寸 12 与两个圆角的定形尺寸半径 6 之和，它们都全部注出。

三、常见板状结构的尺寸标注

图 4-20 所示的四种板状结构，均由两个以上基本体组成，除了标注定形尺寸外，确定孔、槽中心距的定位尺寸是必不可少的。由于板的基本形状和孔、槽的分布形式不同，其中心距定位尺寸的标注形式也不一样。按长、宽方向分布的孔、槽，其中心距定位尺寸按长、宽方向进行标注，如图 4-20a、b、d 所示；而按圆周分布的孔、槽，其中心距往往用定位圆直径的方法标注，如图 4-20c 所示。需要注意的是，如图 4-20d 所示的四个圆角（R5），无论与小孔是否同心，板的定形尺寸、确定四个小孔中心距的定位尺寸都要注出；当圆角与小孔同心时，应注意上述尺寸间不要发生干涉。这样标注尺寸，孔的中心距与底板的大小彼此不受影响，从而保证了使用要求。

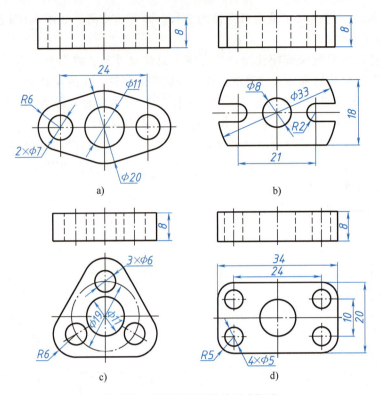

图 4-20 常见板状结构的尺寸标注

四、被截切形体及相贯体的尺寸标注

基本形体被切割时，除标注基本形体的定形尺寸外，还应标注截平面的定位尺寸，如图 4-21 所示；对相贯体，除标注两相交基本形体的定形尺寸外，还应注出两形体间的相对位置尺寸，即确定轴线位置的定位尺寸，而不应以转向轮廓线定位，如图 4-21d 所示的尺寸 5 不能注出。定位尺寸一经确定，截交线、相贯线的形状和大小也就随之确定了，故交线处不需要标注尺寸。如图 4-21 所示标注的尺寸 20、φ16、25、R8 都是错误的。

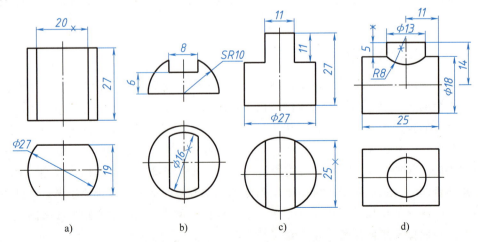

图 4-21 被截切形体及相贯体的尺寸标注

五、组合体的尺寸布置

为了便于读图，尺寸布置应整齐、清晰。需要注意以下几个原则：

1）定形尺寸尽量标注在反映形状特征明显的视图中，如图 4-22 所示。

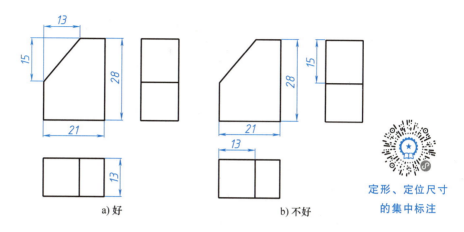

图 4-22 尺寸标注对比（一）

2）同一形体的定形尺寸和定位尺寸应尽量标注在同一视图中，如图 4-23 所示。

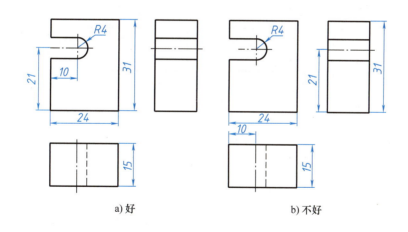

a) 好   b) 不好

图 4-23 尺寸标注对比（二）

3）尺寸应尽量标注在视图之外，与两视图相关的尺寸最好标注在两视图之间。

4）对于回转体，直径尺寸尽量标注在非圆视图上，半径尺寸必须标注在投影为圆弧的视图上，见表 4-2。

5）尺寸排列要整齐，串列尺寸尽量标注在同一条尺寸线上；并列尺寸里小外大，以免尺寸线、尺寸界线相交，如图 4-24 所示；内、外形尺寸应分别标注在视图的两侧，如图 4-25 所示。

表 4-2　直径、半径的标注对比

标注评价	图例
好	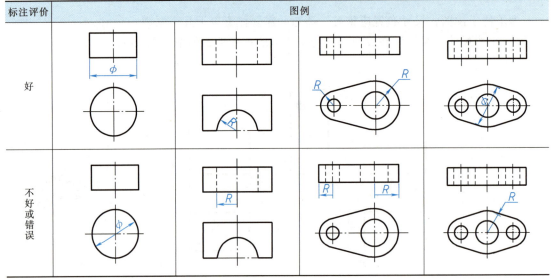
不好或错误	

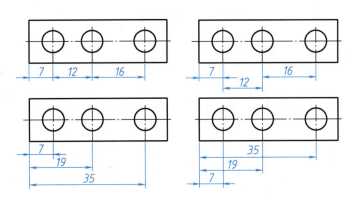

a) 好　　　　　　　　b) 不好

图 4-24　尺寸的排列对比（一）

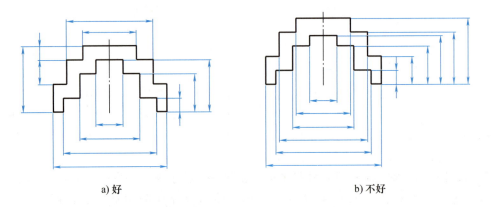

a) 好　　　　　　　　　　　b) 不好

图 4-25　尺寸的排列对比（二）

6）对称结构的尺寸应以对称面为尺寸基准直接标注，不应在尺寸基准两边分别注出，如图 4-26 所示。

7）虚线上尽量不标注尺寸。

六、标注组合体尺寸的方法和步骤

标注组合体尺寸的基本方法是形体分析法。先假想把组合体分解成若干基本形体，选定长、宽、高三个方向的尺寸基准，逐一注出各基本形体的定形尺寸和定位尺寸，再标注总体尺寸，最后检查、调整，即完成组合体的尺寸标注。

表 4-3 给出了轴承座尺寸标注示例，具体步骤如下：

1）对轴承座进行形体分析。

2）选择轴承座长、宽、高三个方向的尺寸基准。

3）标注各基本形体的定形尺寸。

4）标注确定各基本形体之间的定位尺寸。

5）标注总体尺寸。

6）检查、调整。

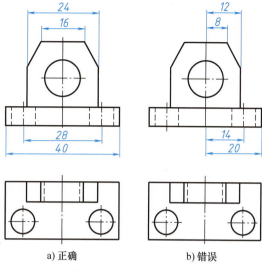

a) 正确　　　b) 错误

图 4-26　对称尺寸的标注

表 4-3　轴承座尺寸标注示例

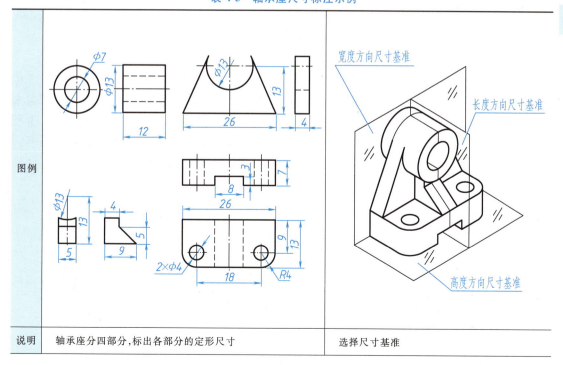

图例	轴承座分四部分,标出各部分的定形尺寸	选择尺寸基准
说明		

（续）

图例	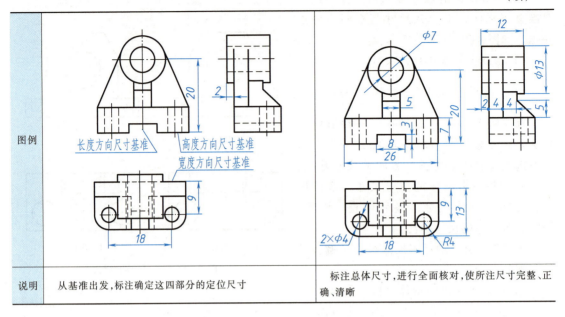	
说明	从基准出发,标注确定这四部分的定位尺寸	标注总体尺寸,进行全面核对,使所注尺寸完整、正确、清晰

第四节 读组合体视图

读图和画图是学习本课程的两个主要任务。画图是将空间形体用正投影法表达在图纸上，是由空间物体到平面图形的表达过程；读图正好相反，它是根据平面图形，运用投影规律想象出空间物体的结构形状。对于初学者来说，读图是比较困难的，必须综合运用所学的投影知识，同时要掌握读图的要领和方法。

一、读图的基本要领

1. 将几个视图联系起来分析

通常情况下，一个或两个视图不能确定组合体的形状，只有将两个以上的视图联系起来分析，才能准确识别各形体的形状和形体间的相对位置。图4-27所示的三组视图中，主视图都相同，其中图4-27b、c所示的左视图也相同，但联系俯视图分析，则可确定三个不同形状的形体。在读图时，一般以主视图为主，配合俯、左视图，通过综合分析，才能正确构思出组合体的形状。

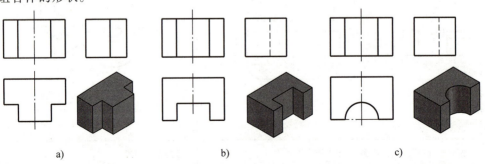

a)   b)   c)

图4-27 几个视图联系起来看

2. 明确视图中图线和线框的含义

视图中的每条图线，可能表示以下三种含义之一（图 4-28）：

1）表示两面交线的投影。

2）表示平面或曲面的积聚性投影。

3）表示曲面转向轮廓线的投影。

线框是指图上由图线围成的封闭图形。一个封闭的线框，通常表示形体的一个表面（平面或曲面）的投影，如图 4-28 所示主视图中的四个线框分别表示圆柱面（曲面）和六棱柱侧面（平面）。

利用线框，可分析表面的相对位置关系。若大线框内套小线框，小线框对应的表面相对于大线框则可能是凸出的、凹下的、倾斜的面，或者是打通的孔，即表示在大平面体（或曲面体）上有凸出或凹下的小平面体（或曲面体），虚线框一般为挖切的槽或孔，实

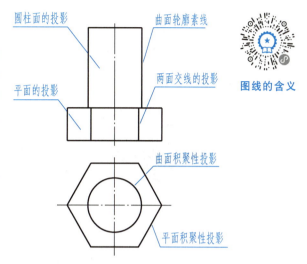

图线的含义

图 4-28 明确图线和线框的含义（一）

线框则为凸出的形体，如图 4-29 所示。读图时要注意虚、实线的变化，以区分不同的形体。若两个线框相邻，则表示形体上位置不同的两个面或相交，或层次不同（同向错位），如图 4-30 所示。明确线框的含义，可区分出形体的相对位置及相交等连接关系，对读图十分重要。

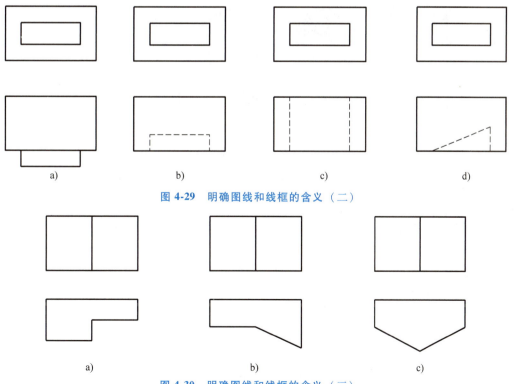

a)   b)   c)   d)

图 4-29 明确图线和线框的含义（二）

a)   b)   c)

图 4-30 明确图线和线框的含义（三）

3. 抓特征视图进行分析

抓特征视图就是要抓住形体的"形状特征"视图和"位置特征"视图。

"形状特征"视图就是最能反映形体形状特征的视图，如圆柱体的形状特征视图为圆，棱柱的形状特征视图为多边形。如图 4-31 所示的底板，主视图、左视图除了能看出板厚外，其他形状反映不出来，而俯视图却能清楚地反映出孔和槽的形状，所以这里的俯视图就是"形状特征"视图。

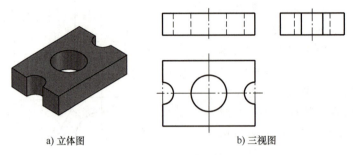

a) 立体图　　　　　　　　　b) 三视图

图 4-31　形状特征视图

"位置特征"视图就是最能反映形体相互位置关系的视图。图 4-32a 所示为支板的主、俯视图，在这两个视图中，形体的 1、2 两块基本形体哪个是凸出来的、哪个是凹进去的，是不能确定的，它既可表示图 4-32b 所示的形体，也可表示图 4-32c 所示的形体。图 4-32d 所示的左视图把彼此的位置表达得十分清楚，所以左视图就是"位置特征"视图。

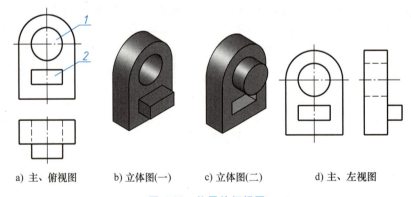

a) 主、俯视图　　　b) 立体图(一)　　　c) 立体图(二)　　　d) 主、左视图

图 4-32　位置特征视图

可见，特征视图是关键的视图。各组成部分的形状特征、位置特征并非集中在一个视图中，读图时将分散在不同视图上各形体的特征投影线框，按各自相应的方向拉伸，构成基本形体的形状，然后按组合体表面连接关系确定组合体的整体形状。图 4-33a 所示的支架由底板和立板组成，主视图反映整体特征，俯视图反映底板的特征，左视图反映立板的特征，由三视图想象形体的过程如图 4-33b~d 所示。

若形状特征集中在一个视图中，如图 4-34a 所示的组合体，形体 Ⅰ 、Ⅱ 、Ⅲ 、Ⅳ 的形状特征均在主视图中，将特征投影按层次沿同一方向（宽度）拉伸，由俯视图或左视图确定拉伸的距离，得到 Ⅰ 、Ⅱ 、Ⅲ 、Ⅳ 的立体，如图 4-34b 所示。根据虚、实线判断，Ⅰ 、Ⅱ 形体是叠加，Ⅲ 、Ⅳ 形体是切割，形成组合体的形状如图 4-34c 所示。

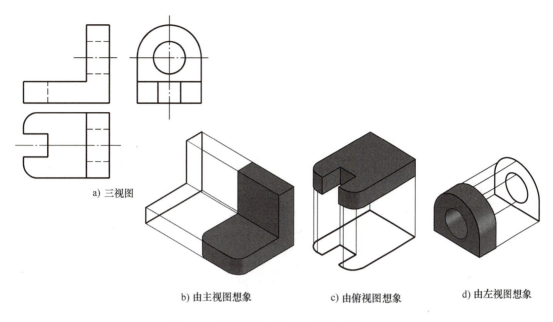

a) 三视图

b) 由主视图想象　　　c) 由俯视图想象　　　d) 由左视图想象

图 4-33　由特征视图构思组合体形状（一）

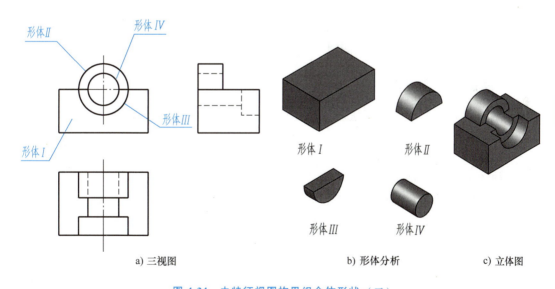

a) 三视图　　　　　　　b) 形体分析　　　　　　c) 立体图

图 4-34　由特征视图构思组合体形状（二）

121

读图时应找出形状特征视图和位置特征视图，再配合其他视图，就能快速、准确地读懂组合体的形状了。

4. 善于构思物体的形状

从形状特征视图入手可以想象出组合体的形状，应不断培养构思物体形状的能力，这样才能提高读图的水平。如给出一个视图为圆，可以想象其空间形体为圆柱、圆锥、圆球、半球，甚至是半球与等径圆柱的同轴叠加等，只要结合其他视图就能确定形体的唯一形状。图 4-35a 所示为某形体三视图的外轮廓，要求构思该形体形状并完成其三视图。

　　由主视图为长方形可以想象出该形体为长方体或圆柱；结合俯视图为圆，则形体必定为圆柱；联系左视图为三角形，想象出是沿圆柱顶圆的水平中心线，用两个相交的侧垂面，对称切去圆柱的前、后两块而形成的。但是，主视图上应添加前、后截交线的投影（半椭圆），俯视图上应添加两个截平面交线的投影。最后想象出的形体和其三视图如图4-35b、c所示。

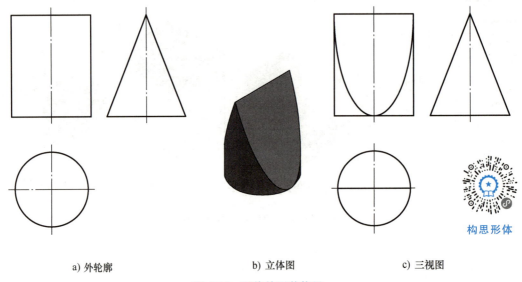

a) 外轮廓　　　　　　　　b) 立体图　　　　　　　　c) 三视图

图4-35　形体的形状构思

二、读图的基本方法

　　读图的基本方法有形体分析法和线面分析法。读图时以形体分析法为主，线面分析法为辅。

1. 形体分析法

构思形体

形体分析法读图

　　所谓形体分析法读图，就是用形体分析的方法对三视图进行分解。一般从反映形状特征较为明显的视图（大多为主视图）入手，按线框将组合体划分为若干部分，根据投影规律找出各线框在其他视图中的投影，想象出各部分的形状，分析各形体之间的组合方式和相互位置，再综合起来构思出组合体的整体形状。

　　现以支架的三视图为例（图4-36）说明读图的具体方法和步骤如下：

　　1）分线框，对投影。如图4-36a所示，先把主视图分为三个封闭的线框 *1'*、*2'*、*3'*，即形体 Ⅰ、Ⅱ、Ⅲ 的正面投影，然后分别找出这些形体在俯、左视图中的相应投影，如图4-36b~d所示。

　　2）按投影，定形体。分线框后，可根据各种基本形体的投影特点，确定各线框所表示的是什么形状的形体。对照形体 Ⅰ 的三面投影可想象出该基本形体为半圆柱，如图4-36b所示；形体 Ⅱ 的三面投影中，正面投影及侧面投影是矩形，水平投影是两同心圆，可想象出该基本形体是空心圆柱，如图4-36c所示；形体 Ⅲ 是左右对称的两个基本形体，对照线框的三面投影可想象出该基本形体为长方体，中间有马蹄形缺口，如图4-36d所示。

3）合起来，想整体。确定了各线框所表示的基本形体后，再分析各基本形体的相对位置，就可以想象出形体的整体形状。分析各基本形体的相对位置时，应该注意形体上下、左右和前后的位置关系在视图中的反映。从图 4-36a 所示的支架的三视图可知，形体 II（圆柱）与形体 I（半圆柱）相交，在左视图中有内、外圆柱相交的相贯线；两个左右对称、结构相同的形体 III 与形体 I 相交，且两者底面平齐。通过以上分析，就可想象出支架的总体形状，如图 4-36e 所示。

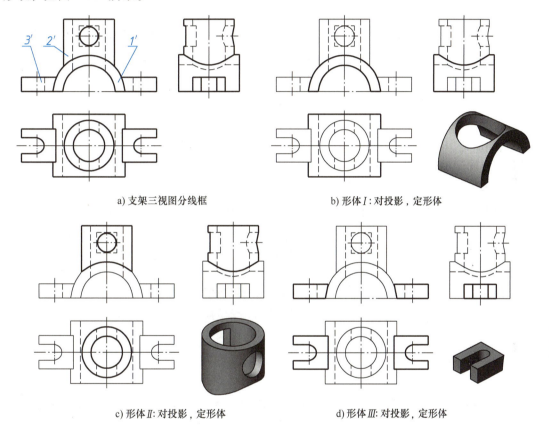

a) 支架三视图分线框　　　　　　　　　　b) 形体 I：对投影，定形体

c) 形体 II：对投影，定形体　　　　　　　d) 形体 III：对投影，定形体

e) 合起来、想整体

图 4-36　支架的读图方法

模型动画

形体分析法主要用于以叠加为主的组合体的读图；若是以切割为主的组合体，则需要分析截平面的位置，读图往往采用线面分析法。对于比较复杂的组合体中不易读懂的部分，也

常用线面分析法来帮助想象和读懂这些局部形状。

2. 线面分析法

所谓线面分析法，就是运用线、面的投影规律，分析视图中图线和线框所代表的意义和相互位置，从而想象出组合体的形状。

构成物体的各个表面，无论其形状如何，它们的投影如果不具有积聚性，一般都是一个封闭线框。读图时要注意：平行面的投影具有实形性和积聚性，垂直面的投影具有积聚性和类似性，一般位置面的投影具有类似性。

现以压块的三视图为例（图4-37），说明线面分析法在读图中的应用如下：

1）通过观察图4-37a，可知压块是由一长方体切割而成。由主视图可知在长方体的左上方切去一个角，由俯视图可知左端前、后各被切去一角，由左视图可知长方体上方前后对称挖一左右贯穿的通槽。这样用形体分析法就大致确定了压块的基本形状。但究竟被什么位置的平面截切，截切后投影为什么会这样，还需用线面分析法进行分析。

2）如图4-37b所示，从俯视图左边的十边形线框 a 出发，根据投影规律，在主视图中找到其对应的斜线 a′，在左视图中找到类似的十边形 a″，因此可判断平面 A 是一个正垂面，压块的左上角就是由正垂面 A 切割而成的。

3）如图4-37c所示，由主视图左边的四边形 b′ 出发，对照投影，在俯视图中找到对应的前、后对称的两条斜线 b，在左视图中找到对应的前、后对称的两个类似的四边形 b″，可确定平面 B 是前后对称的两个铅垂面，压块的左端就是被这样两个铅垂面切割而成的。

4）如图4-37d所示，由左视图中的缺口，对照投影，可想象出在长方体的中间，用前后对称的两个正平面和一个水平面切割出一个左右贯穿的矩形通槽。

通过上述线面分析，就可以想象出如图4-37e所示的压块的空间形状了。

124

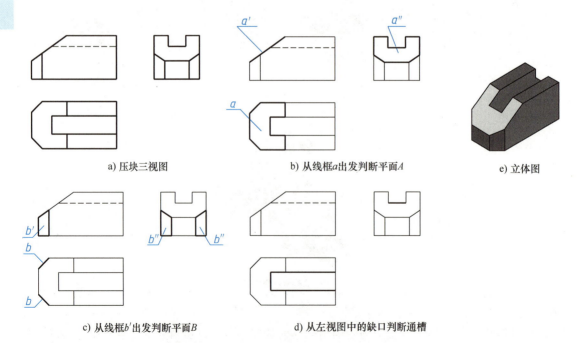

a) 压块三视图　　　　b) 从线框a出发判断平面A　　　　e) 立体图

c) 从线框b′出发判断平面B　　　　d) 从左视图中的缺口判断通槽

图4-37　用线面分析法读组合体视图

　　由组合体的两视图想象出空间形状，并补画出第三视图，或由不完整视图构思形体的空间形状，补画出图形中的漏线，是培养读图能力和画图能力的综合练习，也是培养读图能力的主要方法。读图一般以形体分析法为主，线面分析法为辅，具体地讲，就是用形体分析法由视图先逐个识别出各个形体的形状，确定形体的组合形式、相对位置及邻接表面的连接关系，从而想象出整个组合体的结构和形状，必要时，可再用线面分析法理解局部的细节。下面介绍读图方法的具体应用。

三、读图举例

　　[例 4-1]　如图 4-38 所示，已知形体的主、俯视图，补画其左视图。

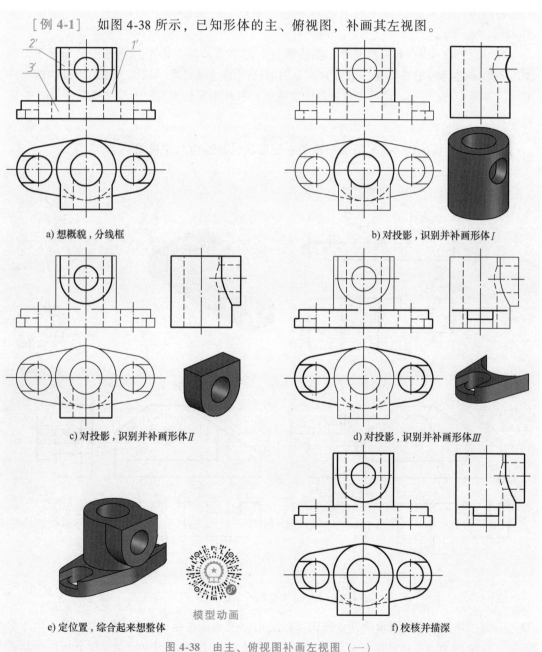

a) 想概貌, 分线框

b) 对投影, 识别并补画形体 I

c) 对投影, 识别并补画形体 II

d) 对投影, 识别并补画形体 III

模型动画

e) 定位置, 综合起来想整体

f) 校核并描深

图 4-38　由主、俯视图补画左视图（一）

解 分析：从图 4-38a 所示的两视图可以看出，该形体各组成部分界限清楚，是由基本体叠加而成的，所以用形体分析法读图。

读图步骤如下：

1）想概貌，分线框。先大致浏览已知视图，初步想象组合体可以分解为几个简单形体。然后根据形体分析原则及视图中线框的含义，在主视图中将物体分解为 1′、2′、3′ 三个相对独立的部分，每个部分对应一个简单形体，如图 4-38a 所示。

2）对投影，定形体。运用三视图的"三等"规律，找出各简单形体的其他投影，再根据各形体的两面投影逐个想象出各形体的形状，并画出每个简单形体的左视图，如图 4-38b~d 所示。

3）定位置，综合起来想整体。在读懂每个简单形体的基础上，再分析已知视图，想象出各形体之间的相对位置、组合方式及表面之间的过渡关系，从而想象出组合体的整体形状，如图 4-38e 所示。最后校核补画的左视图，并按国家标准规定的线型描深，如图 4-38f 所示。

[例 4-2] 读懂图 4-39a 所示形体的空间形状，并画出其左视图。

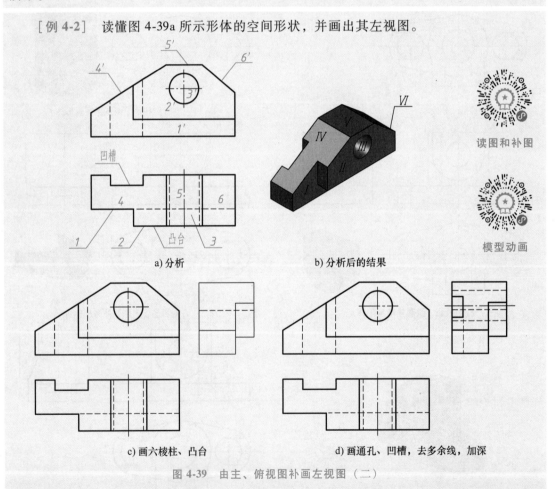

图 4-39 由主、俯视图补画左视图（二）

解 分析：由图 4-39a 所示的两个视图可以看出，该形体各组成部分的形体界限不是十分清楚，这是因为该形体是由棱柱经过切割后得到的，所以读此图应借助线面分析法分析截面的位置及切割后的形状。从主视图的外形轮廓可以看出，其主要形体是六棱柱；从俯视图的轮廓可以看出，六棱柱的后端面有凹槽，前端面有一凸台，整个形体有一前后贯穿的圆柱孔。

读图步骤如下：

1）分线框，对投影。将图 4-39a 所示的主视图分为 *1'*、*2'*、*3'* 三个线框。线框 *1'*、*2'* 在俯视图上对应两条直线；线框 *3'* 在俯视图上对应两条铅垂虚线与水平实线围成的矩形线框。

2）按投影，定形体。根据线框 *1'* 的两面投影，可确定它是六棱柱的前端面；线框 *2'* 的两面投影，表示其为六棱柱前端面上凸台的前表面，这两个平面均为正平面，主视图中的线框反映其实形，俯视图中反映出了六棱柱和凸台前后方向的厚度；线框 *3'* 的两面投影，表明它是从凸台前表面到六棱柱后端面的通孔。另外，主视图中的两条铅垂虚线，对应俯视图中六棱柱后端面的凹槽，说明凹槽是从上到下贯通的矩形槽。

3）合起来，想整体。在具体分析的基础上，初步可想象出该形体的基本形体是六棱柱，按各组成形体的相对位置，在六棱柱的前端面加上凸台并贯穿通孔，在六棱柱的后端面去掉凹槽，即得到如图 4-39b 所示的整体形状。

4）运用线面分析法，检查所得的整体形状是否正确。例如从俯视图中三个由实线围成的线框 *4*、*5*、*6*，找出它们在主视图中对应的投影为三条直线段；由此可知，线框 *4*、*6* 为正垂面，线框 *5* 为水平面，它们均垂直于 *V* 面。也就是说六棱柱的三个侧表面与凸台的三个侧面分别为同一个表面，这是由于六棱柱和凸台的这些表面是共面结合的关系，所以它们之间不应有分界线。这样就更证实了前面的分析。

经过形体分析和线面分析，把图读懂，彻底想清楚形体的形状后，才能着手画其左视图，其作图步骤如图 4-39c、d 所示。

127

第五节　组合体的构形设计

组合体的构形设计是根据已知条件，以基本形体为主，利用各种创造性思维方式设计组合体的形状、大小并将其表达成图样的过程。在组合体的构形设计中，要把空间想象和形体表达有机结合起来，这样既能发展空间想象力、开拓思维，又能提高画图、读图能力，培养创新意识和开发创造能力。

组合体的构形设计是零件构形设计的基础，所设计的组合体应尽量体现工程产品或零部件的结构形状和功能，但又不强调必须工程化，所设计的组合体也可以是凭个人想象的。本节着重讨论组合体构形设计的基本原则和方法，以及构形设计中应注意的问题。

一、组合体构形设计的基本原则

1）以基本几何体构形为主。组合体构形设计的目的，主要在于培养学生利用基本几何体构造组合体的能力，以及使学生掌握组合体视图的画法。组成组合体的各基本形体应尽可能简单，一般采用常见回转体（如圆柱、圆锥、圆球、圆环）和平面立体，尽量不用不规则的曲面，这样有利于画图、标注尺寸及制造。

2）构形应力求多样、变异、新颖。在给定的条件下，构成一个组合体所使用的基本体的种类、组合方式、相对位置和表面连接关系应尽可能多样化，构形过程要大胆创造，敢于突破常规。例如要求按给定的图 4-40a 所示的俯视图设计组合体，俯视图有六个封闭线框，表示组合体从上到下有六个表面，位置可高、可低、可倾斜，可以是平面或曲面，整个外框可表示底面，这样就可以构想出许多方案，如图 4-40b~d 所示，形式由单调到活泼，变化多样，构形新颖。

a) 俯视图

b) 立体图(一)

c) 立体图(二)

d) 立体图(三)

图 4-40　组合体的多种构形设计

3）所设计的组合体在满足功能要求的前提下，结构应简单紧凑。

4）组合体的各形体间应互相协调，整体造型稳定、美观。

二、组合体构形设计的基本方法

1. 凹凸、平曲、正斜构思

根据形体的一个视图，如图 4-41a 所示，通过改变相邻封闭线框所表示表面的凹凸、平曲、正斜及改变封闭线框所表示的基本形体的形状（应与投影相符），可构思出不同的形体，如图 4-41b~f 所示。

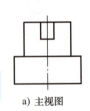
a) 主视图

b) 立体图(一)

c) 立体图(二)

d) 立体图(三)

e) 立体图(四)

f) 立体图(五)

图 4-41　一个视图对应若干形体

2. 不同组合方式构思

根据形体的两视图，由不同的组合方式，可构思出不同的形体。如图 4-42 所示，可以

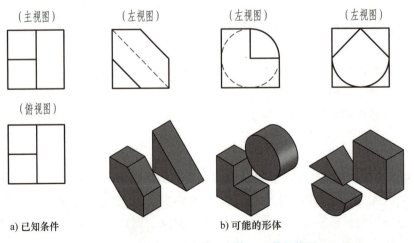

图 4-42　两视图对应若干形体——叠加构形

128

认为该组合体是由数个基本形体经过不同的叠加方式而形成的；如图 4-43 所示，可以认为该组合体是由长方体经过不同方式的切割、穿孔而形成的；如图 4-44 所示，可以认为组合体是通过综合（既有叠加又有切割）的构形方式而形成的。在构思形体时，不应出现与已知条件不符或形体不成立的构形，如图 4-44c 所示。

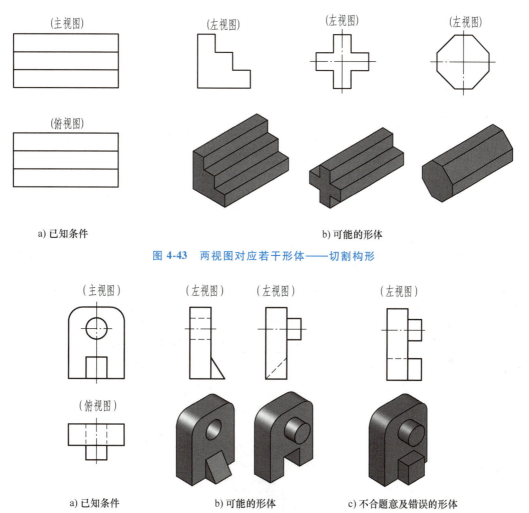

图 4-43　两视图对应若干形体——切割构形

图 4-44　两视图对应若干形体——综合构形

3. 互补形体构形

根据已知的形体，构想出与之吻合的另一形体，两形体吻合后形成长方体或圆柱等基本形体，这一方法称为互补形体构形，如图 4-45 所示。

三、构形设计中应注意的问题

构形设计中应注意以下问题：

1）构形要形成连续的实体，两个形体组合时不能出现点接触、线接触和面连接，如图 4-46 中箭头所示。

2）不要出现封闭的空腔，如图 4-47 所示。

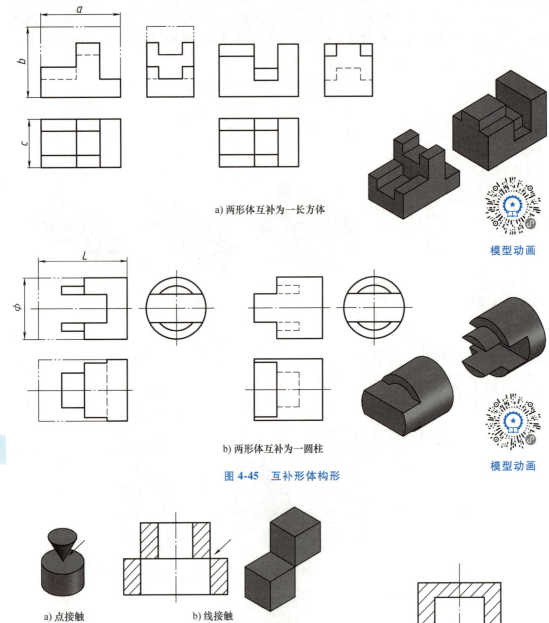

a) 两形体互补为一长方体

模型动画

b) 两形体互补为一圆柱

图 4-45 互补形体构形

模型动画

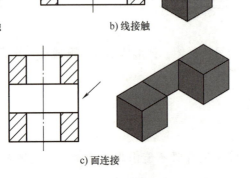

a) 点接触　　　b) 线接触

c) 面连接

图 4-46　不能出现点接触、线接触和面连接

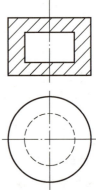

图 4-47　不要出现封闭的空腔

形体分析法

"形体分析法"是一种从整体概念到单元认知再到整体构形的方法,其实质是删繁就简、具体问题具体分析的思维方式,分析问题时需要用联系的观点去全面地分析,要从整体、多角度地看待事物,深入剖析其内部构成,才能还原事物的原貌。解决问题时应该分清主次,抓住事物的主要矛盾,这也体现了哲学上辩证统一的思想。

宋代著名文学家苏轼在《题西林壁》中写道,"横看成岭侧成峰,远近高低各不同"。苏轼从不同的观察角度描述了庐山的风景,并给出了相应的形状特征,这种多角度全面分析事物的思维方法与组合体读图所采用的思维方法是一致的。

本 章 小 结

本章是培养学生形体想象能力的核心内容,在本书中起承上启下的作用。

通过本章的学习,学生应了解组合体的组合形式、相邻表面间各种位置关系的投影特点,熟练运用两种方法解决三个问题,即掌握形体分析法、线面分析法完成组合体三视图的画图、读图和尺寸标注。两种方法相辅相成,一般运用形体分析法分析组合体各组成部分的形状和相对位置(大致形状),而用线面分析法研究线、面的投影和表面间的相对位置关系(细节部分)。

思 考 题

1. 组合体视图选择的原则是什么?

2. 阅读组合体的视图时应注意哪些事项?

3. 怎样才能使组合体的尺寸标注完整?要使尺寸标注清晰,应注意哪些问题?

4. 自行设计一个组合形式既有叠加又有切割的组合体,要求叠加形体的数量在三个以上。

5. 试构思一塞块,使其能恰好堵塞并通过图 4-48a ~ c 所示的三个不同的孔,并画出此塞块的三视图。

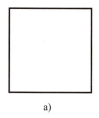
a)

b)
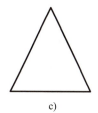
c)

图 4-48 思考题 5

第五章　轴测投影图

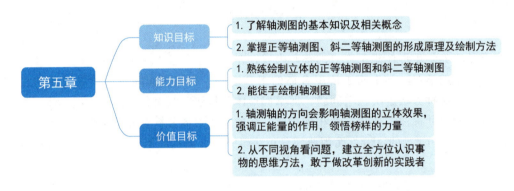

- 知识目标
  - 1. 了解轴测图的基本知识及相关概念
  - 2. 掌握正等轴测图、斜二等轴测图的形成原理及绘制方法
- 能力目标
  - 1. 熟练绘制立体的正等轴测图和斜二等轴测图
  - 2. 能徒手绘制轴测图
- 价值目标
  - 1. 轴测轴的方向会影响轴测图的立体效果，强调正能量的作用，领悟榜样的力量
  - 2. 从不同视角看问题，建立全方位认识事物的思维方法，敢于做改革创新的实践者

　　前面介绍的组合体的三视图，是物体在相互垂直的两个或三个投影面上的多面正投影图，能准确表达出组合体的形状大小，且作图方便、度量性好。但是只看其中的一个投影图，通常不能同时得出物体长、宽、高三个方向的尺寸和形状。图 5-1 所示为同一组合体的多面投影图与轴测投影图的对比，可以看出轴测投影图能同时反映物体长、宽、高三个方向的形状，立体感强，但不易反映物体各个表面的实形，度量性差，因此在工程上轴测投影图经常作为辅助图样来使用。本章主要介绍轴测图的基本知识、正等轴测图和斜二等轴测图。

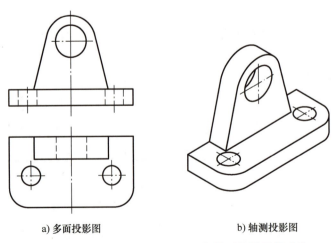

a) 多面投影图　　　　　　　　　　　b) 轴测投影图

图 5-1　同一组合体的多面投影图与轴测投影图的对比

第一节　轴测图的基本知识

一、轴测投影图的形成

将物体连同其参考直角坐标系，沿不平行于任一坐标面的方向，用平行投影法将其投射在单一投影面上所得到的图形称为轴测图，如图 5-2 所示。生成轴测图的投影面称为轴测投影面（图中用 P 表示），直角坐标轴 O_0X_0、O_0Y_0、O_0Z_0 在轴测图中的投影 OX、OY、OZ 称为轴测投影轴，简称为轴测轴。

轴测图的形成方式有两种：①改变物体与投影面的相对位置，使物体的正面、顶面和侧面都与投影面相倾斜，用正投影法得到的物体的轴测投影图，称为正轴测投影图，如图 5-2a 所示；②不改变物体与投影面的相对位置，改变投射线的方向，使投射线与投影面相倾斜，所获得的物体的轴测投影图，称为斜轴测投影图，如图 5-2b 所示。

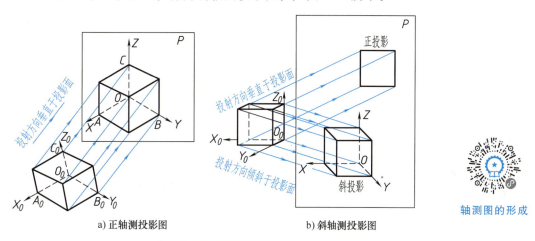

a) 正轴测投影图　　　　　　　　b) 斜轴测投影图

轴测图的形成

图 5-2　轴测图的形成

二、轴间角和轴向伸缩系数

在轴测图中，两根轴测轴之间的夹角 $\angle XOY$、$\angle XOZ$、$\angle YOZ$ 称为轴间角。轴测轴上的单位长度与相应空间坐标轴上的单位长度之比，称为轴向伸缩系数。p_1、q_1、r_1 分别称为 OX、OY、OZ 轴的轴向伸缩系数。如图 5-2 所示，$p_1 = OA/O_0A_0$，$q_1 = OB/O_0B_0$，$r_1 = OC/O_0C_0$，根据轴向伸缩系数就可以分别求出轴测投影图上各轴向线段的长度。

三、轴测图的投影特性

由于轴测图是用平行投影法得到的，所以它具有以下平行投影的投影特性：

（1）平行性　物体上相互平行的直线段，它们的轴测投影相互平行。物体上平行于坐标轴的线段，在轴测投影图上平行于相应的轴测轴。

（2）等比性　物体上平行于坐标轴的线段，其轴测投影与原线段实长之比，等于相应的轴向伸缩系数。

在画轴测图时，对于物体上平行于坐标轴的线段，将其尺寸乘以轴向伸缩系数，即可获得其轴测投影图中的长度，这就是"轴测"二字的含义，也是轴测图作图的理论依据。

四、轴测图的分类

根据投射方向与轴测投影面是否垂直，轴测图可分为两大类：

（1）正轴测图　投射方向垂直于轴测投影面，如图 5-2a 所示。

（2）斜轴测图　投射方向倾斜于轴测投影面，如图 5-2b 所示。

再根据轴向伸缩系数的不同，这两类轴测图又各自分为下列三种：

1）三个轴向伸缩系数都相等的轴测图称为正（或斜）等轴测图。

2）只有两个轴向伸缩系数相等的轴测图称为正（或斜）二等轴测图。

3）三个轴向伸缩系数各不相等的轴测图称为正（或斜）三轴测图。

工程上用得较多的是正等轴测图和斜二等轴测图，以下只介绍这两种轴测图的画法。

第二节　正等轴测图

一、正等轴测图的参数

1. 轴间角

当空间直角坐标系的三个坐标轴与轴测投影面的倾斜角度均为 $35°16'$ 时，用正投影法得到的轴测投影图称为正等轴测图。正等测图的轴间角 $\angle XOY = \angle XOZ = \angle YOZ = 120°$。作图时，将 OZ 轴画成竖直方向，OX、OY 轴分别画成与水平线成 $30°$ 角的斜线，如图 5-3 所示。

2. 轴向伸缩系数

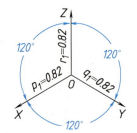

图 5-3　正等轴测图的轴向伸缩系数和轴间角

在正等轴测图中，OX、OY、OZ 三轴的轴向伸缩系数均为 0.82，为了作图简便，常将轴向伸缩系数简化为 1，即 $p = q = r = 1$。也就是物体上凡平行于坐标轴的直线，在轴测图上都按视图所示的实际尺寸量取画图。

二、平面立体正等轴测图的画法

绘制平面立体正等轴测图的基本方法是坐标法，即根据立体表面上的各顶点相对于坐标原点的三个坐标值，画出各顶点的轴测图，依次连接各顶点完成平面立体的正等轴测图。除此之外，还可用切割法和组合法（或叠加法）来作图。

1. 坐标法

[例 5-1]　求作正六棱柱的正等轴测图。

解　分析：因为正六棱柱的顶面和底面都是处于水平位置的正六边形，为简化作图，可取顶面中心 O_0 为坐标原点，按坐标法先画出顶面的轴测图，然后再定高、连线，从而完成正六棱柱的正等轴测图。

作图步骤如下：

1）在视图中选定原点和坐标轴，即顶面中心为坐标原点 O_0，以两条对称中心线为 O_0X_0、O_0Y_0 轴，以六棱柱的中心线为 O_0Z_0 轴，如图 5-4a 所示。

2）画出轴测轴 OX、OY、OZ，如图 5-4b 所示，在 OX 轴上沿原点 O 的两侧分别量取 $a/2$ 得到 1_1 和 4_1 两点，在 OY 轴上沿原点 O 的两侧分别量取 $b/2$ 得到 7_1 和 8_1 两点。

3）过点 7_1 和 8_1 作 OX 轴的平行线，并量取 $2_0 3_0$ 和 $5_0 6_0$ 的长度得到 $2_1 3_1$ 和 $5_1 6_1$，得到顶面正六边形的六个顶点，连接各点完成六棱柱顶面的轴测投影，如图 5-4c 所示。

4）沿 1_1、2_1、3_1 及 6_1 各点垂直向下量取 H，得到六棱柱底面可见的各端点（轴测图中一般虚线省略不画），如图 5-4d 所示。

5）用直线连接各点并描深轮廓线，即得正六棱柱的正等轴测图，如图 5-4e 所示。

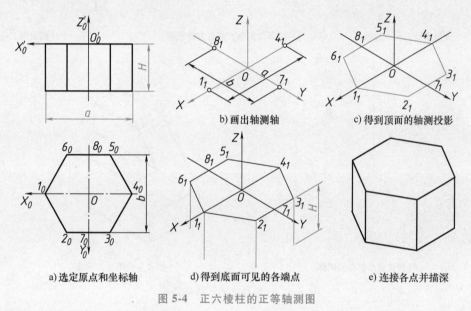

a) 选定原点和坐标轴　　b) 画出轴测轴　　c) 得到顶面的轴测投影

d) 得到底面可见的各端点　　e) 连接各点并描深

图 5-4　正六棱柱的正等轴测图

2. 切割法

对于不完整的物体，可先按完整物体画出，然后再利用轴测投影的特性（平行性）对切割部分进行作图，这种作图方法称为切割法。实际作图时，往往是坐标法、切割法两种方法结合使用。

[例 5-2]　完成如图 5-5a 所示形体的正等轴测图。

解　分析：该形体由长方体经切割形成，可用切割法画其正等轴测图。

作图步骤如下：

1）选形体的右下后点为坐标原点，并在已知视图上标出原点和坐标轴，如图 5-5a 所示。

正等轴测图

2）画轴测轴，并画出长方体轮廓，如图 5-5b 所示。

3）根据 a、b 的长度，切去左上角，如图 5-5c 所示。

4）根据 c、d 的长度，切去上方前端的楔体，如图 5-5d 所示。

5）擦去多余的图线，描深可见轮廓，完成作图，如图 5-5e 所示。

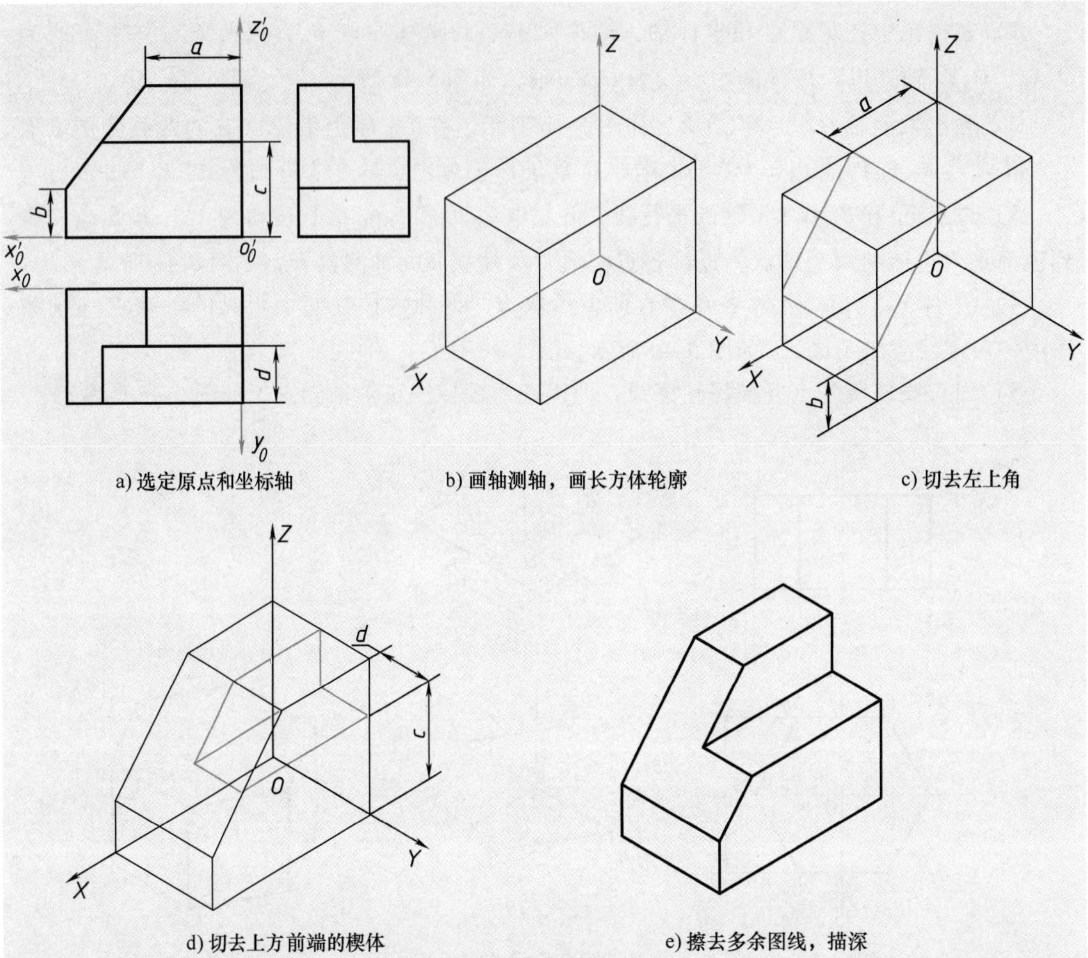

a) 选定原点和坐标轴 　　　b) 画轴测轴，画长方体轮廓　　　　 c) 切去左上角

d) 切去上方前端的楔体 　　　　　　　e) 擦去多余图线，描深

图 5-5　切割形体的正等轴测图

三、曲面立体正等轴测图的画法

1. 平行于坐标面的圆的正等轴测图的画法

因坐标面与轴测投影面均不平行，所以平行于坐标面的圆的正等轴测图都是椭圆。可用四段圆弧连接成的近似椭圆画出。

图 5-6 所示为平行于三个投影面的圆的正等轴测图，从图中可以看出，平行于坐标面 XOY（水平面）的圆的正等轴测图的椭圆长轴垂直于 OZ 轴，短轴平行于 OZ 轴；平行于坐标面 YOZ（侧面）的圆的正等轴测图的椭圆长轴垂直于 OX 轴，短轴平行于 OX 轴；平行于坐标面 XOZ（正面）的圆的正等轴测图的椭圆长轴垂直于 OY 轴，短轴平行于 OY 轴。

图 5-7 所示为水平圆的正等轴测图的作图步骤：

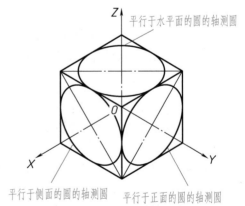

图 5-6　圆的正等轴测图

1）作圆的外切正方形，如图 5-7a 所示。

2）作轴测轴和切点 1_1、2_1、3_1、4_1，通过这些点作外切正方形的轴测投影，得菱形 $A_1C_1B_1D_1$，并作对角线，如图 5-7b 所示。

3）连接 1_1A_1、2_1A_1、3_1B_1、4_1B_1，交菱形对角线于点 E_1、F_1，如图 5-7c 所示。

4）分别以点 A_1、B_1 为圆心，以 $A_1 1_1$ 为半径，作圆弧 $\overarc{1_1 2_1}$、$\overarc{3_1 4_1}$，再分别以点 E_1、F_1 为圆心，以 $E_1 1_1$ 为半径，作圆弧 $\overarc{1_1 4_1}$、$\overarc{2_1 3_1}$，连接成近似椭圆，如图 5-7d 所示。

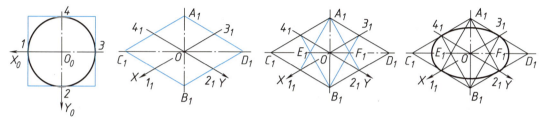

a) 作圆的外切正方形　　b) 作轴测轴，作外切　　c) 连线，交菱形对角线于两点　　d) 作圆弧，得近似椭圆
　　　　　　　　　　　正方形的轴测投影

图 5-7　水平圆的正等轴测图的作图

2. 常见回转体的正等轴测图的画法

常见回转体的正等轴测图的画法见表 5-1。

表 5-1　常见回转体的正等轴测图的画法

回转体	正等轴测图的画法	说明
圆柱		根据圆柱的直径和高，先画出上、下底的椭圆，然后作椭圆公切线（长轴端点连线），即为转向线
圆台		其画法步骤与圆柱类似，但转向轮廓线不是长轴端点连线，而是两椭圆公切线
圆球		圆球的正等轴测图为与圆球直径相等的圆。如采用简化系数，则圆的直径应为 $1.22d$。为使圆形有立体感，可画出长轴过球心的三个方向的椭圆

137

3. 圆角的正等轴测图的画法

[例 5-3]　完成图 5-8a 所示带圆角的长方体的正等轴测图。

圆角正等
轴测图

解　作图步骤如下：

1）根据图 5-8a 画出长方体的正等轴测投影。自 A、B 两点以圆角半径 R 沿长方体棱边截取 C_1、D_1、E_1、F_1 四点，过这四点分别作棱边的垂线得交点 O_1、O_2，如图 5-8b 所示。

2）分别以点 O_1、O_2 为圆心，O_1C_1、O_2E_1 为半径画圆弧 $\overset{\frown}{C_1D_1}$、$\overset{\frown}{E_1F_1}$，如图 5-8c 所示。

3）用平移法得点 O_3、O_4、C_2、D_2、F_2，再分别以点 O_3、O_4 为圆心，O_3C_2、O_4F_2 为半径画圆弧，并作出远端前、后圆弧的公切线，如图 5-8d 所示。

4）擦去多余的图线，描深，完成全图，如图 5-8e 所示。

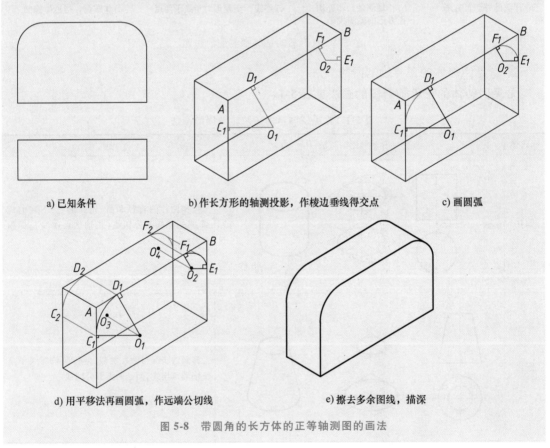

a) 已知条件　　　　b) 作长方形的轴测投影，作棱边垂线得交点　　　　c) 画圆弧

d) 用平移法再画圆弧，作远端公切线　　　　e) 擦去多余图线，描深

图 5-8　带圆角的长方体的正等轴测图的画法

4. 截切体、相贯体正等轴测图的画法

绘制截切体及相贯体的正等轴测图，需要作出截交线和相贯线的轴测图，常采用的方法有坐标定位法和辅助平面法。

坐标定位法是先在截交线或相贯线上取一系列的点，根据三个坐标值作出这些点的轴测投影，然后光滑连接各点而成。

辅助平面法是根据求相贯线的投影时采用的辅助平面法的原理来绘制相贯线轴测图的。

如图 5-9 所示的正交两圆柱，采用辅助平面 P 截切两圆柱，根据 y 值在轴测图上得到截交线，相应截交线相交即得交点 I。用同样的方法求得一系列的点后，光滑连接各点即得相贯线的轴测图。

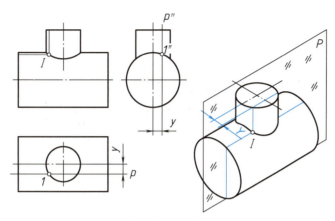

图 5-9　正交两圆柱的正等轴测图的画法

四、组合体的正等轴测图的画法

绘制组合体的轴测图时，应按以下作图步骤进行：

1）对组合体进行形体分析，在视图上确定坐标轴，并将组合体分解成几个基本形体。

2）作轴测轴，画出各基本形体的主要轮廓。

3）画各基本形体的细节。

4）擦去多余图线，描深全图。

应该注意：在确定坐标轴和具体作图时，要考虑作图简便，以及利于按坐标关系定位和度量，并尽可能减少作图线。

[例 5-4]　根据图 5-10 所示支架的两视图完成其正等轴测图。

解　分析：由图 5-10 可以看出，支架由上、下两块板组成，且结构左右对称。上方立板的顶部是圆柱面，两侧面与圆柱面相切，中间有一圆柱孔。下方是一块前端带圆角的长方形底板，底板上有一前后贯通的方槽，左右对称挖切出两个圆柱通孔。

根据以上分析，取底板后顶边的中点为原点，确定如图中所示的坐标轴。

作图步骤如下：

1）作轴测轴。按照坐标法画出底板的轮廓，并确定立板后孔口的圆心 B_1，由点 B_1 定出前孔口的圆心 A_1，画出立板圆柱面顶部圆弧的正等轴测投影，如图 5-11a 所示。

139

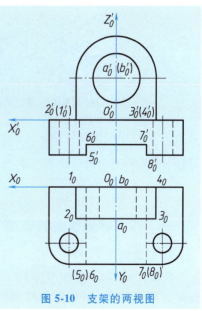

图 5-10　支架的两视图

2）由点 1_1、2_1、3_1 作椭圆弧的切线，画出前、后椭圆弧的公切线，再作出立板上的圆柱孔的正等轴测投影，即椭圆，完成立板的正等轴测图，如图 5-11b 所示。

3）在底板上根据 $5_0 6_0 7_0 8_0$ 及 $5_0' 6_0' 7_0' 8_0'$ 切去一四棱柱，形成通槽，如图 5-11c 所示。

4）画出底板圆孔顶面圆的正等轴测图及圆角的正等轴测图，如图 5-11c 所示。

5）擦去多余图线，描深全图，作图结果如图 5-11d 所示。

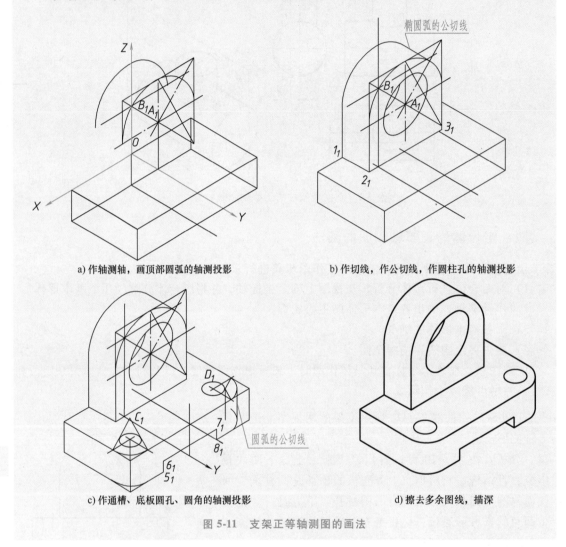

a）作轴测轴，画顶部圆弧的轴测投影　　　　　　b）作切线，作公切线，作圆柱孔的轴测投影

c）作通槽、底板圆孔、圆角的轴测投影　　　　　　d）擦去多余图线，描深

图 5-11　支架正等轴测图的画法

第三节　斜二等轴测图

一、斜二等轴测图的参数

1. 轴间角

将坐标轴 OZ 置于竖直方向，并使坐标面 XOZ 平行于轴测投影面，而投影方向与轴测投影面相倾斜时，所得到的轴测图是斜二等轴测图。斜二等轴测图的轴间角 $\angle XOZ = 90°$，

$\angle XOY = \angle YOZ = 135°$。作图时，将轴测轴 OX、OZ 分别画成水平线和铅垂线，而将 OY 轴画成与水平线成 45° 角的斜线，如图 5-12 所示。

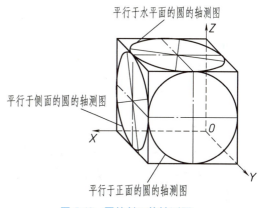

图 5-12　斜二等轴测图的轴向伸缩系数和轴间角

2. 轴向伸缩系数

斜二等轴测图中，轴向伸缩系数 $p_1 = r_1 = 1$，$q_1 = 0.5$，作图时所有与 OX、OZ 轴平行的线段均按原尺寸量取，与 OY 轴平行的线段要按原尺寸的一半量取。

二、斜二等轴测图的画法

由于坐标面 XOZ 平行于轴测投影面，物体上平行于坐标面 XOZ 的直线、曲线和平面图形，在斜二等轴测图中都反映实长和实形。这对于在一个方向上具有复杂形状或只有一个方向有较多的平行于某一坐标面的圆或圆弧的物体而言，作图极为方便。当物体某个面的形状较复杂且具有较多的圆和圆弧时，只要将该面与坐标面 XOZ 平行，采用斜二等轴测图作图就较为方便。

三、平行于坐标面的圆的斜二等轴测图

图 5-13 所示为立方体表面上三个内切圆的斜二等轴测图，其中平行于坐标面 XOZ 的圆的斜二等轴测图，仍是大小相同的圆，平行于坐标面 XOY 和 YOZ 的圆的斜二等轴测图则是椭圆。这种斜二等轴测图椭圆也可用四段圆弧连接成近似椭圆画出。现以圆心为原点的水平圆为例，介绍椭圆的作图方法如下（图 5-14）：

图 5-13　圆的斜二等轴测图

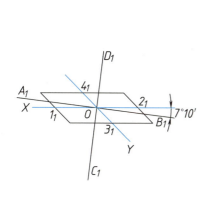

a) 作轴测轴，作外切正方形的轴测投影，作椭圆的长、短轴方向

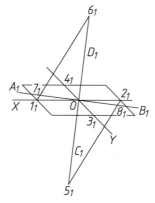

b) 作出四段圆弧的圆心

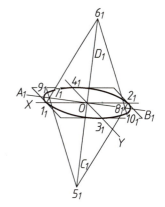

c) 作圆弧，连接成近似椭圆

图 5-14　圆的斜二等轴测图的画法

1）由点 O 作轴测轴 OX、OY 及圆的外切正方形的斜二等轴测投影，四边中点为点 1_1、2_1、3_1、4_1。再作直线 A_1B_1 与 OX 轴成 7°10′，即为长轴方向；作 $C_1D_1 \perp A_1B_1$，即直线 C_1D_1 为短轴方向，如图 5-14a 所示。

2) 在直线 OC_1、OD_1 上分别取 $O5_1 = O6_1 = d$（圆的直径），分别连点 5_1 与 2_1、6_1 与 1_1，与长轴交于点 7_1、8_1，得点 5_1、6_1、7_1、8_1 即为四段圆弧的圆心，如图 5-14b 所示。

3) 以点 5_1、6_1 为圆心，$5_1 2_1$、$6_1 1_1$ 为半径，画圆弧 $\widehat{9_1 2_1}$、$\widehat{10_1 1_1}$，与直线 $5_1 7_1$、$6_1 8_1$ 交于点 9_1、10_1；以 7_1、8_1 为圆心，$7_1 1_1$、$8_1 2_1$ 为半径，作圆弧 $\widehat{1_1 9_1}$、$\widehat{2_1 10_1}$。由此连接成近似椭圆，如图 5-14c 所示。

[例 5-5] 作如图 5-15 所示的端盖的斜二等轴测图。

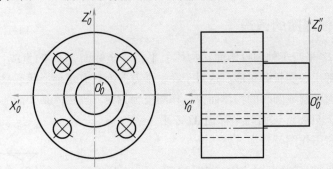

斜二等轴测图

图 5-15　端盖的两视图

解　作图步骤如下：

1) 在视图上确定坐标轴及原点，为使各端面平行于坐标面 XOZ，取端盖的轴线与 OY 轴重合。

2) 作轴测轴，按 $q_1 = 0.5$ 的轴向伸缩系数在 OY 轴上定出各个端面圆的圆心。

3) 根据各端面圆的直径，从前往后逐步画出各圆，并画出相应圆的公切线。

4) 擦去多余图线，描深可见部分，作图结果如图 5-16 所示。

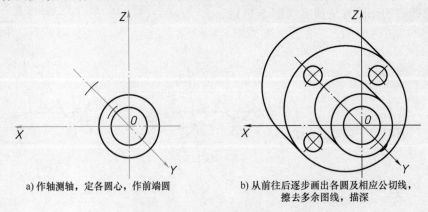

a) 作轴测轴，定各圆心，作前端圆

b) 从前往后逐步画出各圆及相应公切线，擦去多余图线，描深

图 5-16　端盖的斜二等轴测图的画法

轴测图与三视图

事物具有多样性，轴测图与三视图是对同一物体从不同角度的描述，轴测图因立体感强、直观，常作为辅助图样来帮助读者快速读懂三视图。这一点教会我们遇到问题时可以换一种思路，办法总比困难多。

本 章 小 结

本章介绍了轴测投影的概念、形成原理和作图方法，学生应重点掌握工程上常用的正等轴测图和斜二等轴测图的画法。阅读工程图样时，绘制轴测图有助于想象立体的结构和形状。

思 考 题

1. 轴测图与正投影图有何区别？
2. 轴测投影有哪些特点？
3. 正等轴测图和斜二等轴测图的轴间角、轴向伸缩系数分别是多少？
4. 斜二等轴测图主要应用于什么情况？

第六章 机件的常用表达方法

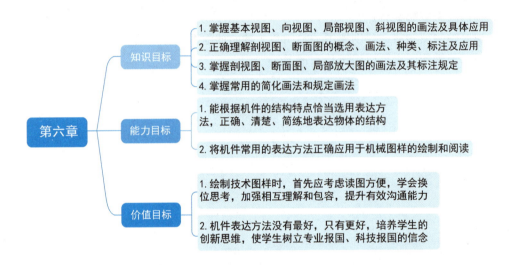

在生产实际中，当机件的形状和结构比较复杂时，如果仍用前面所讲的两视图或三视图，就难以把机件的内外形结构准确、完整、清晰地表达出来。国家标准《技术制图》（GB/T 17452—1998、GB/T 17453—2005 以及 GB/T 16675—2012）中规定了机件的各种画法，包括视图、剖视图、断面图、局部放大图、简化画法和规定画法等，本章着重介绍机件的一些常用表达方法。

第一节 视 图

视图主要用于表达机件的外部结构形状。在视图中一般只画机件的可见部分，必要时才画出细虚线表示其不可见部分。视图可分为基本视图、向视图、局部视图和斜视图，可根据实际情况按需选用。

一、基本视图

机件向基本投影面投射所得视图称为基本视图。

在原有三个投影面的基础上，再增设三个投影面，组成一个正六面体。用正六面体的六个面作为基本投影面，将机件置于其中，分别向六个基本投影面投射，即得到了六个基本视图。除了前面已经介绍的三视图以外，还有由右向左投射所得的右视图、由下向上投射所得的仰视图、由后向前投射所得的后视图，如图 6-1 所示。

六个基本投影面的展开方法是 V 面保持不动，其余各投影面按如图 6-2 所示箭头方向旋转，使之与 V 面共面。各视图的名称和配置如图 6-3 所示。除了前面已经介绍的主、俯、左视图外，其他三个视图分别为右视图、仰视图、后视图。六个基本视图仍符合"长对正、高平齐、宽相等"的投影规律，即主、俯、仰视图长对正（后视图与主、俯、仰视图长相等）；主、左、右、后视图高平齐；俯、左、仰、右视图宽相等；并且远离主视图的一侧均表示机件的前面，而主视图与后视图左右方位相反。

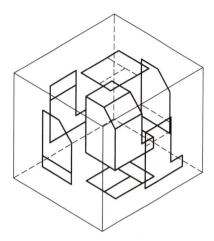

图 6-1　基本视图的形成

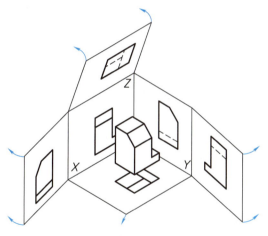

图 6-2　基本视图的展开

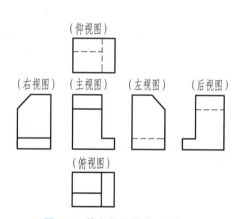

图 6-3　基本视图的名称和配置

实际绘图时，并非任何机件都需要画出六个基本视图，在完整、清晰地表达机件各部分形状的前提下，力求视图的数量少，图形简单，除主视图外，其他视图的选用应根据机件外部形状的复杂程度而定，以表达清楚为原则。如图 6-4 所示的机件采用主视图、左视图和右视图就将机件的外部形状表达清楚了，还省略了一些不必要的细虚线。

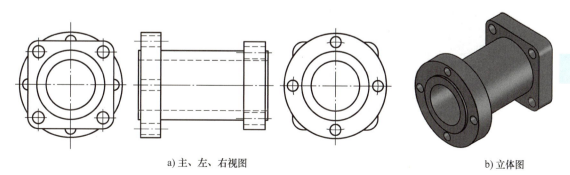

a)主、左、右视图　　　　　　　　　　　　b)立体图

图 6-4　基本视图应用示例

二、向视图

向视图是可自由配置的视图。若一个机件的基本视图不按基本视图的规定配置，或不能画在同一张图纸上，则可画向视图。向视图应按规定标注以下内容：在向视图上方用大写字母（如 A、B、C 等）表示向视图名称，并在相应的视图附近用箭头指明投射方向，并注上相同的字母 A、B、C 等，如图 6-5 所示。

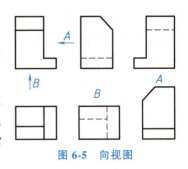

图 6-5　向视图

三、局部视图

局部视图

当机件只有局部形状没有表达清楚时，不必再画出完整的基本视图或向视图，可采用局部视图表达。局部视图是将机件的某一部分向基本投影面投射所得的视图。

如图 6-6a 所示，分别把圆筒左、右的局部结构向左、右两个基本投影面投射，得到两个局部视图，如图 6-6b 所示。

画局部视图时应注意以下问题：

1）局部视图一般应标注其名称和投射方向，即在局部视图上方用大写字母标出视图名称，并在相应的视图附近用带同样字母的箭头指明表达部位和投射方向，如图 6-6b 所示。

2）局部视图用波浪线或双折线表示断裂边界，如图 6-6b 所示的 A 向局部视图。当所表达的局部结构完整且外形轮廓线封闭时，其断裂边界线可省略不画，如图 6-6b 所示的 B 向局部视图。

3）局部视图可按基本视图的配置形式配置，当中间没有其他图形隔开时，可省略标注；也可按向视图的配置形式配置，但应按国家标准的规定进行标注，如图 6-6b 所示的 B 向局部视图。

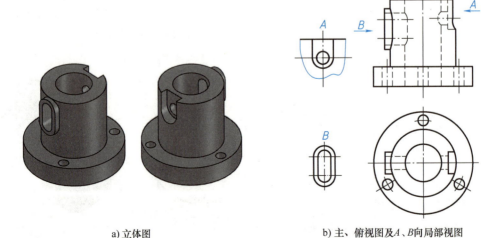

a) 立体图

b) 主、俯视图及 A、B 向局部视图

图 6-6　局部视图示例

四、斜视图

当机件上有不平行于基本投影面的倾斜结构时，该部分的真实形状在基本视图上无法表达清楚，如图 6-7 所示支座的倾斜板。为此，增设一个与倾斜部分平行的辅助投影面（且垂直于基本投影面），将倾斜结构向该投影面投射，即可得到倾斜部分的实形。这种将机件的倾斜部分向不平行于任何基本投影面的平面投射所得的视图称为斜视图。如图 6-8 所示的 C 向斜视图，即表达了支座倾斜板的真实形状。

图 6-7　支座立体图

画斜视图时必须注意以下问题：

1）斜视图必须标注其名称和投射方向，即在斜视图上方用字母标出视图名称，并在相应的视图附近用带相同字母的箭头指明表达部位和投射方向（字母一律水平书写），如图 6-8 所示。

2）斜视图只表达机件上倾斜部分的实形，故其余部分不必画出，其断裂边界用波浪线或双折线表示。但当所表达的结构形状完整且外轮廓线封闭时，其断裂边界线可省略不画。若画双折线，则双折线的两端应超出图形的轮廓线；若画波浪线，则波浪线应画到轮廓线为止，且只能画在表示物体的实体的图形上。

3）斜视图通常按向视图配置，必要时也可配置在其他适当位置。在不致引起误解时，允许将图形旋转配置，但经过旋转的斜视图，其名称必须加旋转符号（⌒ 或 ⌢），箭头方向为旋转方向，字母应靠近旋转符号的箭头端，如图 6-9 所示。

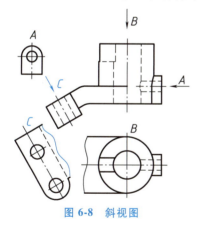

图 6-8　斜视图

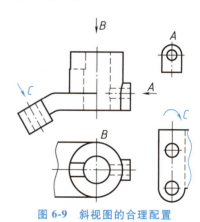

图 6-9　斜视图的合理配置

第二节　剖　视　图

视图主要表达机件的外部结构，机件的内部形状在视图中用细虚线表示。当机件内部结构较复杂时，在视图上会出现很多细虚线，如图 6-10 所示，既影响图形的清晰程度，又不利于标注尺寸。为了解决这个问题，国家标准规定了剖视图的画法。

一、剖视图的概念与画法

1. 剖视图的形成

为了清楚地表达机件的内部形状，假想用剖切面剖开机件，将处在观察者和剖切面之间的部分移去，而将其余部分向投影面投射所得的图形称为剖视图，简称为剖视，如图 6-11 所示。在剖视图中，机件内部轮廓变为可见，原来不可见的细虚线应画成粗实线。机件上与剖切面接触到的实体部分称为剖面区域。

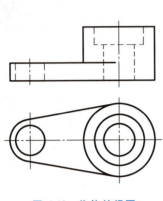

图 6-10　物体的视图

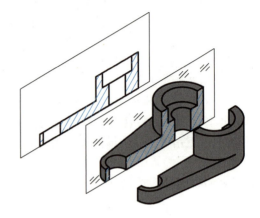

图 6-11　剖视图的形成

2. 剖视图的画法

剖视图的作图步骤如下：

（1）确定剖切平面的位置　剖切平面一般应通过机件内部孔、槽等结构的对称面或轴线，且使该平面平行或垂直于某一投影面，以便使剖切后的投影能反映实形。如图 6-11 所示的剖切面为正平面。

（2）画剖切后所有可见轮廓线的投影　当机件剖切后，剖切面处原来不可见的结构变为可见，即细虚线变为粗实线。应画出机件在剖切平面上的外形轮廓线、剖面区域轮廓线及剖切面后方的可见线、面的投影，如图 6-12a 所示。

剖视图的形成

剖视图的画法

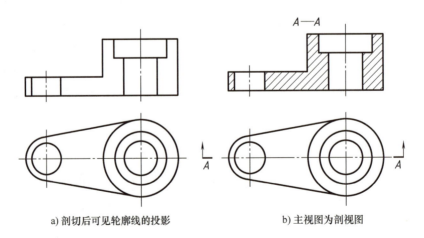

a）剖切后可见轮廓线的投影　　　　　b）主视图为剖视图

图 6-12　剖视图的画法

（3）画剖面符号　在机件的剖面区域上应画出相应的剖面符号以区别剖面区域与非剖面区域，如图 6-12b 所示。国家标准规定了各种材料的剖面符号，见表 6-1。

表 6-1　各种材料的剖面符号

材料	剖面符号	材料	剖面符号
金属材料（已有规定剖面符号者除外）		混凝土	
线圈绕组元件		钢筋混凝土	
转子、电枢、变压器和电抗器等的叠钢片		砖	
非金属材料（已有规定剖面符号者除外）		基础周围的泥土	
型砂、填砂、粉末冶金、砂轮、陶瓷刀片、硬质合金刀片等		格网（筛网、过滤网等）	
玻璃及供观察用的其他透明材料		液体	

注：1. 剖面符号仅表示材料的类别，材料的代号和名称另行注明。

　　2. 叠钢片的剖面线方向，应与束装中叠钢片的方向一致。

　　3. 液面用细实线绘制。

金属材料的剖面符号规定画成间距相等、方向相同，且与水平方向成 45°的细实线，称为剖面线。同一机件的各个剖面区域，剖面线的方向与间隔均应一致，如图 6-12b 所示。

当剖视图中的主要轮廓线与水平方向成 45°或接近 45°时，则剖面线应画成与水平方向成 30°或 60°的细实线，如图 6-13 所示。

3. 剖视图的标注

剖视图一般应进行标注，如图 6-12b 所示。标注内容包括：

（1）剖切符号　用于表示剖切面的位置，即在剖切面的起、讫和转折位置均画出粗短线。

（2）箭头　用于表示剖切后的投射方向，该箭头画在剖切符号外端，与剖切符号垂直。

（3）剖视图的名称　在剖视图上方用大写字母注出剖视图的名称"×—×"，并在剖切符号处均标注相同字母。若在一张图上同时存在几个剖视图，则其名称应按字母顺序排列，不得重复。

当剖视图按投影关系配置，中间又没有其他图形隔开时，可以省略箭头，如图 6-13 所示。

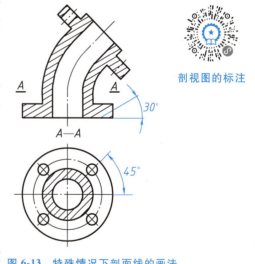

剖视图的标注

图 6-13　特殊情况下剖面线的画法

当单一剖切面通过机件的对称平面或基本对称平面，且剖视图按投影关系配置，中间又没有其他图形隔开时，可省略标注，如图6-14所示。

4. 画剖视图的注意事项

画剖视图时应注意以下问题：

1）剖视图是假想将机件剖开后画出的，事实上机件仍完整。因此，除剖视图按规定画法绘制外，其他视图仍应完整地画出。其他视图也可取剖视，且剖切互不影响。

2）剖切面的位置选择要得当。应使剖切面尽可能多地通过内部结构的轴线或对称平面且平行或垂直于投影面，以剖切出它的实形。

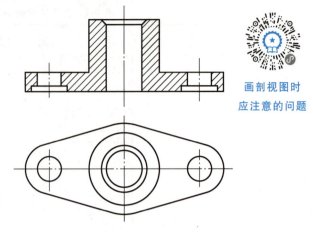

画剖视图时应注意的问题

图6-14 省略标注示例

3）画剖视图时，剖切面后方的所有可见轮廓线应全部用粗实线画出，不能遗漏。表6-2给出了几种易漏线的示例。

表6-2 剖视图中易漏线的示例

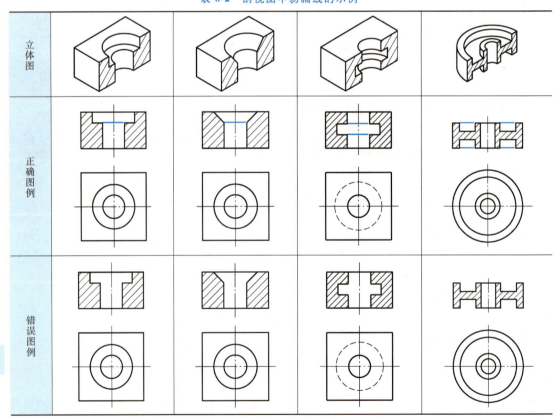

4）在剖视图中，当内部结构已表达清楚时，虚线可省略不画；但对没有表达清楚的结构，仍需要画出虚线，如图6-15所示。

5）同一机件的各个剖视图中，其剖面线必须方向一致、间隔相等。

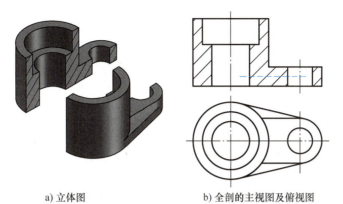

a) 立体图   b) 全剖的主视图及俯视图

交互模型

图 6-15 剖视图中画虚线示例

二、剖视图的种类

按照剖切面剖开机件范围的不同,剖视图可分为全剖视图、半剖视图和局部剖视图。

1. 全剖视图

用剖切面完全地剖开机件所得的剖视图,称为全剖视图。

全剖视图主要用于表达内部结构形状复杂的不对称机件,或外形简单的对称机件(图 6-14)。

[例 6-1] 根据机件的两视图,如图 6-16b 所示,完成主视图的全剖视图。

全剖视图

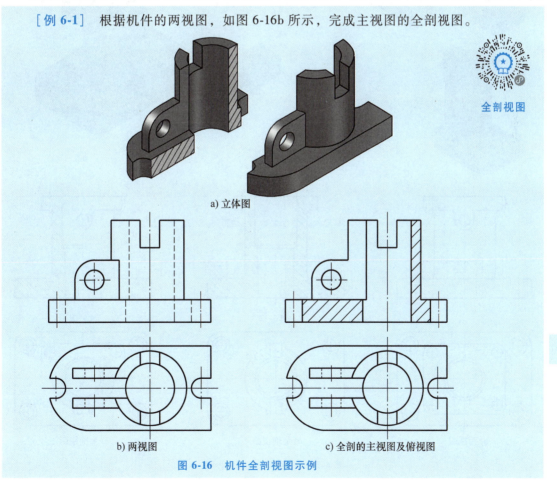

a) 立体图

b) 两视图   c) 全剖的主视图及俯视图

图 6-16 机件全剖视图示例

151

解 从图中可以看出，机件的外形比较简单，内部结构比较复杂，前后对称，左右不对称，如图 6-16a 所示。为了表达机件中间的通孔、槽和底板上的 U 形缺口，选用通过机件前后对称面的正平面作为剖切面，将机件全部切开，全剖视图如图 6-16c 所示。

2. 半剖视图

当机件具有对称平面时，用剖切面剖开机件的一半，向垂直于对称平面的投影面上投射所得的图形称为半剖视图。半剖视图以对称中心线为界，一半表达内部结构画成剖视图，另一半表达外形画成视图。

半剖视图主要用于内、外部形状均需表达的对称机件。如图 6-17b 所示的机件，前后、

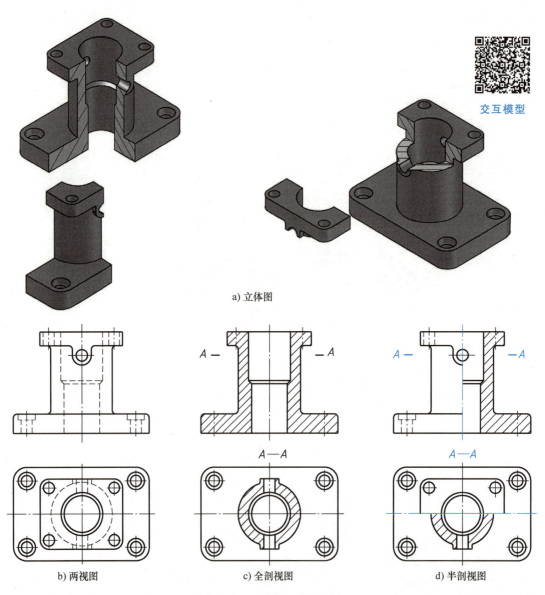

交互模型

a) 立体图

b) 两视图   c) 全剖视图   d) 半剖视图

图 6-17 机件半剖视图示例

左右对称，其内、外形状都很复杂，如图 6-17a 所示。如果主视图采用如图 6-17c 所示的全剖视图，会把支座前面的凸台剖去，外形表达则不够完整；如果俯视图采用如图 6-17c 所示的全剖视图，则长方形顶板及其四个小孔的形状和位置都不能表达。为了清楚地表达其内、外部形状，可采用如图 6-17d 所示的表达方法，将主视图和俯视图均画成半剖视图，主视图以左右中心线为界，俯视图以前后中心线为界。因机件左右对称，俯视图也可以左右中心线为界，一半画成视图，一半画成剖视图，其表达效果是一样的。

当机件的形状基本对称，且不对称部分已另有视图表达清楚时，也可画成半剖视图，如图 6-18 所示。

画半剖视图时应注意以下问题：

1）在半剖视图中，半个视图和半剖视图的分界线是对称中心线，应画成细点画线。一般情况下，图形左右对称时右边画剖视，图形前后（或上下）对称时下方画剖视。

2）在半剖视图中，机件的内部形状已在半剖视图中表达清楚的，在表达外形的半个视图中虚线一般省略。若机件的某些内形在剖视图中没表达清楚，则在表达外形的视图中用细虚线画出。如图 6-17d 所示，顶板和底板上的圆孔用细虚线画出（或采用局部剖视图表达）。

3）半剖视图的标注方法与全剖视图相同，如图 6-17d 所示。

4）半剖视图中，标注机件对称结构的尺寸时，其尺寸线应略超过对称中心线，并只在尺寸线的一端画箭头，尺寸数值为整体结构的大小，而不能标注一半，如图 6-19 所示。

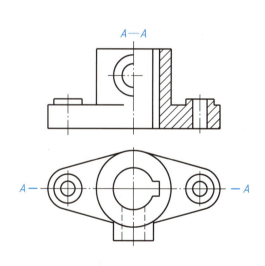

图 6-18 基本对称机件的半剖视图

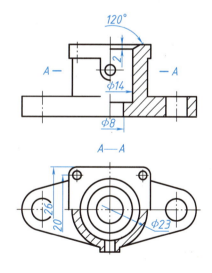

图 6-19 半剖视图中的尺寸标注示例

153

[例 6-2] 将如图 6-20b 所示机件的主视图改画为半剖视图。

解 分析：由主、俯视图可以看出，机件左右对称，内、外形状均比较复杂，如图 6-20a 所示。假想沿过内孔轴线的正平面（与左右对称面垂直）将机件剖开，以左右对称中心线为界，将主视图画成半剖视图，如图 6-20c 所示。

交互模型

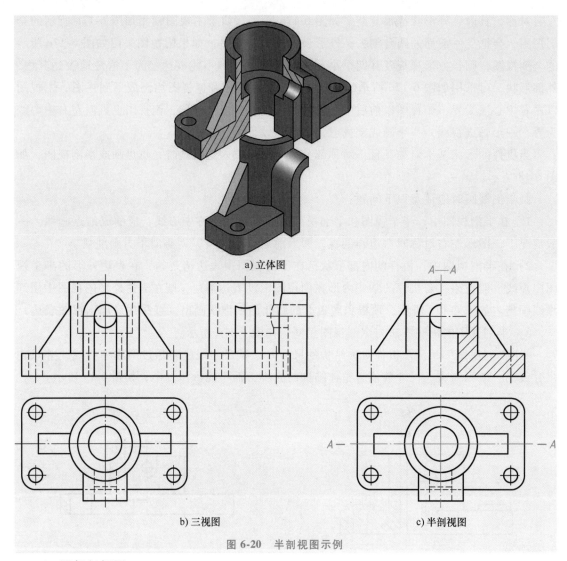

a) 立体图

b) 三视图

c) 半剖视图

图 6-20　半剖视图示例

3. 局部剖视图

用剖切面局部地剖开机件所得的剖视图，称为局部剖视图。这种表示法以波浪线为界，将一部分画成剖视图表达内形，另一部分画成视图表达外形，如图 6-21 所示。

如图 6-21a、b 所示的箱体，其主体是一内空的长方体，底板上有四个安装孔，顶部有一凸缘，左下有一轴承孔，上下、左右均不对称。为了使箱体的内部和外部结构都表达清楚，采用全剖视图和半剖视图均不合适，因而采用了局部剖视图，如图 6-21c 所示。

局部剖视图能同时表达机件内、外部形状，且不受剖切范围的限制，因此应用比较广泛。局部剖视图可应用于以下几种情况：

1）当机件的内、外部结构均需要表达，但又不适宜采用全剖或半剖视图时，常采用局部剖视图。

2）对于机件中局部的内部结构未表达清楚时，如图 6-17b 所示的顶板或底板上的四个小孔，则采用局部剖视图。

3）对于实体机件上的孔、槽、缺口等局部的内部形状，可采用局部剖视图来表达，如图 6-22 所示。

154

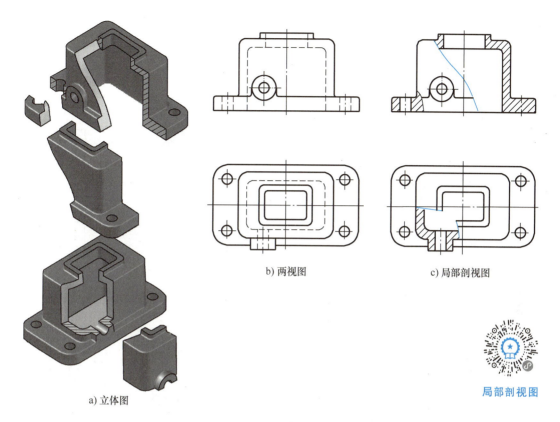

b) 两视图　　　　　　　　c) 局部剖视图

a) 立体图

局部剖视图

图 6-21　局部剖视图

4）当图形的对称中心线处有机件的轮廓线时，不宜采用半剖视图，应采用局部剖视图，如图 6-23 所示。

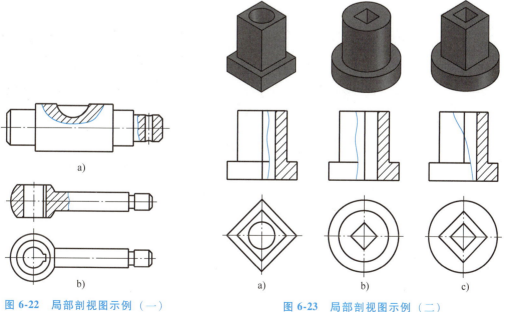

图 6-22　局部剖视图示例（一）

图 6-23　局部剖视图示例（二）

155

画局部剖视图时应注意以下问题：

1）局部剖视图以波浪线分界，波浪线应画在机件的实体部分，不能穿空而过，即遇通孔或槽时波浪线必须断开，如图 6-24 所示；波浪线也不能超出视图轮廓线，如图 6-25 所示。

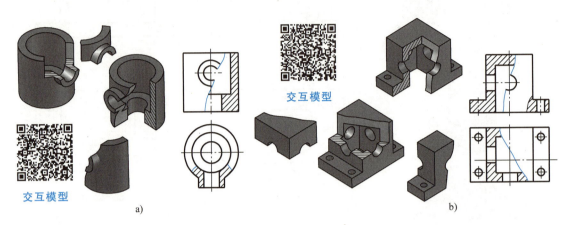

交互模型

交互模型

a)

b)

图 6-24　波浪线的正确画法

2）波浪线不能与视图中的轮廓线重合，也不能画在其延长线上，如图 6-26 所示。

3）当被剖结构为回转体时，允许将该回转体的轴线作为局部剖视与视图的分界线，如图 6-27 所示。

4）局部剖视图是一种比较灵活的表达方法，若运用得当，则可使图形简明、清晰。但在同一个视图中，局部剖视图的数量不宜过多，以免使图形过于破碎。

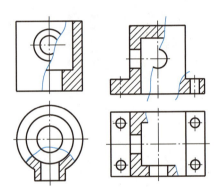

图 6-25　波浪线的错误画法（一）

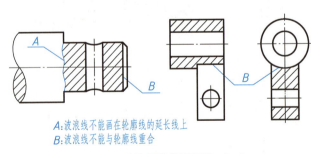

A：波浪线不能画在轮廓线的延长线上
B：波浪线不能与轮廓线重合

图 6-26　波浪线的错误画法（二）

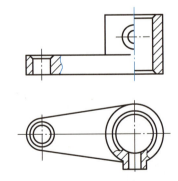

图 6-27　以轴线为分界线的局部剖视图

三、剖切面的分类及常用剖切方法

由于机件的形状千差万别，为了充分表达清楚机件的内部结构形状，国家标准规定可选择单一的剖切面、几个平行的剖切面、几个相交的剖切面剖开机件。一般用平面剖切机件，也可用柱面剖切机件。无论采用哪种剖切面剖开机件，均可画成全剖视图、半剖视图或局部剖视图。

1. 用单一剖切面剖切

（1）用平行于某一基本投影面的单一平面剖切 这是最常用的剖切方法，如前面所介绍的全剖视图、半剖视图和局部剖视图都是采用这种剖切方法获得的剖视图。

（2）用不平行于基本投影面的单一平面剖切 当机件上倾斜部分的内部结构形状需要表达时，先选择一个与该倾斜部分平行的辅助投影面，然后用一个平行于该投影面的平面剖切机件，并将剖切平面与辅助投影面之间的部分向辅助投影面进行投射得到剖视图。如图 6-28 所示的 B—B 剖视图，为了表达倾斜结构的孔及端面形状，则用正垂面剖切。

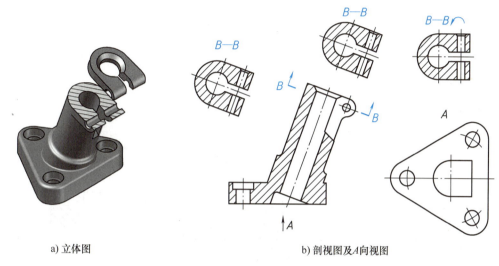

a) 立体图   b) 剖视图及A向视图

图 6-28 单一剖切面剖切示例

采用这种剖切方法画出的剖视图最好按投影关系配置，使之与原视图保持直接的投影关系，并且必须标注，如图 6-28b 中上方的 B—B 剖视图所示。必要时可以平移到其他位置，如图 6-28b 中左侧的 B—B 剖视图所示。在不致引起误解时，允许将图形旋转，旋转角应小于 90°，但旋转后的图名应在"×—×"后（或前）加旋转方向的符号（箭头方向为旋转方向，字母应靠近旋转符号的箭头端），其标注形式如图 6-28b 中右侧的 B—B ⌒ 斜剖视图所示。无论图形如何放置，图中所标字母一律水平书写。

2. 用几个互相平行的剖切面剖切

当机件上的内部结构较多，且它们的轴线不在同一平面内，即内部结构按层次分布相互不重叠时，可用几个互相平行的剖切面剖切，习惯上称为阶梯剖。

如图 6-29a 所示的机件有较多的孔，且轴线不在同一平面内，若采用局部剖视图，则图形会很零碎；若采用几个互相平行的剖切面剖切，则可获得较好的效果，如图 6-29b 所示的 A—A 剖视图即为采用这种剖切方法得到的全剖视图。

采用这种剖切方法画出的剖视图必须标注。各剖切平面相互连接而不重叠，其转折处必须是直角，这就要求转折符号应成直角且对齐，如图 6-29b 所示。当转折处位置有限又不会引起误解时，允许只画转折符号，省略字母。当按投影关系配置时，可省略箭头。

采用这种剖切方法画剖视图时应注意以下问题：

157

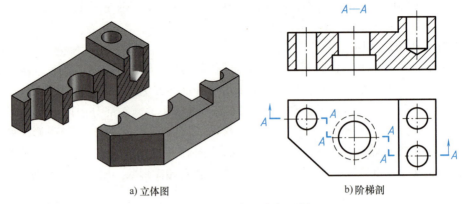

a) 立体图　　　　　　b) 阶梯剖

图 6-29　平行剖切面剖切示例

1）由于剖切是假想的，因此不应画出两剖切面转折处的分界线，如图 6-30a 所示。

2）剖切平面的转折处不应与图中的轮廓线重合，如图 6-30a 所示。

3）在剖视图中，不应出现不完整的结构要素，如图 6-30b 所示。

4）只有当两个要素在图形上具有公共对称中心线或轴线时，才能以对称中心线或轴线为界，各画一半，如图 6-30c 所示。

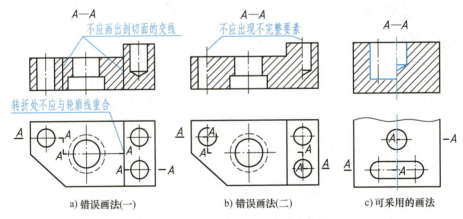

a) 错误画法(一)　　　　b) 错误画法(二)　　　　c) 可采用的画法

图 6-30　平行剖切面剖切的注意事项

3. 用几个相交的剖切面剖切（交线垂直于某一投影面）

用几个相交的剖切面（交线垂直于某一投影面）剖切机件的方法，习惯上称为旋转剖。

（1）用两个相交的剖切面剖切　当机件在整体上具有回转轴，且机件的内部结构形状用一个剖切平面剖切不能表达完全时，可用两个相交的剖切面剖开。如图 6-31a 所示的回转体结构，其径向分布不同结构的孔和槽，可用两个分别过不同孔、槽的中心且相交于机件回转中心的剖切平面剖开，如图 6-31b 所示的 A—A 剖视图。

采用这种剖切方法画剖视图时应注意以下问题：

1）两个剖切面的交线一般与机件的回转轴线重合。

2）倾斜的剖切面剖开的结构及其相关部分必须旋转到与选定的基本投影面平行，然后再进行投射，使剖视图既反映实形又便于画图。而处在剖切面之后的其他结构一般仍按原来位置投射。这里所指的其他结构是指位于剖切面后面、与所剖切的结构关系不甚密切的结

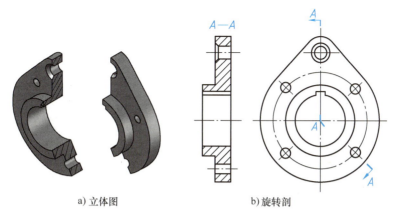

a) 立体图 　　　　　　　b) 旋转剖

图 6-31　相交剖切面剖切示例（一）

构，或一起旋转容易引起误解的结构，如图 6-32b 所示的 *A—A* 剖视图中，小油孔按原来位置作投影。

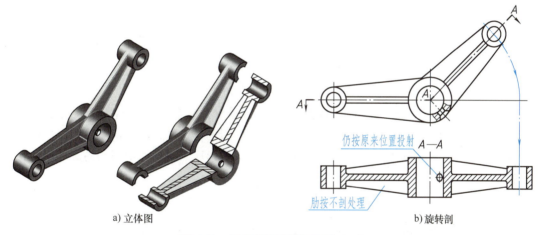

a) 立体图 　　　　　　　b) 旋转剖

图 6-32　相交剖切面剖切示例（二）

3）当剖切后产生不完整要素时，应将此部分按不剖绘制，如图 6-33 所示。

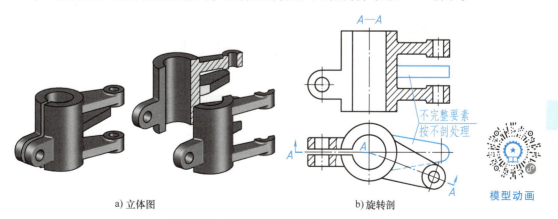

a) 立体图 　　　　　　　b) 旋转剖

模型动画

图 6-33　不完整要素的处理

159

4）采用这种画法必须进行标注。在剖切面的起、讫和转折处画出剖切符号，注写同一字母，并在起、讫处画出箭头表示投射方向，箭头与剖切符号垂直。在相应的剖视图上方用同一字母注写剖视图名称"×—×"。当转折处位置有限不便注写时，在不致引起误解时可省略字母，如图 6-34 所示。

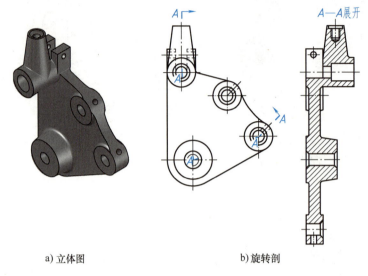

a）立体图　　　　　　　b）旋转剖

图 6-34　相交剖切面剖切示例（三）

（2）用两个以上相交的剖切面剖切　当机件的形状比较复杂，用前述的几种剖切面不能表达完全时，可以用两个以上相交的剖切平面和柱面剖切机件，这些剖切面可以平行或倾斜于某一投影面，但同时垂直于另一投影面。倾斜于投影面的剖切面剖切到的部分必须先旋转再投射，如图 6-35 所示。

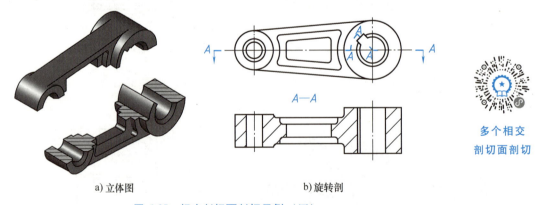

a）立体图　　　　　　　b）旋转剖

多个相交
剖切面剖切

160

图 6-35　相交剖切面剖切示例（四）

采用几个相交的剖切面剖开机件时，需把几个剖切平面展开成同某一基本投影面平行后投射，这称为展开画法，此时剖视图应标注"×—×展开"，如图 6-34 所示。

可将几种剖切面组合起来使用，这种剖切方法习惯上称为复合剖。

以上分别叙述了国家标准规定的三种剖视图和三种剖切面，在实际应用中，剖视图和剖切面应根据机件的结构形状和表达的需要来确定。

第三节　断　面　图

一、断面图的概念

断面图是用来表达机件某部分断面结构形状的图形。假想用剖切面将机件的某处切断，仅画出该剖切面与机件接触部分的图形，该图形称为断面图，简称为断面，如图 6-36 所示。画断面图时，应将断面绕剖切符号旋转 90°后重合在图面上，并在断面上画出剖面线。

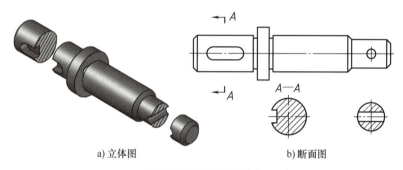

a) 立体图　　　　　　　　　　　　　　b) 断面图

图 6-36　断面图的概念

断面图与剖视图的区别：断面图只画出机件的断面形状；而剖视图则是将机件处在观察者与剖切面之间的部分移去后，除了断面形状以外，还要画出机件留下部分的投影，如图 6-37c 所示。

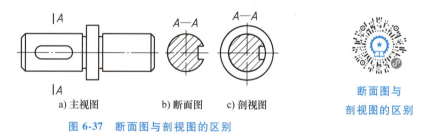

a) 主视图　　　　b) 断面图　　　　c) 剖视图

断面图与
剖视图的区别

图 6-37　断面图与剖视图的区别

断面图常用来表达机件上某些局部结构的断面形状，如轴上的键槽和小孔、肋板、轮辐及型材的断面等，剖切面一般垂直于机件的主要轮廓线或轴线。

二、断面图的种类及画法

根据断面图配置的位置不同，可将断面图分为移出断面图（或称为移出断面）和重合断面图（或称为重合断面）两种。

1. 移出断面图

画在视图外部的断面图称为移出断面图。

（1）移出断面图的画法

1）移出断面图的轮廓线用粗实线绘制，移出断面图应尽量配置在剖切符号或剖切线的延长线上，如图 6-38 所示；由两个或多个相交的剖切面剖切机件时，得出的移出断面图中间应以波浪线断开，如图 6-39 所示。

161

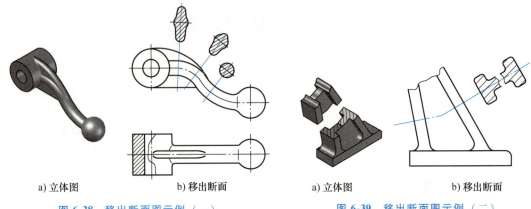

a) 立体图   b) 移出断面   a) 立体图   b) 移出断面

图 6-38   移出断面图示例（一）   图 6-39   移出断面图示例（二）

2）当断面图形对称时，也可将其画在视图的中断处，如图 6-40 所示。

3）必要时，可以将移出断面配置在其他适当位置，如图 6-36b 所示。在不致引起误解时，允许将移出断面旋转，但要标注清楚，如图 6-41 所示。

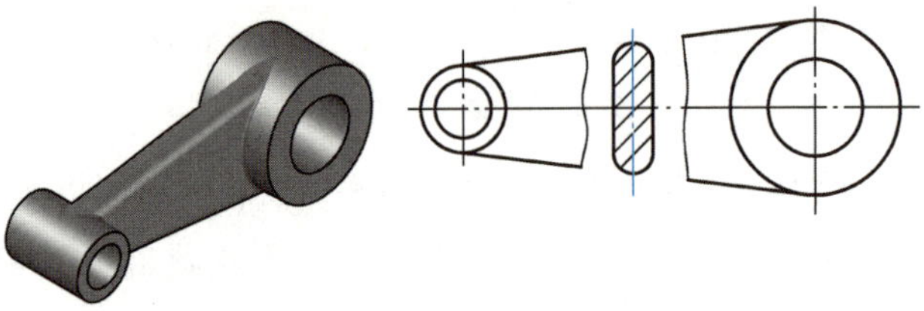

a) 立体图   b) 移出断面

图 6-40   移出断面图示例（三）

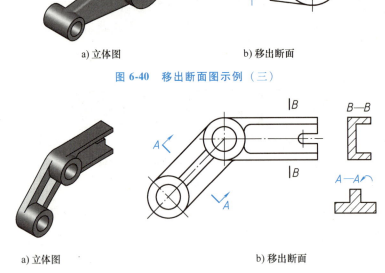

a) 立体图   b) 移出断面

图 6-41   移出断面图示例（四）

（2）移出断面图画法的特殊规定

1）当剖切面通过回转面形成的孔、凹坑的轴线时，这些结构应按剖视绘制，如图 6-42 所示。

2）当剖切平面通过非回转结构，并且剖切后会出现完全分离的两个剖面时，这些结构也应按剖视绘制，如图 6-43 所示。

（3）移出断面图的标注   移出断面图的标注与剖视图相同，一般用剖切符号表示剖切位置，用箭头指明投射方向，并注上字母。在断面图的上方用同样的字母标出断面图的名称

断面图画法的规定

"×—×"，如图 6-36 所示的 A—A 断面图。

以下情况可部分或全部省略标注：

1）移出断面图形对称，且配置在剖切符号延长线上（图 6-38）或视图中断处（图 6-40）时，均可省略标注。

2）移出断面图形不对称，但配置在剖切符号延长线上时，可省略字母，如图 6-42 所示。

3）移出断面图形无论是否对称，只要按投影关系配置，均可省略箭头，如图 6-37、图 6-41 所示。

4）移出断面图形对称，若不配置在剖切符号延长线上时，可省略箭头，如图 6-42 所示的 A—A 断面图。

2. 重合断面图

在不影响图形清晰度的条件下，断面图也可按投影关系画在视图内。画在视图内部的断面图称为重合断面图，如图 6-44 所示。这种断面图绕剖切线旋转，使它重叠在视图上，故称为重合断面图。

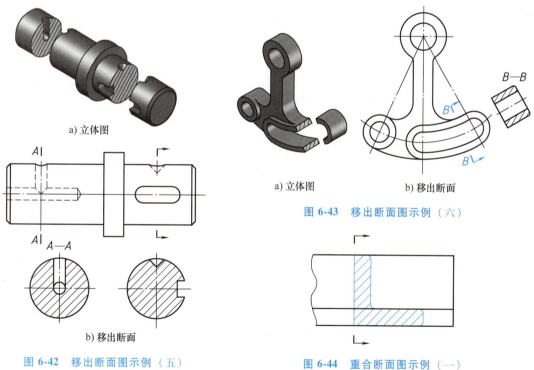

a) 立体图

b) 移出断面

图 6-42　移出断面图示例（五）

a) 立体图　　b) 移出断面

图 6-43　移出断面图示例（六）

图 6-44　重合断面图示例（一）

（1）重合断面图的画法　重合断面图的轮廓线用细实线绘制，当重合断面与视图中的轮廓线重叠时，视图中的轮廓线仍应连续画出，不可间断，如图 6-44、图 6-45 所示。

（2）重合断面图的标注　重合断面图形不对称时，必须画出剖切符号和投射方向，如图 6-44 所示；若图形对称，则省略标注，如图 6-45、图 6-46 所示。

重合断面图一般用于断面形状较简单的情况。

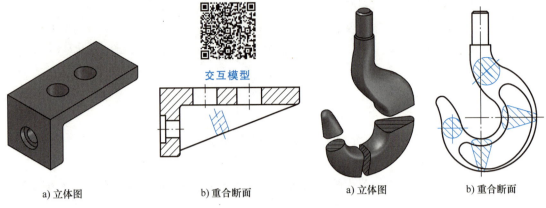

a) 立体图　　　　　b) 重合断面　　　　　　　a) 立体图　　　　　b) 重合断面

图 6-45　重合断面图示例（二）　　　　图 6-46　重合断面图示例（三）

第四节　其他表达方法

为了使作图简便、图样清晰，除了前面所介绍的表达方法外，国家标准还规定了局部放大图、规定画法和简化画法等其他表达方法。

一、局部放大图

当机件上某些细小结构在原图中表达不清楚，或不便于标注尺寸时，可将这些结构用大于原图形的比例单独画出。这种将机件的部分结构用大于原图形所采用的比例画出的图形，称为局部放大图，如图 6-47 所示。

局部放大图可画成视图、剖视图、断面图，它与被放大部分的表达方式无关。局部放大图应尽量配置在被放大部位的附近。局部放大图一般采用局部视图或局部剖视图，被放大部分与整体的断裂处一般用波浪线分隔，如图 6-47 所示。

画局部放大图时，应在原图上用细实线圆圈出被放大的部位。当机件上仅一处被放大时，在局部放大图的上方只需注明所采用的比例；若同一机件上有几处被放大部位时，需用罗马数字依次标明被放大部位，并在局部放大图的上方标注出相应的罗马数字和所采用的比例；罗马数字与比例之间用细实线画一横线，如图 6-47 所示。

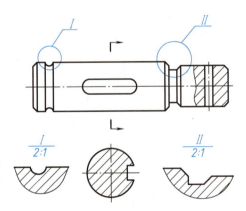

图 6-47　局部放大图示例（一）

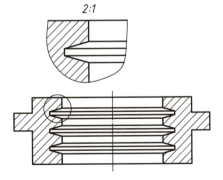

图 6-48　局部放大图示例（二）

若同一机件上不同部位的局部放大图相同或对称时，只需画出一个局部放大图。如果局部放大图上有剖面区域出现，那么剖面符号要与机件被放大部位的剖面符号相同，即图形按比例放大，剖面线的间距仍必须与原图保持一致，如图 6-48 所示。

二、剖视图中的规定画法

1. 肋板和轮辐在剖视图中的画法

对于机件上的肋板、轮辐及薄壁等结构，若是纵向剖切（剖切面通过其厚度的基本轴线或对称平面），则这些结构在剖视图上都按不剖处理（不画剖面符号），而用粗实线将它与其邻接部分分开，如图6-49、图6-50所示。

肋板的规定画法

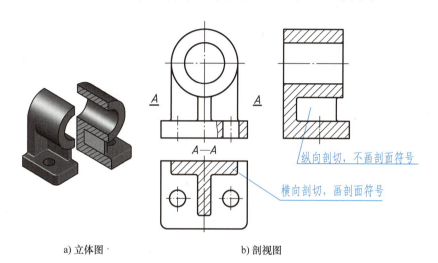

纵向剖切，不画剖面符号

横向剖切，画剖面符号

a) 立体图　　　　　　　　　　b) 剖视图

图 6-49　肋板在剖视图中的画法

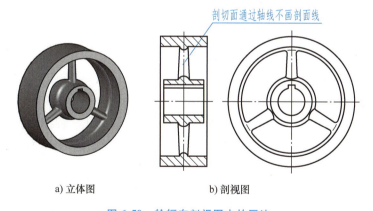

剖切面通过轴线不画剖面线

a) 立体图　　　　　　　　　　b) 剖视图

图 6-50　轮辐在剖视图中的画法

当剖切面横向剖切肋板、轮辐及薄壁等结构时，要在剖视图上画出剖面线，如图6-49所示的 A—A。

2. 回转体上均匀分布的肋板、孔、轮辐等结构在剖视图中的画法

在剖视图中，当回转体机件上呈辐射状均匀分布的肋板、孔、轮辐等结构不处于剖切面的位置时，可假想将这些结构旋转到剖切面的位置，再按剖开后的形状画出，而不加任何标注，如图6-51所示。如图6-51b、图6-51d所示的主视图，小孔采用了简化画法，即只画出一个孔的投影，其余的孔只画中心线表示位置。

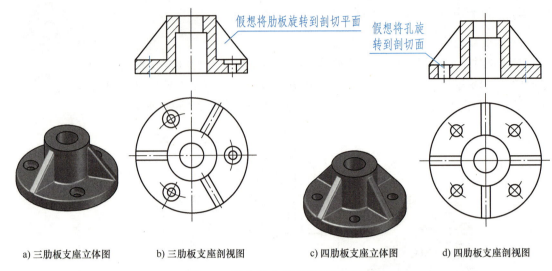

a) 三肋板支座立体图　　b) 三肋板支座剖视图　　　c) 四肋板支座立体图　　d) 四肋板支座剖视图

图 6-51　均匀分布的肋板和孔的画法

三、简化画法

简化画法是在不妨碍将机件的形状和结构表达完整、清晰的前提下，力求制图简便、读图方便而采用的方法，以减少绘图工作量，提高设计效率及图样的清晰度。国家标准规定了若干简化画法，下面只介绍以下常用的几种：

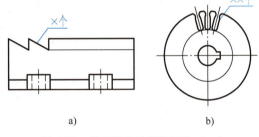

图 6-52　相同要素的简化画法（一）

1）当机件上具有若干相同结构（如齿、槽等），并按一定规律分布时，只需画出几个完整的结构，其余用细实线连接表示其范围，并在图样中注明该结构的总数，如图 6-52 所示。

2）当机件上具有若干直径相同且成规律分布的孔（如圆孔、螺纹孔、沉孔等）时，可以只画出一个或几个，其余用细点画线表示出中心位置，并在图样中注明孔的总数，如图 6-53 所示。

3）在不致引起误解时，剖视图、断面图中可省略剖面符号，如图 6-54 所示。

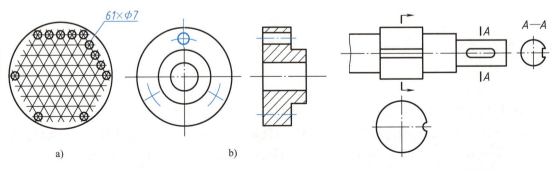

a)　　　　　　　　　　b)

图 6-53　相同要素的简化画法（二）　　　　图 6-54　断面图的简化画法

4）当图形不能充分表达平面时，可用平面符号（相交的两条细实线）表示，如图 6-55 所示。这种表示法常用于较小的平面，外部平面与内部平面的表示符号相同。

a)　　　　　　　　　　　　　　　　　b)

图 6-55　平面的简化画法

5）法兰上均匀分布的孔可按图 6-56 所示的方法表示（由机件外向法兰端面方向投射）。

6）在不致引起误解时，对于对称机件的视图可画一半或四分之一，并在对称中心线的两端画出两条与其垂直的平行细实线，如图 6-57 所示。

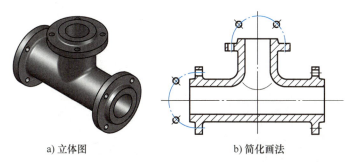

a) 立体图　　　　　　　　　　　b) 简化画法

图 6-56　法兰上孔的简化画法

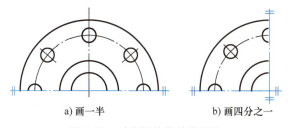

a) 画一半　　　　　　　　　　b) 画四分之一

图 6-57　对称机件的简化画法

7）较长的机件（如轴、杆、型材及连杆等），当其沿长度方向形状一致或按一定规律变化时，可断开后缩短绘制，但要标注实际尺寸，如图 6-58 所示。

8）在不致引起误解时，截交线允许用轮廓线代替，相贯线允许用直线代替，如图 6-59 所示。

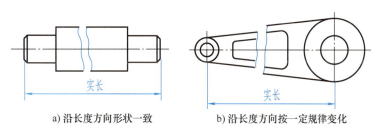

a) 沿长度方向形状一致　　　　　　b) 沿长度方向按一定规律变化

图 6-58　长度方向简化画法

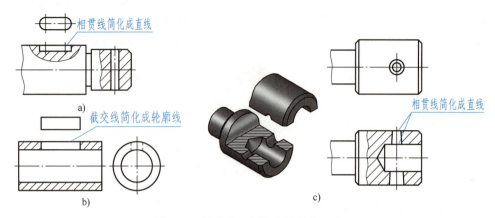

图 6-59　截交线、相贯线的简化画法

9）与投影面倾斜角小于或等于30°的圆或圆弧，其投影可用圆或圆弧代替投影的椭圆，如图 6-60 所示。

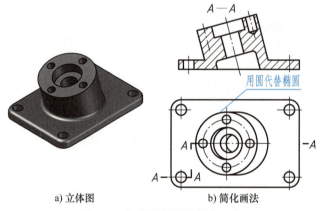

a) 立体图　　　　　　　　b) 简化画法

图 6-60　倾斜圆投影的简化画法

10）机件上斜度不大的结构，若在一个视图中已表达清楚，则其他视图可按小端画出，如图 6-61 所示。

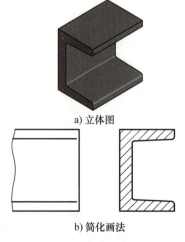

a) 立体图

b) 简化画法

图 6-61　小斜度的简化画法

第五节　表达方法的综合应用举例

前面介绍了机件常用的各种表达方法。对于每一个机件，都有多种表达方案。当表达一个机件时，应根据机件的具体结构形状进行具体分析，通过方案比较，逐步优化，筛选出最佳表达方案。确定表达方案的原则：在正确、完整、清晰地表达机件各部分结构形状的前提下，力求视图数量恰当、绘图简单、读图方便。

[例 6-3]　根据图 6-62b 所示轴承支架的三视图，想象出它的形状，用适当的表达方案表达清楚轴承支架的结构。

解　分析与作图：

1）想象轴承支架的形状。根据图 6-62b 所示三视图的投影关系可以看出，支架前后对称，由三部分组成，即圆筒、有四个通孔的倾斜底板、连接圆筒与底板的十字形肋板，如图 6-62a 所示。

2）选择适当的表达方案。如图 6-62b 所示，用三视图来表达轴承支架显然是不合适的，需重新考虑表达方案。根据轴承支架的结构特点，采用了如图 6-62c 所示的表达方案。

轴承支架的表达

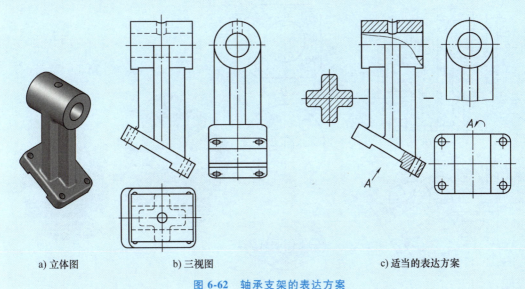

a) 立体图　　　　　b) 三视图　　　　　c) 适当的表达方案

图 6-62　轴承支架的表达方案

主视图的投射方向不变，可反映轴承支架在机器中的工作位置。主视图采用两处局部剖视，既表达了肋板、圆筒和底板的外部结构形状及相互位置关系，又表达了圆筒内孔、加油孔及底板上四个小孔的形状；左视图为局部视图，表达圆筒与十字形肋板的连接关系和相对位置；倾斜底板采用 A 向斜视图，表达实形及四个孔的分布情况；移出断面表达十字形肋板的断面实形。该方案不仅把轴承支架内、外结构表达得完整、清楚，且作图简便。

[例 6-4]　根据如图 6-63b 所示四通管的三视图，想象出它的形状，并用适当的表达方法重新画出四通管。

169

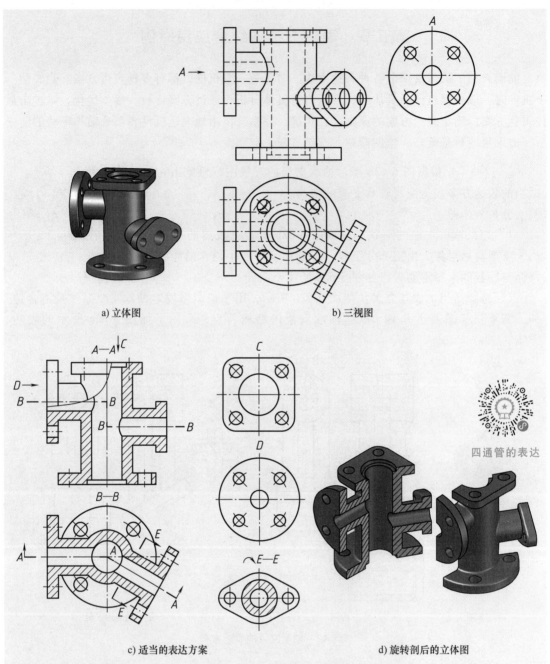

a) 立体图

b) 三视图

c) 适当的表达方案

d) 旋转剖后的立体图

图 6-63 四通管的表达方案

四通管的表达

解 分析与作图：

1）想象四通管的形状。根据图 6-63b 所示三视图的投影关系可以看出，该机件可分为直立圆筒、侧垂圆筒和斜置圆筒三部分，各圆筒端部法兰盘的形状共有三种。四通管上下、前后、左右均不对称，如图 6-63a 所示。

2）选择适当的表达方案。根据四通管的结构特点，采用了图 6-63c 所示的表达方案。剖切后四通管的内部形状可参考如图 6-63d 所示的立体图。

　　主视图采用了两个相交的剖切平面剖切得到 A—A 局部剖视图，既保留了圆筒的外形，又充分表达了内部三孔的连通关系及相对位置；为了补充表达三个圆筒的位置关系，俯视图采用两个互相平行的剖切平面剖切得到 B—B 全剖视图，同时表达了底部法兰的形状及孔的分布情况；顶端及左端法兰的形状及其上小孔的位置，通过 C、D 局部视图分别表达；斜置圆筒的形状及端部法兰的形状是通过 E—E 剖视图来表达的。

　　同一个机件可以有多个表达方案，每个方案都有其优缺点，很难说哪个对哪个错，正确、灵活地运用各种表达方法，反复比较，才能使机件表达方案完整、清晰、简便。

第六节　第三角画法简介

　　根据国家标准规定，我国采用第一角画法，因此前述各章均以第一分角来阐述投影的问题。但有些国家（如美国、加拿大、日本等）则采用第三角画法。为了更好地进行对外技术交流，我们应该了解第三角画法。现对第三角画法做简单介绍。

　　两个互相垂直的投影面 V 面和 H 面，把空间分成四个分角 Ⅰ、Ⅱ、Ⅲ、Ⅳ，如图 6-64 所示。前面所讲的第一角画法，是将物体置于第一分角内，即物体处于观察者与投影面之间，保持人—物—图的关系进行投射，如图 6-65 所示；第三角画法，是将物体置于第三分角内，即投影面处于观察者与物体之间，保持人—图—物的关系进行投射，如图 6-66a 所示。由前向后的投射所得视图称为主视图（在 V 面上），由上向下投射所得的视图称为俯视图（在 H 面上），由右向左投射所得的视图称为右视图（在 W 面上）。投影面的展开过程：主视图处于 V 面不动，

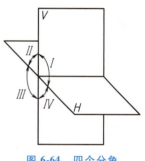

图6-64　四个分角

分别把 H 面、W 面绕它们与 V 面的交线旋转，与 V 面展开成一个平面。其中俯视图位于主视图上方，右视图位于主视图右侧，如图 6-66b 所示。

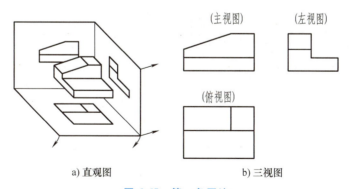

a) 直观图　　　　　　　　　　b) 三视图

图6-65　第一角画法

　　与我国机械制图标准一样，出于表达形式多样的机件的需要，第三角画法也有六个基本视图，其配置如图 6-67 所示。

　　在国际标准中规定，可以采用第一角画法，也可采用第三角画法。为了区别两种画法，规定在标题栏内（或外）用标志符号表示，如图 6-68 所示。采用第三角画法时，必须在图样中画出第三角画法的投影识别符号；采用第一角画法时，必要时也应画出其投影识别符

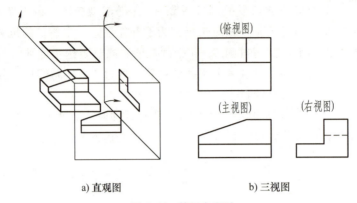

a) 直观图   b) 三视图

图 6-66   第三角画法

号。读图时应首先对此加以注意,方可避免出错。如图 6-69 所示的机件,只有在搞清楚该图是采用第一角画法,还是采用第三角画法后,才能确切知道小孔是在左边还是在右边。

第一角画法和第三角画法在投影图中反映的空间方位也不相同。第一角画法中,靠近主视图的一方是物体的后方;第三角画法中,靠近主视图的一方则是物体的前方。

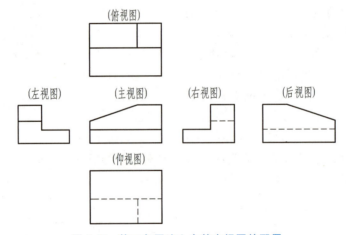

图 6-67   第三角画法六个基本视图的配置

a) 第一角画法   b) 第三角画法

图 6-68   第一、三角画法的投影识别符号

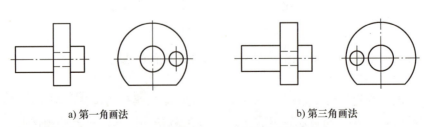

a) 第一角画法   b) 第三角画法

图 6-69   机件在第一、三角画法中的视图

机件的表达

　　根据机件的形状特点，选择一组合适的表达方案对零件的形状进行精确表达。图样作为工程语言，其表达首先考虑的是读图方便、绘图简便（详见 GB/T 16675.1—2012），有效实现读图和画图双方对工程信息的理解和交流；其次，图样的表达方法是多样的，没有最好，只有更好。

本 章 小 结

　　本章介绍了国家标准规定的一些机件常用的表达方法，包括视图、剖视图、断面图、局部放大图、规定画法和简化画法。机件的结构形状多种多样，必须掌握机件各种表达方法的特点、画法、图形配置和标注方法，以便根据机件结构特点，灵活运用适当的表达方法，既要完整、清晰地表达机件内外结构的形状，又要力求画图简便。

　　通过本章的学习，学生在表达工程形体时会更为方便、清晰、简洁，为工程图样的绘制和阅读奠定了基础。

思 考 题

1. 试归纳各种视图的形成过程、画法、配置、标注方法和应用场合。
2. 全剖视图、半剖视图、局部剖视图各适用于哪些情况？作图时要注意什么？
3. 剖切面有哪些种类？应如何选择？应如何标注？
4. 对于物体上的肋板、轮辐、薄壁等结构，画剖视图时应注意什么？
5. 断面图适用于什么情况？画图时有哪些规定？标注时有哪些特殊之处？
6. 什么情况下可以使用简化画法？
7. 表达一个机件应考虑哪些问题？

第七章 计算机绘图

	知识目标	1. 了解AutoCAD 2021二维图形的操作界面
		2. 掌握常用绘图命令、编辑命令及辅助命令的使用
		3. 正确设置绘图环境、图层、文本及尺寸样式
		4. 掌握CAD文件的管理
第七章	能力目标	1. 会进行CAD绘图软件的基本操作
		2. 运用AutoCAD绘制平面图形及二维工程图
		3. 能输出CAD图形
	价值目标	1. 以国产绘图软件研发培养学生的历史使命感和社会责任感
		2. 熟练使用现代化绘图工具，做时代精神的弘扬者和创新的实践者

AutoCAD（Autodesk Computer Aided Design）是美国 Autodesk（欧特克）公司于 1982 年推出的交互式绘图系统，具有良好的用户界面，通过交互菜单或命令行方式便可以进行各种操作，使用方便，易于掌握，在机械、电子、建筑、服装等领域得到了广泛应用。AutoCAD软件几乎每年都会推出新版本，新版本除了优化操作界面、提升软件功能外，其基本命令、图标菜单、绘图的思路和操作方法是基本相同的。在 AutoCAD 2015 版本之后，界面变化不大，可选择适当的版本参考学习。本书以较新版本的 AutoCAD 2021 为例，简要介绍运用 AutoCAD 软件绘制工程图样的方法，以及国家标准《机械工程 CAD 制图规则》（GB/T 14665—2012）的相关内容。

第一节 AutoCAD 2021 绘图基础

在 Windows 环境中，AutoCAD 安装完成后，直接在桌面上 AutoCAD 的快捷方式图标上双击，打开 AutoCAD 应用程序。

一、界面简介

界面是用户与计算机进行交互对话的接口，AutoCAD 2021 的操作主要是通过用户界面来进行的。启动 AutoCAD 2021 后，便进入 AutoCAD 2021 的"草图与注释"工作空间用户界面，如图 7-1 所示，该界面主要由以下几部分组成。

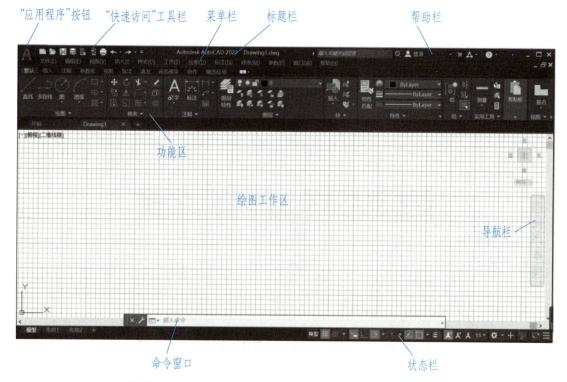

图 7-1　AutoCAD 2021 的"草图与注释"工作空间用户界面

1. "应用程序"按钮

"应用程序"按钮 位于工作界面左上角，单击此按钮将弹出应用程序菜单，如图 7-2 所示，通过该菜单中的工具可进行文件管理操作。

图 7-2　AutoCAD 2021 应用程序菜单

2. "快速访问"工具栏

"快速访问"工具栏位于"应用程序"按钮  的右侧，将光标移至某一图标按钮上时，系统即可显示相应的命令，单击某一图标按钮，即可使系统执行相应命令，如图 7-3 所示。

图 7-3 "快速访问"工具栏

3. 标题栏

标题栏在"快速访问"工具栏的右侧，如图 7-4 所示。标题栏中显示 AutoCAD 版本和当前图形文件名称。

图 7-4 标题栏

4. 帮助栏

帮助栏在标题栏右侧，如图 7-5 所示。用户在帮助栏的文本框里输入要查找的内容后，可以进行快速搜索，或者单击 ? 按钮进入"帮助"界面进行查找。

图 7-5 帮助栏

5. 菜单栏

菜单栏位于"快速访问"工具栏下方，AutoCAD 2021 中，菜单栏默认隐藏。单击"快速访问"工具栏右侧的倒三角图标 ，并选择"显示菜单栏"选项，即可打开菜单栏，如图 7-6 所示。

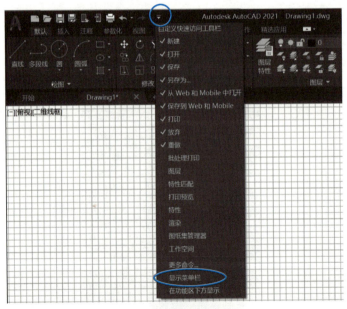

图 7-6 "显示菜单栏"操作

AutoCAD 的标准菜单包括 12 个下拉菜单。这些菜单包含了通常情况下控制 AutoCAD 运行的功能和命令，如图 7-7 所示。

| 文件(F) | 编辑(E) | 视图(V) | 插入(I) | 格式(O) | 工具(T) | 绘图(D) | 标注(N) | 修改(M) | 参数(P) | 窗口(W) | 帮助(H) |

图 7-7　菜单栏

6. 功能区

功能区在默认状态下位于"快速访问"工具栏的下方。在显示菜单栏时，功能区位于菜单栏下方，如图 7-8 所示。系统提供"默认"选项卡，将常用的命令集成在"默认"选项卡中。不同类型的命令分布于不同的面板中，如"绘图"面板、"修改"面板、"注释"面板等，用户利用它们可以完成绝大部分的绘图工作。功能区关闭后，选择菜单栏中的"工具"→"选项板"→"功能区"命令可以再打开功能区。功能区可以通过四种不同的方式显示，单击图 7-8 所示的三角按钮，可切换显示方式。

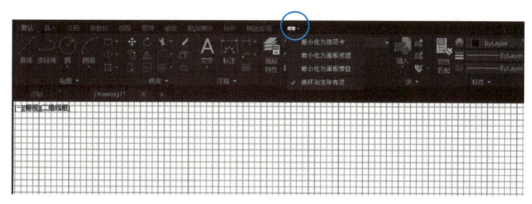

图 7-8　功能区及显示方式操作

7. 绘图工作区

绘图工作区位于主界面的中间区域，它是显示和绘制图形的区域，如图 7-1 所示。绘图工作区的左上角是控件组，[-][俯视][二维线框] 分别为视口控件、视觉控件和视觉样式控件，为用户观察图形提供了多样化的选择；左下角是系统的坐标原点，水平向右为 X 轴的正方向，竖直向上为 Y 轴的正方向。

8. 命令窗口

命令窗口位于主界面的底部，是输入命令和显示命令的区域。在进入主界面时，有时命令窗口是浮动的，这时可将光标放在命令窗口左侧，按住鼠标左键不松手，将其拖动到主界面的下方后再松开鼠标左键，即可将命令窗口固定在界面底部，如图 7-1 所示。

用户可以调整命令窗口的大小，也可以通过选择菜单栏中的"工具"→"命令行"或按〈Ctrl+9〉键设置命令窗口的显示或关闭。

9. 状态栏

状态栏位于主界面的最底部。状态栏提供了若干辅助绘图工具，有开/关两种状态，亮色是打开，如图 7-9 所示。这些工具包括"栅格""捕捉模式""正交模式""极轴追踪""对象捕捉追踪""二维对象捕捉""线宽"和"切换工作空间"等。单击某一图标即可切

图7-9　状态栏

换开/关状态，光标悬停在某一图标上，系统即可显示其功能及状态。单击状态栏最右侧的"自定义"按钮 ≡，可以打开状态栏快捷菜单，如图7-10所示。该菜单包含了状态栏的所有控制命令，在相应选项前面单击√，即可使其显示在状态栏中。

10. 导航栏

导航栏位于绘图工作区的右侧，如图7-11所示，用于控制图形的缩放、平移、回放和动态观察等。单击绘图工作区的视口控件按钮，在下拉菜单中对导航栏设定显示/隐藏状态，如图7-12所示。

图7-10　状态栏快捷菜单

图7-11　导航栏

图7-12　导航栏的设定

二、命令输入方式

AutoCAD中可以使用的命令输入方式包括：单击功能区按钮、选择下拉菜单、单击工具栏按钮、键盘输入命令、在快捷菜单中选取及按功能键和快捷键。

1. 单击功能区按钮

将光标悬停在功能区所选的命令图标上，系统即可显示该命令的名称及执行命令的操作指导。图标按钮是AutoCAD命令的触发器，单击图标按钮后调用命令，下方命令窗口则提示需进一步输入相应参数，这种方式更直观、快速、便捷。

2. 选择下拉菜单

一般命令都包含在菜单栏的选项中，可通过菜单栏的下拉菜单输入命令，单击下拉菜单的某个条目即启动命令和控制操作。

当下拉菜单的条目后有"…"时，表示将出现对话框；有">"时，表示还有子菜单。

3. 单击工具栏按钮

选择菜单栏中的"工具"→"工具栏"→"AutoCAD"选项的任一命令，如图7-13所示，打开其工具栏，图7-14所示为绘图工具栏。单击工具栏图标按钮后调用命令，与单击功能区按钮的操作相同。

图 7-13　选择工具栏

图 7-14　绘图工具栏

4. 键盘输入命令

当命令行提示区出现如图7-15所示的"键入命令"提示时，可直接从键盘输入命令，按〈Enter〉键或〈Spacebar〉键确认所需执行的命令。用键盘输入命令时，需要用户在使用过程中牢记命令的英文。

图 7-15　在命令行键入命令

5. 在快捷菜单中选取

右击后，在弹出的快捷菜单中选取需要执行的命令，即可实现相应操作。可以通过"工具"→"选项"→"用户系统配置选项卡"来设置是否使用快捷菜单。

6. 按功能键和快捷键

功能键和快捷键是最简单、快捷的命令调用方式，常用的功能键和快捷键见表7-1和表7-2。

表 7-1 常用的功能键

功能键	功能	功能键	功能
〈F1〉	显示帮助	〈F9〉	栅格捕捉模式开/关
〈F2〉	显示展开的命令历史记录	〈F10〉	极轴追踪模式开/关
〈F3〉	对象捕捉开/关	〈F11〉	对象捕捉追踪模式开/关
〈F5〉	等轴测图平面切换	〈F12〉	动态输入模式开/关
〈F6〉	动态 UCS 开/关	〈Esc〉	取消某一操作或退出当前命令
〈F7〉	栅格显示开/关	〈Enter〉	重复上一个命令
〈F8〉	正交模式开/关	〈Delete〉	删除选中的对象

注：〈F8〉键与〈F10〉键功能相互排斥，打开一个将关闭另外一个。

表 7-2 常用的快捷键

快捷键	功能	快捷键	功能
〈Ctrl+N〉	新建文件	〈Ctrl+Y〉	重复撤销操作
〈Ctrl+O〉	打开文件	〈Ctrl+X〉	剪切
〈Ctrl+S〉	保存文件	〈Ctrl+C〉	复制
〈Ctrl+Shift+S〉	另存文件	〈Ctrl+V〉	粘贴
〈Ctrl+P〉	打印文件	〈Ctrl+J〉	重复上一个操作
〈Ctrl+A〉	选择全部图线	〈Ctrl+Q〉	退出 AutoCAD
〈Ctrl+Z〉	撤销上一步操作	〈Ctrl+1〉	打开对象特性管理器

输入命令后，系统不能自动绘制图形，用户需要根据命令窗口的提示，了解该命令的设置模式，直接进行相应的操作完成绘图。若在提示中出现中括号（中括号内的选项称为可选项），要使用该选项，则可直接单击选项，或者使用键盘输入选项后小括号内的字母，按〈Enter〉键完成选择；若提示内容中出现尖括号，尖括号中的选项为默认选项，直接按〈Enter〉键即可执行该选项。

三、鼠标的基本操作

1. 鼠标左键

鼠标左键是拾取键，单击左键可以选择命令、菜单项、绘图，也可以指定屏幕上的点、选择对象、确定位置和位移量。双击左键可在弹出的"特性"对话框中修改其特性；间隔双击左键，用于对文件或层进行重命名。

用鼠标在绘图区窗选对象时，单击鼠标左键并释放，然后沿对角移动到另外一点单击鼠标左键并释放，即创建了一个矩形选窗。若第二角点在第一角点的右侧，则矩形选窗区域为蓝色，只有完全被选窗包含的对象将被选中：若第二角点在第一角点的左侧，矩形选窗内部为绿色，此时凡被选窗包含或与选窗相交的对象均被选中。如果按住鼠标左键不放，沿对角线拖动鼠标，则选窗为不规则区域，选择对象的效果与矩形选窗类似。

2. 鼠标右键

鼠标右键用于显示快捷菜单，单击右键可弹出快捷菜单、结束命令等。按住〈Shift〉键后单击鼠标右键，将显示"对象捕捉"快捷菜单。

3. 鼠标滚轮

滚动滚轮可缩小或放大视图；按住滚轮并拖动鼠标，可沿任意方向平移视图；双击滚轮，可将所绘制的图形全部显示在屏幕上。

四、点的输入方式

在 AutoCAD 作图过程中，用户生成的多数图形都由点、直线、圆弧、圆和文本等组成。所有这些对象都要求输入点的坐标以指定它们的位置、大小和方向。因此，用户需要掌握点的坐标输入方法。

1. 绝对坐标

绝对坐标是指点相对于当前坐标系原点（0，0）的坐标值，点的绝对直角坐标值输入方式为 "x,y"，其中分隔符必须以英文逗号 "," 输入，例如点的坐标为（100，200）时，在命令窗口输入 "100,200"，按〈Enter〉键确认。点的绝对极坐标的输入方式为 "$D<\alpha$"，其中 D 表示该点到坐标原点的距离，α 表示该点与坐标原点的连线与 X 轴正方向的夹角。例如点 A 距离坐标原点 60 个单位长度，直线 AO 与 X 轴正方向的夹角为 45°，在命令窗口输入 "60<45"，按〈Enter〉键确认。

2. 相对坐标

相对坐标是指相对于上一个输入点的坐标值。输入点的相对坐标与绝对坐标类似，不同之处在于相对坐标值的前面都添加一个 "@" 符号，如 "@100,50" 和 "@100<30"。如当前点的坐标为（120，80），若输入 "@100,50"，则所指点的绝对坐标为（220，130）。

3. 动态输入法

AutoCAD 在光标附近提供了一个命令界面，实时显示光标所在的位置及下一点的相对极坐标，以帮助用户专注于绘图工作区。输入方式与命令提示区键入的方式类似。启用 "动态输入" 时，键入的命令出现在动态输入提示框中，用户可以在其提示框中输入坐标值，单击即可输入该点参数，如图 7-16 所示。

图 7-16 动态输入法

启用 "动态输入" 命令后，当命令提示输入第二点时，提示框显示的值将随着光标移动而改变。第二点和后续点的默认设置为极坐标（对于 "矩形" 命令，为相对直角坐标格式），提示框显示的是距离和角度值。输入坐标时不需要输入 "@" 符号。所有角度都显示为 ≤180°的值。在输入字段中输入值并按〈Tab〉键后，该字段将显示一个锁定图标，并且光标会受用户输入的值约束。随后可以在第二个输入字段中输入值。如果用户输入值后直接按〈Enter〉键，则该值被视为直接距离输入，且第二个输入字段将被忽略。如果需要使用直角坐标格式，输入 X 坐标后，输入逗号，则第二个字段自动变为输入相对坐标 Y。

4. 捕捉目标特征点法

利用对象捕捉功能捕捉当前图中的特征点，将在下文的 "对象捕捉设置" 部分进行介绍。

五、二维绘图设置

启动 AutoCAD 后，用户可以根据个人习惯或某些特定项目的需要来调整 AutoCAD 环境。

有时为了保证图形文件的规范性和图形的准确性，绘图前需要设置绘图环境，使绘图单位、绘图区域等符合国家标准的相关规定。

1. 坐标系

AutoCAD 的默认坐标系称为世界坐标系（World Coordinate System，WCS），WCS 包括 X 轴、Y 轴（如果在三维空间工作，则还有一个 Z 轴）。位移从设定原点（0，0）开始计算，沿 X 轴向右及 Y 轴向上的位移被规定为正方向，否则为负方向。用户也可以定义自己的坐标系，即用户坐标系（User Coordinate System，UCS）。

2. 设置绘图单位

确定 AutoCAD 的绘图单位。选择菜单栏"格式"→"单位"命令，在弹出的"图形单位"对话框中任意定义度量单位，如图 7-17 所示。通常选择与工程制图一致的"毫米"作为绘图单位。在图形单位对话框中还可以设定或改变长度、角度的形式和精度等。

图 7-17 "图形单位"对话框

3. 设置图幅

为了图形文件的管理和打印的需要，需要设置图形的区域来确定绘图界限。选择菜单栏"格式"→"图形界限"（LIMITS）命令，然后根据命令行提示选择确定或修改自己规定的图形界限，便于管理作图区域。

命令：_limits
重新设置模型空间界限：
LIMITS 指定左下角点或 [开（ON）/关（OFF）] <0.0000,0.0000>
 　　　　　　　　　　　　　　　　（确定左下角点，默认值为"0,0"）
LIMITS 指定右上角点<420.0000,297.0000> （确定右上角点，默认值为"420,297"）
命令：_zoom

指定窗口的角点，输入比例因子（n_X 或 n_P），或者

[全部(A)/中心(C)/动态(D)/范围(E)/上一个(P)/比例(S)/窗口(W)/对象(O)]
<实时>:A(全屏幕显示图形界限)

4. 选项配置

通过"选项"对话框对绘图环境进行设置。选择菜单栏"工具"→"选项"，或右击，在弹出的快捷菜单中选择"选项"命令，都能打开"选项"对话框，对不同的选项卡进行设置。例如，打开"显示"选项卡，如图 7-18 所示，可以确定 AutoCAD 的显示特性，如调整窗口颜色、显示精度、十字光标的大小等。

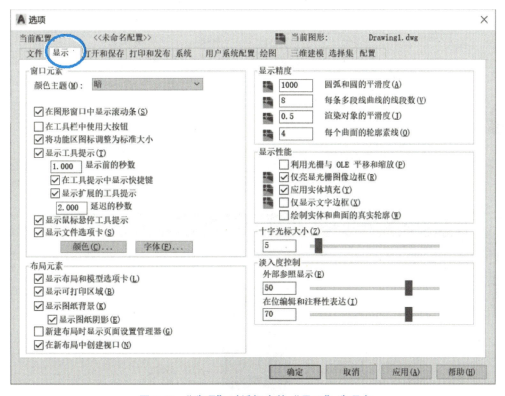

图 7-18　"选项"对话框中的"显示"选项卡

5. 对象捕捉设置

开启"对象捕捉"功能后，用户在绘图和编辑图形时，可迅速、准确地捕捉到某些特殊点（如直线端点、中点、圆心、垂足、切点和交点等）。右击状态栏"二维对象捕捉"按钮后，在快捷菜单中选择"对象捕捉设置"，打开"草图设置"对话框，如图 7-19 所示，设置捕捉对象的范围。选择菜单栏"工具"→"工具栏"→"AutoCAD"→"对象捕捉"，还可利用图 7-20 所示的"对象捕捉"工具栏进行对象的单点捕捉；也可在状态栏单击"二维对象捕捉"按钮右侧的，展开"对象捕捉设置"菜单，选择特征点捕捉项，如图 7-21 所示。若要捕捉直线的端点，则可单击"对象捕捉"工具栏中的"捕捉端点"按钮，激活端点捕捉功能，或者在状态栏展开的"对象捕捉设置"菜单和"草图设置"中勾选"端点"捕捉方式，然后将光标移到该直线附近，系统可自动捕捉到直线的端点。

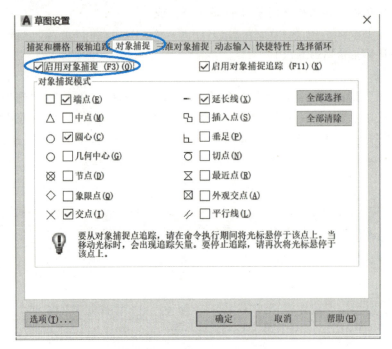

图 7-19 "草图设置"对话框

图 7-20 "对象捕捉"工具栏

图 7-21 从状态栏展开"对象捕捉设置"菜单

六、显示控制

显示控制命令提供了改变屏幕上图形显示方式的方法，以利于操作者观察图形和便于作图。显示控制命令不能改变图形本身，也不能改变图形本身在坐标系中的位置和尺寸。

1. 缩放图形

单击菜单栏"视图"→"缩放"，可对图形进行不同要求的缩放。缩放并不改变图形的实际大小，它只是在图形区域内改变视图的大小。AutoCAD 提供了多种缩放视图的方法，常用的有以下几种。

（1）实时缩放　单击菜单栏"视图"→"缩放"→"实时"，如图 7-22 所示，出现一个类似于放大镜的实时缩放图标，进行实时缩放，鼠标上移放大图形，下移缩小图形。

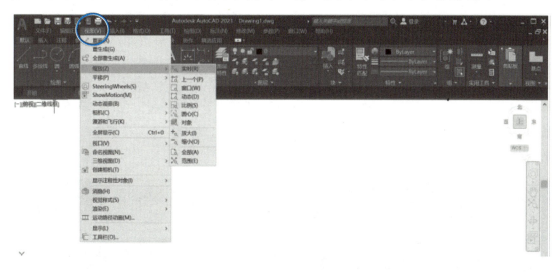

图 7-22　"缩放"命令的子菜单

（2）范围缩放　单击菜单栏"视图"→"显示"→"导航栏"，打开"导航栏"，单击按钮，进行窗口缩放，可使整个图形尽可能布满屏幕，便于观察全图的布局。

单击"缩放"菜单或按钮下方，均能展开"缩放"命令的子菜单，如图 7-23 所示。

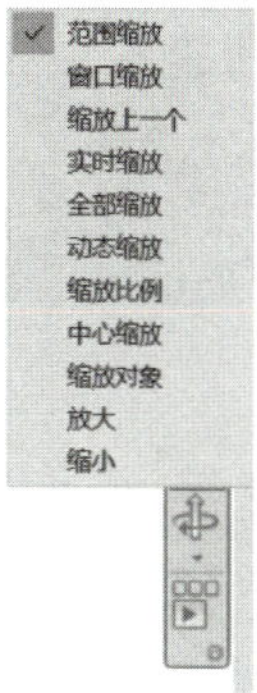

1）窗口缩放。窗口缩放就是把处于定义矩形选择框的图形局部进行缩放。

2）动态缩放。动态缩放与窗口缩放有相同之处，它们缩放的都是矩形选择框内的图形，但动态缩放比窗口缩放更灵活，可以随时改变选择框的大小和位置。

3）缩放对象。将选定对象显示在屏幕上。

4）全部缩放。将所有图形对象显示在屏幕上。

5）缩放上一个。恢复到上一次显示。

6）放大。将图形放大一倍显示，若连续单击则成倍地放大。

7）缩小。将图形缩小二分之一显示。

图 7-23　导航栏展开"缩放"命令的子菜单

2. 实时平移

选择菜单栏"视图"→"平移",或单击"导航栏" 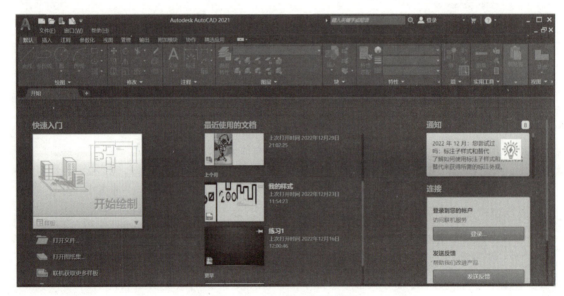 按钮可以将整幅图面平移。执行该命令后,按住鼠标左键移动鼠标,即可移动整个图形。按住鼠标滚轮并拖动鼠标,也可平移视图。

七、文件管理

1. 新建文件

启动 AutoCAD 2021,如图 7-24 所示,单击"开始绘制"按钮,系统会自动新建一个名为"Drawing1.dwg"的默认文件。用户如果需要另行创建一个图形文件,可以单击"快速访问"工具栏中的"新建"按钮,或执行"文件"→"新建",会弹出"选择样板"对话框,如图 7-25 所示。在样板列表中选择相应的样板后(默认的样板为"acadiso.dwt"文件),单击"打开"按钮,选中的样板文件则为新建图形文件的模板。也可以单击"打开"按钮右侧的下拉按钮,选择"无样板打开-公制(M)",创建一个无样板的以 mm 为单位的新图形文件。

图 7-24　AutoCAD 开始界面

2. 打开文件

单击"快速访问"工具栏中的"打开"按钮,或执行"文件"→"打开",用户可以打开已有的图形文件。在"选择文件"对话框的文件列表中,选择适当的路径打开需要的文件,右边的"预览"框将显示该文件图形的预览图像。

3. 保存文件

单击"快速访问"工具栏中的"保存"按钮,或执行"文件"→"保存",用户可以将绘制的图形文件以各种不同的文件类型保存起来,系统默认情况下保存的文件是 dwg 格式。

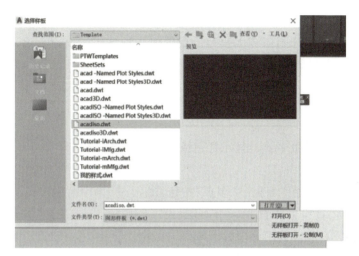

图 7-25　"选择样板"对话框及"打开"下拉菜单

4. 关闭文件

单击绘图文件标签上文件名右侧的关闭 ✕ 按钮，或执行"文件"→"关闭"菜单，关闭当前的图形文件，同时系统提示是否保存当前图形文件并退出。

以上文件操作也可以通过单击"应用程序"按钮 █，从弹出的如图 7-2 所示的应用程序菜单中选择不同的命令来实现。

第二节　常用绘图命令

工程图样都是由点、直线、圆、圆弧、矩形和多边形等基本图形元素构成的。AutoCAD 绘图命令是绘制工程图样的基本命令，要用 AutoCAD 绘制图形，必须通过绘图命令熟悉点、直线、圆、圆弧等基本图形元素的绘制。

本节主要介绍 AutoCAD 2021 的二维绘图命令。绘图时，可在"默认"选项卡的"绘图"面板中选择相应的绘图图标，如图 7-26 所示；也可在如图 7-27 所示的"绘图"下拉菜

图 7-26　"默认"选项卡的"绘图"面板

图 7-27　"绘图"下拉菜单

187

单或利用如图7-14所示的绘图工具栏选择合适的绘图命令；还可以在命令窗口键入相应的绘图命令，键入的命令字母不区分大小写。用任何一种方式发出命令后，AutoCAD出现的提示相同，本书只强调前两种调用命令方式。

一、点与等分点

1. 绘点命令

［功能］ 在指定位置放置点，显示标记或作为捕捉的参考点。

［操作过程］

功能区："默认"→"绘图"面板→"多点"按钮 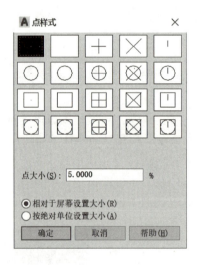 。

菜单："绘图"→"点"→"多点"

选择上述任何一种方式调用命令后，AutoCAD的命令窗口会出现下列提示：

当前点模式： PDMODE=0 PDSIZE=0.0000

POINT 指定点： （输入点的位置）

用户可以输入点的坐标值或使用鼠标在屏幕上定点。要改变点的显示类型和大小可以在"格式"菜单中选择"点样式"命令，在打开的对话框中进行选择和设置调整，如图7-28所示。

图7-28 "点样式" 对话框

2. 定数等分

［功能］ 沿实体的长度方向将其划分成一个确定数目的等长线段来放置点。

［操作过程］

菜单："绘图"→"点"→"定数等分"。

调用命令后，AutoCAD的命令窗口会出现下列提示：

命令：_divide

选择要定数等分的对象： （选择对象）

输入线段数目或［块（B）］：3 （输入"3"）

如图 7-29a、b 所示，将直线、圆弧三等分。

3. 定距等分

[功能]　沿实体的长度方向将其划分成一个确定距离的等长线段来放置点。

[操作过程]

菜单:"绘图"→"点"→"定距等分"。

调用命令后，AutoCAD 的命令窗口会出现下列提示:

命令:_measure

选择要定距等分的对象:　　　　　　　　　　　　　　（选择对象）

指定线段长度或[块（B）]: 20　　　　　　　　　（输入"20"）

如图 7-29c、d 所示，将直线、圆弧按照指定距离 20 进行等分。AutoCAD 将从光标拾取端按定长值等分线段，而另一端不一定等于定长值。

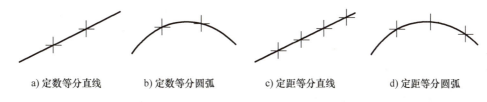

a) 定数等分直线　　　b) 定数等分圆弧　　　c) 定距等分直线　　　d) 定距等分圆弧

图 7-29　等分点

二、直线

[功能]　通过给出的起始点与终止点画直线。

[操作过程]

功能区:"默认"→"绘图"面板→"直线"按钮 ▨。

菜单:"绘图"→"直线"。

选择上述任何一种方式调用命令后，AutoCAD 的命令窗口会出现下列提示:

指定第一个点:　　　　　　　　　（在屏幕上任意确定第 1 点）

指定下一点或[放弃（U）]:　　　　（在屏幕上任意确定第 2 点）

指定下一点或[放弃（U）]:@ 50,-40　（输入第 3 点的相对坐标值）

指定下一点或[闭合（C）/放弃（U）]: c　（选择封闭命令）

执行上述命令程序操作后，所绘的直线图形如图 7-30 所示。坐标输入可采用绝对坐标也可采用相对坐标。输入"u"命令，则取消最后绘制的直线段，由上一段直线终点继续画线;若输入"c"命令，则由当前点到第一点绘制直线，形成封闭图形，并结束命令。

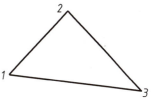

图 7-30　画直线

三、多段线

[功能]　画多段线（可以画箭头等）。

[操作过程]

功能区:"默认"→"绘图"面板→"多段线"按钮 ■。

菜单:"绘图"→"多段线"。

选择上述任何一种方式调用命令后,AutoCAD 的命令窗口会出现下列提示:

指定起点:　　　　　　　　　　　　　　　　　　　　　(鼠标指定第 1 点)

当前线宽为 0.0000

指定下一点或[圆弧(A)/半宽(H)/长度(L)/放弃(U)/宽度(W)]:

　　　　　　　　　　　　　　　　　　　　　　　　　　(鼠标指定第 2 点)

指定下一点或[圆弧(A)/闭合(C)/半宽(H)/长度(L)/放弃(U)/宽度(W)]:w

　　　　　　　　　　　　　　　　　　　　　　　　　　(改变线宽)

指定起点宽度 <0.0000>:5　　　　　　　　　　　(输入箭头宽度值"5")

指定端点宽度 <5.0000>:0　　　　　　　　　　　(输入箭头末端宽度值"0")

指定下一点或[圆弧(A)/闭合(C)/半宽(H)/长度(L)/放弃(U)/宽度(W)]:

　　　　　　　　　　　　　　　　　　　　　　　　　　(鼠标指定第 3 点)

指定下一点或[圆弧(A)/闭合(C)/半宽(H)/长度(L)/放弃(U)/宽度(W)]:

　　　　　　　　　　　　　　　　　　　　　　　　　　(按〈Enter〉键结束)

执行上述命令程序操作后,所绘的箭头如图 7-31 所示。

图 7-31　画箭头

[说明]　　直线和多段线绘制的线段实体性质是不同的,前者所画的每段线都是一个独立的图形实体,后者所画的全部线段为一个图形实体。多段线可用多种线型绘制,可在多段线上实现曲线拟合,也可对多段线倒角或倒圆。

四、圆命令

[功能]　　在指定位置画整圆。

[操作过程]

功能区:"默认"→"绘图"面板→"圆"按钮 ■。

菜单:"绘图"→"圆"。

选择上述任何一种方式调用命令后,AutoCAD 的命令窗口会出现下列提示:

指定圆的圆心或[三点(3P)/两点(2P)/切点、切点、半径(T)]:　(鼠标指定圆心位置)

指定圆的半径或[直径(D)]<50.0000>:　　　　　　　　　　(输入半径值"50")

画出的圆如图 7-32 所示。

[说明]

1)半径或直径的大小可直接输入数值或在屏幕上点取圆上一点。

2)AutoCAD 中共有六种方式来绘制圆,如图 7-33 所示。其中,"三点"是过三点画圆;"两点"是用直径的两端点画圆;"相切,相切,半径"是用两切点及半径画圆;"相切,相切,相切"是"三点"画圆的特例,是以与三个对象相切的方式画圆。

图 7-32　画圆

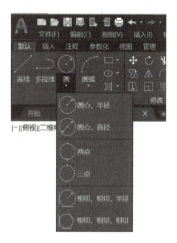

图 7-33　画圆的六种方式

五、圆弧命令

[功能]　画一段圆弧。

[操作过程]

功能区:"默认"→"绘图"面板→"圆弧"按钮 。

菜单:"绘图"→"圆弧"。

选择上述任何一种方式调用命令后,AutoCAD 的命令窗口会出现下列提示:

指定圆弧的起点或[圆心(C)]:　　　　　　　　　　　　(鼠标指定第 1 点)

指定圆弧的第二个点或[圆心(C)/端点(E)]:　　　　　(鼠标指定第 2 点)

指定圆弧的端点:　　　　　　　　　　　　　　　　　(鼠标指定第 3 点)

画出的圆弧如图 7-34 所示。

[说明]　圆弧具有方向性,系统默认从起点到端点按逆时针方向画圆弧。AutoCAD 提供了 11 种方式来绘制圆弧。

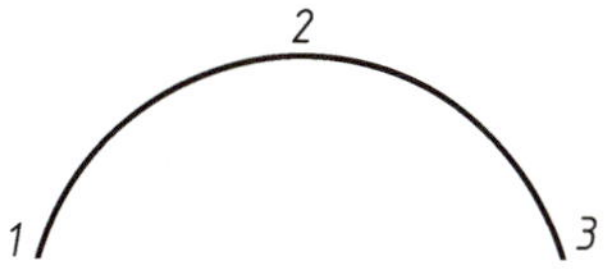

图 7-34　画圆弧

六、正多边形命令

[功能]　绘制边数为 3~1024 的正多边形。

[操作过程]

功能区:"默认"→"绘图"面板→"多边形"按钮 。

菜单:"绘图"→"多边形"。

选择上述任何一种方式调用命令后,AutoCAD 的命令窗口会出现下列提示:

输入侧面数 <4>:6　　　　　　　　　　　　　　　(输入多边形的边数"6")

指定正多边形的中心点或[边(E)]:　　　　　　　　(鼠标指定圆心)

输入选项[内接于圆(I)/外切于圆(C)] <I>:　　　　(选择画正多边形的方式)

指定圆的半径:　　　　　　　　　　　　　　　　　(输入半径)

画出的正六边形如图 7-35 所示。

[说明] 绘制正多边形有三种方法：

1）设定"外接圆半径（I）"，即设定圆心到正多边形顶点的距离。

2）设定"内切圆半径（C）"，即设定圆心到正多边形某条边的距离。

3）设定"正多边形边长（E）"，通过指定正多边形一条边的两个端点来绘制，由第一点到第二点的连线为边长，按逆时针方向绘制正多边形。

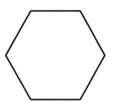

图 7-35 画正六边形

七、矩形命令

[功能] 绘制矩形。

[操作过程]

功能区："默认"→"绘图"面板→"矩形"按钮 ▢。

菜单："绘图"→"矩形"。

选择上述任何一种方式调用命令后，AutoCAD 的命令窗口会出现下列提示：

指定第一个角点或[倒角(C)/标高(E)/圆角(F)/厚度(T)/宽度(W)]：

（鼠标指定第 1 点）

指定另一个角点或[面积(A)/尺寸(D)/旋转(R)]： （鼠标指定第 2 点）

画出的矩形如图 7-36a 所示。

[说明] 用"矩形"命令画的矩形，可以指定矩形的倒角、圆角、线宽等，如图 7-36b 所示。

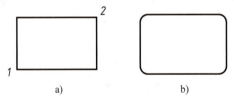

图 7-36 画矩形

八、椭圆命令

[功能] 画椭圆（弧）。

[操作过程]

功能区："默认"→"绘图"面板→"椭圆"按钮 ⬭。

菜单："绘图"→"椭圆"。

选择上述任何一种方式调用命令后，AutoCAD 的命令窗口会出现下列提示：

指定椭圆的轴端点或[圆弧(A)/中心点(C)]：c （输入"c"选择椭圆中心）

指定椭圆的中心点： <打开对象捕捉> （拾取 1 点或鼠标指定椭圆中心的位置）

指定轴的端点： <极轴 开> （拾取 2 点或鼠标指定椭圆一轴的任一端点）

指定另一条半轴长度或[旋转(R)]： （拾取 3 点或输入椭圆另一轴的半长）

画出的椭圆如图 7-37 所示。

［说明］　AutoCAD 提供了三种方式来绘制椭圆，如图 7-38 所示。

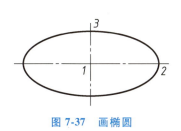

图 7-37　画椭圆

图 7-38　绘制椭圆的三种方式

九、样条曲线命令

［功能］　绘制样条曲线（绘制波浪线）。

［操作过程］

功能区："默认"→"绘图"面板→"样条曲线"按钮 或 。

菜单："绘图"→"样条曲线"。

选择上述任何一种方式调用命令后，AutoCAD 的命令窗口会出现下列提示：

当前设置：方式＝拟合　节点＝弦

指定第一个点或［方式(M)/节点(K)/对象(O)］：　　　　　　　　（鼠标指定第 1 点）

输入下一个点或［起点切向(T)/公差(L)］：　　　　　　　　　（鼠标指定第 2 点）

输入下一个点或［端点相切(T)/公差(L)/放弃(U)］：　　　　　　（鼠标指定第 3 点）

输入下一个点或［端点相切(T)/公差(L)/放弃(U)/闭合(C)］：　　（鼠标指定第 4 点）

输入下一个点或［端点相切(T)/公差(L)/放弃(U)/闭合(C)］：　　（鼠标指定第 5 点）

输入下一个点或［端点相切(T)/公差(L)/放弃(U)/闭合(C)］：　　（鼠标指定第 6 点）

输入下一个点或［端点相切(T)/公差(L)/放弃(U)/闭合(C)］：　　（按〈Enter〉键结束）

画出的波浪线如图 7-39 所示。

［说明］　AutoCAD 提供了分别通过指定的拟合点和控制点来创建样条曲线的功能。在执行命令后输入"o"，则可将多段线拟合成样条曲线。

图 7-39　画波浪线

第三节　辅助绘图工具

绘制图形时必须通过"对象捕捉设置"，精确定位图形上的点，AutoCAD 将这些辅助绘图工具集中在状态栏中，如图 7-40 所示。灵活地利用这些工具，可以迅速、准确地绘制图形。

图 7-40　状态栏中的辅助绘图工具

一、正交模式命令

［功能］　绘制与当前 X 轴或 Y 轴平行的线，如水平线或铅垂线。

［操作过程］

状态栏：┗━ 按钮。

快捷键：〈F8〉。

选择上述任何一种方式，均能打开/关闭正交模式。

二、对象捕捉命令

对象捕捉是指将点自动定位到与图形中相关的特征点上。其部分操作在第一节的"对象捕捉设置"中已经讲述过。

1. 自动捕捉功能

选择菜单"工具"→"绘图设置"选项，打开"草图设置"对话框，如图 7-19 所示，打开"对象捕捉"选项卡，通过勾选将常用的特征点设置为自动捕捉模式。或展开对象捕捉设置"菜单，选择相应的特征点，如图 7-21 所示。这两种方式勾选的特征点系统将一直保持，在绘图过程中，当光标移动到指定对象上时，会自动进入捕捉模式捕捉特征点，从而大大提高作图速度，直到用户取消为止。自动捕捉功能可通过状态栏中的"二维对象捕捉"按钮■或按〈F3〉键来打开/关闭。

2. 手动捕捉功能

在绘图区按住〈Shift〉键同时单击鼠标右键，弹出"对象捕捉"快捷菜单，如图 7-41 所示，在对象捕捉快捷菜单中完成特征点的"一次性"捕捉。这与单击图 7-20 所示的"对象捕捉"工具栏中的图标按钮效果一致。

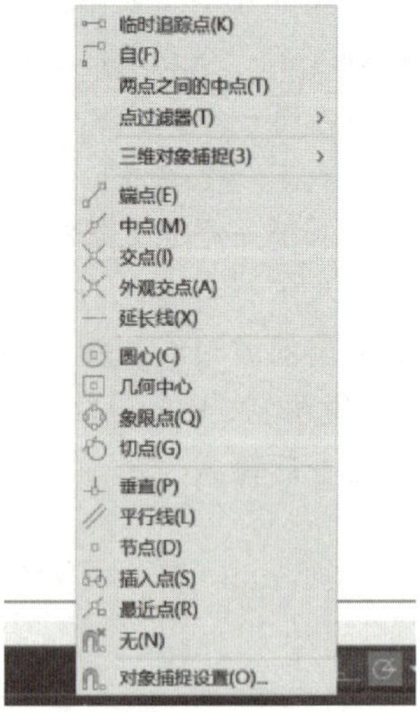

3. 设置对象捕捉模式显示

选择菜单"工具"→"选项"对话框→"绘图"选项卡，可设置与对象捕捉相关的功能和特性，如设置自动捕捉标记和靶框的大小。

图 7-41　"对象捕捉"
快捷菜单

三、自动追踪

自动追踪可以帮助用户相对于某一对象以指定角度绘制一个新对象。打开自动追踪时，在追踪虚线上拾取点或输入距离值，可精确定位到目标点。自动追踪包括极轴追踪、对象捕捉追踪。

1. 极轴追踪

［功能］ 以指定的角度绘制对象。

［操作过程］

状态栏：按钮。

快捷键：〈F10〉。

选择上述任何一种方式调用命令后，AutoCAD 会打开/关闭"极轴追踪"模式。

［说明］

1）修改极轴追踪的设置。右击状态栏的"极轴追踪"按钮，在弹出的快捷菜单中选择"正在追踪设置"，打开"草图设置"对话框的"极轴追踪"选项卡，如图 7-42 所示。勾选"启用极轴追踪"，激活极轴追踪功能。

图 7-42 "极轴追踪"选项卡

2）使用"极轴追踪"进行追踪时，对齐路径是由相对于命令起点和端点的极轴角定义的。在"增量角"下拉列表中选择不同角度的增量值，系统以设定的捕捉增量沿对齐路径进行捕捉，默认设置下增量角为 90°。也可通过勾选"附加角"增添其他角度进行追踪。

3）"正交模式"将光标限制在水平或铅垂（正交）轴上。因为不能同时打开"正交模式"和"极轴追踪"，因此在"正交模式"打开时 AutoCAD 会关闭"极轴追踪"。

2. 对象捕捉追踪

［功能］ 沿着基于对象捕捉点的对齐路径进行追踪。

［操作过程］

状态栏：按钮。

快捷键：〈F11〉。

选择上述任何一种方式发出命令后，AutoCAD 都会打开/关闭"对象捕捉追踪"模式。打开该模式后，按下列步骤操作：

1）激活一个输入点的绘图命令或编辑命令（如"Line"或"Circle"）。

2）移动光标到一个对象捕捉点上方（不要按下鼠标左键），等待显示"+"，表示已获取该捕捉点，用相同的方法可以获取多个捕捉点。如果希望清除已得到的捕捉点，则将光标移回到获取标记上方一会，AutoCAD 会自动清除该点的获取标记。

3）从获取点移动光标，将基于获取点显示对齐路径。

4）沿显示的对齐路径移动光标，追踪到所希望的点。

［说明］ 使用"对象捕捉追踪"时，若按下图 7-42 所示的对话框中"对象捕捉追踪设置"选项组的"仅正交追踪"单选按钮，则 AutoCAD 只显示通过临时捕捉点的水平或竖直的对齐路径；若按下"用所有极轴角设置追踪"单选按钮，则 AutoCAD 允许使用任意极轴角上的对齐路径。

平面图形
的绘制

通过一个平面图形的绘制，熟悉直线绘制和捕捉命令的操作。

第四节　常用编辑命令

绘制图形时，需要对图形进行复制、移动、旋转等各种操作，这些操作统称为图形编辑。AutoCAD 2021 提供了丰富的图形编辑功能，提升了绘图速度和质量。

执行图形编辑命令后，AutoCAD 2021 通常提示"选择对象"，要求用户从绘制的图形中选取要进行编辑的对象（称为构造选择集），也可以先构造选择集后，再调用图形编辑命令。用鼠标左键通过点取、开窗口选择对象的方式在第一节内容中已经讲述。

一、删除命令

[功能]　删除选定的对象。

[操作过程]

功能区："默认"→"修改"面板→"删除"按钮📎。

菜单："修改"→"删除"。

选择上述任何一种方式调用命令后，AutoCAD 的命令窗口会出现下列提示：

选择对象：　　　　　　　　　　　　　　（选择欲删除的对象,构造选择集）

选择对象：　　　　　　　　　　　　　　（按〈Enter〉键结束）

删除图形的过程如图 7-43 所示。

图 7-43　删除

[说明]

1) 在"选择对象"提示后，可以用各种选择方式选择对象，并按〈Enter〉键结束选择。

2) 构造选择集后，按〈Delete〉键直接完成删除任务。

二、移动命令

[功能]　将选定对象从当前位置移动到指定位置。

[操作过程]

功能区："默认"→"修改"面板→"移动"按钮✛。

菜单："修改"→"移动"。

选择上述任何一种方式调用命令后，AutoCAD 的命令窗口会出现下列提示：

选择对象：　　　　　　　　　　　　　　（选择要移动的对象）

选择对象：　　　　　　　　　　　　　　（按〈Enter〉键结束选择）

指定基点或[位移(D)]<位移>：　　　　　（指定基点）

指定第二个点或 <使用第一个点作为位移>：　（指定新位置点）

［说明］

1）通常选择图形的特征点作为基点，如圆心、矩形的左下角点等，然后指定基点的新位置。

2）在"指定基点"提示后，按〈Enter〉键（默认位移），出现"指定位移"提示，直接输入坐标"40,60"，按〈Enter〉键，则选择对象在 X 轴方向移动量为 40，Y 轴方向移动量为 60。

3）在"指定第二个点"提示后，若输入相对坐标"@ 50,30"，按〈Enter〉键，则选择对象相对于基点在 X 轴方向移动量为 50，Y 轴方向移动量为 30，并按〈Enter〉键结束选择。

三、旋转命令

［功能］ 将选定对象绕指定基点旋转一个角度。

［操作过程］

功能区:"默认"→"修改"面板→"旋转"按钮 。

菜单:"修改"→"旋转"。

选择上述任何一种方式调用命令后，AutoCAD 的命令窗口会出现下列提示：

UCS 当前的正角方向： ANGDIR＝逆时针 ANGBASE＝0

选择对象：	（选择要旋转的对象）
选择对象：	（按〈Enter〉键结束选择）
指定基点：	（指定基点）
指定旋转角度,或［复制(C)／参照(R)］<0>： 60	（输入旋转角度"60"）

旋转后的图形如图 7-44 所示。

［说明］

1）逆时针旋转，输入旋转角度为正值；否则在角度值前加"－"号。

2）"复制"是先复制然后再旋转对象，创建要旋转对象的副本。"参照"是通过输入参考角、新角度来确定旋转角，即旋转角＝新角度－参考角。

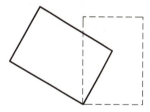

图 7-44 旋转

四、复制命令

［功能］将选定的对象复制到指定位置。

［操作过程］

功能区:"默认"→"修改"面板→"复制"按钮 。

菜单:"修改"→"复制"。

选择上述任何一种方式调用命令后，AutoCAD 的命令窗口会出现下列提示：

选择对象：	（选择要复制的对象）
选择对象：	（按〈Enter〉键结束选择）
当前设置： 复制模式 ＝ 多个	
指定基点或［位移(D)／模式(O)］<位移>：	（指定基点,即第 1 点）

197

指定第二个点或［阵列（A）］＜使用第一个点作为位移＞：　　　（指定第 2 点）

指定第二个点或［阵列（A）／退出（E）／放弃（U）］＜退出＞：　　（按〈Enter〉键结束）

复制后的图形如图 7-45 所示。

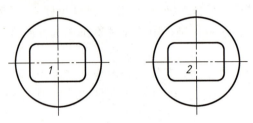

图 7-45　复制

五、镜像命令

［功能］　将选定的对象以镜像对称方式进行复制。

［操作过程］

功能区："默认"→"修改"面板→"镜像"按钮 。

菜单："修改"→"镜像"。

选择上述任何一种方式调用命令后，AutoCAD 的命令窗口会出现下列提示：

选择对象：　　　　　　　　　　　　　（选择要镜像的对象）

选择对象：　　　　　　　　　　　　　（按〈Enter〉键结束选择）

指定镜像线的第一点：　　　　　　　　（指定镜像线的第 1 点）

指定镜像线的第二点：　　　　　　　　（指定镜像线的第 2 点）

要删除源对象吗？［是（Y）／否（N）］＜N＞：　（输入"y"或"n"来决定是否删除源对象）

镜像后不删除源对象，所得到的图形如图 7-46 所示。

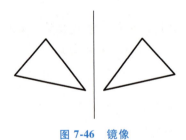

图 7-46　镜像

六、偏移命令

［功能］　将选定的对象按照指定的距离复制，如画平行线、同心圆等。

［操作过程］

功能区："默认"→"修改"面板→"偏移"按钮 。

菜单："修改"→"偏移"。

选择上述任何一种方式调用命令后，AutoCAD 的命令窗口会出现下列提示：

当前设置：删除源＝否　图层＝源　OFFSETGAPTYPE＝0

指定偏移距离或[通过(T)/删除(E)/图层(L)]<通过>: （输入偏移距离值）

选择要偏移的对象或[退出(E)/放弃(U)]<退出>: （选择要偏移的对象）

指定要偏移的那一侧上的点或[退出(E)/多个(M)/放弃(U)]<退出>: （指定要复制的方向）

选择要偏移的对象或[退出(E)/放弃(U)]<退出>: （按〈Enter〉键结束）

偏移后所得的图形如图 7-47 所示。

[说明]

1) 选择对象只能用"点取"方式。

2) "通过（T)"指复制对象经过某一点或其延长线。

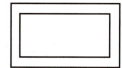

图 7-47　偏移

七、阵列命令

将选定的对象按矩形、环形或路径的方式进行复制。

1. 矩形阵列

[功能]　将选定的对象按矩形的方式进行复制。

[操作过程]

功能区："默认"→"修改"面板→"矩形阵列"按钮 🔡。

菜单："修改"→"阵列"→"矩形阵列"。

选择上述任何一种方式调用命令后，AutoCAD 的命令窗口会出现下列提示：

选择对象： （选择要阵列的对象）

选择对象： （按〈Enter〉键结束选择）

类型 = 矩形　关联 = 是

选择夹点以编辑阵列或[关联(AS)/基点(B)/计数(COU)/间距(S)/列数(COL)/行数(R)/层数(L)/退出(X)]<退出>: col （选择设置阵列的列数）

输入列数或[表达式(E)]<4>: 4 （输入列数"4"）

指定列数之间的距离或[总计(T)/表达式(E)]<47-7984>: 40 （输入列间距"40"）

选择夹点以编辑阵列或[关联(AS)/基点(B)/计数(COU)/间距(S)/列数(COL)/行数(R)/层数(L)/退出(X)]<退出>: r （选择设置阵列的行数）

输入行数数或[表达式(E)]<3>: 3 （输入行数"3"）

指定行数之间的距离或[总计(T)/表达式(E)]<47-7984>: 60 （输入行间距"60"）

指定行数之间的标高增量或[表达式(E)]<0>: （输入行标高,按〈Enter〉键）

选择夹点以编辑阵列或[关联(AS)/基点(B)/计数(COU)/间距(S)/列数(COL)/行数(R)/层数(L)/退出(X)]<退出>: （按〈Enter〉键结束）

阵列后的图形如图 7-48 所示。

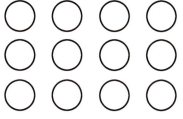

图 7-48　矩形阵列

［说明］

1）在按〈Enter〉键结束选择要阵列的对象时，在功能区弹出矩形阵列创建面板，如图7-49所示。用户可以在此面板上设置矩阵的行数、行间距、列数、列间距，同时在绘图区可以预览矩形阵列的显示效果，单击"关闭阵列"按钮，即可完成矩形阵列。

2）单击"修改"菜单中的"阵列"，可以选择"环形阵列"和"路径阵列"；单击"矩形阵列"按钮右侧的三角，也可以在下拉菜单中选择"环形阵列"和"路径阵列"。

图7-49　矩形阵列创建面板

2. 环形阵列

［功能］　将选定的对象按环形的方式进行复制。

［操作过程］

功能区："默认"→"修改"面板→"环形阵列"按钮 。

菜单："修改"→"阵列"→"环形阵列"。

选择上述任何一种方式调用命令后，AutoCAD的命令窗口会出现下列提示：

选择对象：　　　　　　　　　　　　　　　　　　（选择要阵列的对象）

选择对象：　　　　　　　　　　　　　　　　　　（按〈Enter〉键结束选择）

类型 = 极轴　关联 = 是

指定阵列的中心点或[基点(B)/旋转轴(A)]：　　　（指定阵列中心点）

选择夹点以编辑阵列或[关联(AS)/基点(B)/项目(I)/项目间角度(A)/填充角度(F)/行(ROW)/层(L)/旋转项目(ROT)/退出(X)]（退出）：f　（选择设置阵列的填充角度）

指定填充角度(+=逆时针、-=顺时针)或[表达式(EX)]（当前值）：360

　　　　　　　　　　　　　　　　　　　　　　（输入阵列的填充角度"360"）

选择夹点以编辑阵列或[关联(AS)/基点(B)/项目(I)/项目间角度(A)/填充角度(E)/行(ROW)/层(L)/旋转项目(ROT)/退出(X)]（退出）：i　（选择设置阵列的项目）

输入阵列中的项目数或[表达式(E)]（当前值）：6　（输入阵列的项目数"6"）

选择夹点以编辑阵列或[关联(AS)/基点(B)/项目(I)/项目间角度(A)/填充角度(F)/行(ROW)/层(L)/旋转项目(ROT)/退出(X)]：　　　（按〈Enter〉键结束命令）

阵列后的图形如图7-50a所示。

［说明］

1）在指定阵列中心点后，在功能区界面弹出环形阵列创建面板，如图7-51所示。用户可以在此面板上设置环形阵列的项目数（包括原始对象在内）、填充的角度、行数等，设置完成后，单击"关闭阵列"按钮，即可完成环形阵列。

2）"旋转项目（ROT）"是指在环形阵列时阵列对象是否进行旋转，如图7-50b所示为不旋转。

3）"行（ROW）"是指在环形阵列过程中沿阵列中心点径向的阵列对象数目。

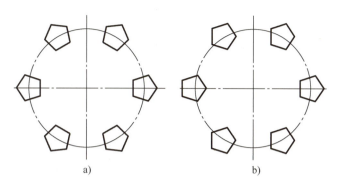

图 7-50　环形阵列

图 7-51　环形阵列创建面板

3. 路径阵列

[功能]　将选定的对象沿路径进行复制。

[操作过程]

功能区:"默认"→"修改"面板→"路径阵列"按钮。

菜单:"修改"→"阵列"→"路径阵列"。

选择上述任何一种方式调用命令后,AutoCAD 的命令窗口会出现下列提示:

选择对象:　　　　　　　　　　　　　　　　(选择要阵列的对象)

选择对象:　　　　　　　　　　　　　　　　(按〈Enter〉键结束选择)

类型 = 路径　关联 = 当前值

选择路径曲线:　　　　　　　　　　　　　(选择图中的样条曲线为路径曲线)

在指定阵列的路径曲线后,功能区界面出现路径阵列创建面板,如图 7-52 所示。用户可以在此面板上指定阵列对象的基点,是定数等分还是定距等分,以及设置路径阵列的项目数、行数、行间距等。

图 7-52　路径阵列创建面板

[说明]

1)路径阵列的参数设置分为沿路径平均"定数等分"和沿路径项目间距"定距等分"两种方式。

2)"对齐项目(A)"是指在路径阵列时阵列对象是否随路径曲线进行旋转对齐。

八、缩放命令

[功能]　将选定的对象相对于指定基点按一定的比例缩放。

[操作过程]

功能区:"默认"→"修改"面板→"缩放"按钮　。

菜单:"修改"→"缩放"。

选择上述任何一种方式调用命令后,AutoCAD 的命令窗口会出现下列提示:

选择对象:　　　　　　　　　　　　　　　　　(选择要缩放的对象)

选择对象:　　　　　　　　　　　　　　　　　(按〈Enter〉键结束选择)

指定基点:　　　　　　　　　　　　　　　　　(指定基点)

指定比例因子或[复制(C)/参照(R)]:2　　　(输入缩放比例因子"2")

缩放过程如图 7-53 所示。

[说明]

1)"复制(C)":创建要缩放对象的副本。缩放选定对象的同时,源对象被复制。

2)"参照(R)":按照指定长度进行缩放,以参照长度和新长度的比值作为比例因子。

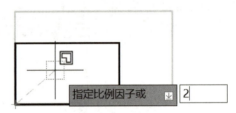

图 7-53　缩放图形

九、拉伸命令

[功能]　将选定图形的某一部分拉伸、移动和变形,其余部分保持不变。

[操作过程]

功能区:"默认"→"修改"面板→"拉伸"按钮　。

菜单:"修改"→"拉伸"。

选择上述任何一种方式调用命令后,AutoCAD 的命令窗口会出现下列提示:

以交叉窗口或交叉多边形选择要拉伸的对象...

选择对象:　　　　　　　　　　　　　　　　　(用交叉窗口选择拉伸对象)

选择对象:　　　　　　　　　　　　　　　　　(按〈Enter〉键结束选择)

指定基点或[位移(D)]<位移>:　　　　　　(指定基点)

指定第二个点或 <使用第一个点作为位移>:　(指定第 2 点)

拉伸后的图形如图 7-54 所示。

[说明]　若以交叉窗口选择对象,则窗口内的对象得到拉伸,窗口外的对象保持不变;若以矩形窗口选择对象,即整个图形都在窗口内,则执行结果为移动。

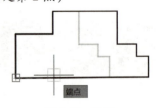

图 7-54　拉伸

十、修剪命令

[功能]　以指定剪切边或不指定剪切边的方式,修剪选定的对象。

[操作过程]

功能区:"默认"→"修改"面板→"修剪"按钮　。

菜单:"修改"→"修剪"。

选择上述任何一种方式调用命令后，AutoCAD 的命令窗口会出现下列提示:

当前设置:投影=UCS,边=无,模式=快速

选择要修剪的对象,或按住 Shift 键选择要延伸的对象,或[剪切边(T)/窗交(C)/模式(O)/投影(P)/删除(R)]:　　　　　　　　　(选择被修剪的对象)

选择要修剪的对象,或按住 Shift 键选择要延伸的对象,或[剪切边(T)/窗交(C)/模式(O)/投影(P)/删除(R)/放弃(U)]:　　　　　(按〈Enter〉键结束)

用套索方式选择要修剪的对象,修剪后的图形如图 7-55 所示。

[说明]

1)"选择要修剪的对象"为系统默认选项,若调用修剪命令后,输入"t",按〈Enter〉键,则要选择剪切边,当所有剪切边选择完毕后,按〈Enter〉键结束,系统会提示选择要修剪的对象。

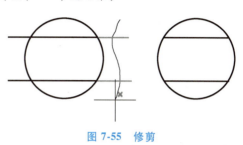

图 7-55　修剪

2)"按住 Shift 键选择要延伸的对象"是延伸选定对象而不是修剪,从而实现修剪和延伸之间的快速切换。延伸命令的操作与修剪命令类同。

3)一个对象可以作为剪切边,也可以作为被剪边。

十一、延伸命令

[功能]　将选定的对象延伸到某些图元上,其操作与修剪类似。

[操作过程]

功能区:"默认"→"修改"面板→"延伸"按钮　。

菜单:"修改"→"延伸"。

选择上述任何一种方式调用命令后,AutoCAD 的命令窗口会出现下列提示:

当前设置:投影=UCS,边=无,模式=快速

选择要延伸的对象,或按住 Shift 键选择要修剪的对象,或[边界边(B)/窗交(C)/模式(O)/投影(P)/]:　　　　　　　　　　　(选择被延伸的对象)

选择要延伸的对象,或按住 Shift 键选择要修剪的对象,或[边界边(B)/窗交(C)/模式(O)/投影(P)/放弃(U)]:　　　　　　　　　(选择被延伸的对象)

选择要延伸的对象,或按住 Shift 键选择要修剪的对象,或[边界边(B)/窗交(C)/模式(O)/投影(P)/放弃(U)]:　　　　　　　　(按〈Enter〉键结束)

延伸后的图形如图 7-56 所示。

[说明]

1)调用延伸命令后,"选择要延伸的对象"为系统默认选项,若输入"b",则选择边界边,当所有边界选择完毕后,按〈Enter〉键结束,系统会提示选择要延伸的对象。

2)修剪和延伸都涉及边界边,被修剪或延伸的对象都要与边界对象相交。

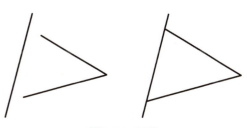

图 7-56　延伸

十二、圆角命令

[功能]　按指定半径对两对象或多段线形成圆角。

[操作过程]

功能区:"默认"→"修改"面板→"圆角"按钮 。

菜单:"修改"→"圆角"。

选择上述任何一种方式调用命令后,AutoCAD 的命令窗口会出现下列提示:

当前设置:模式 = 修剪,半径 = 0.0000　　　　　　　　　　　(当前为修剪模式)

选择第一个对象或[放弃(U)/多段线(P)/半径(R)/修剪(T)/多个(M)]:r

　　　　　　　　　　　　　　　　　　　　　　　(输入"r"设置倒圆半径)

指定圆角半径 <0.0000>:10　　　　　　　　　　　　　　(输入半径值"10")

选择第一个对象或[放弃(U)/多段线(P)/半径(R)/修剪(T)/多个(M)]:

　　　　　　　　　　　　　　　　　　　　　　　　　　　(选择第 1 条边)

选择第二个对象,或按住 Shift 键选择对象以应用角点或[半径(R)]:

　　　　　　　　　　　　　　　　　　　　　　　　　　　(选择第 2 条边)

倒圆后的图形如图 7-57a 所示。

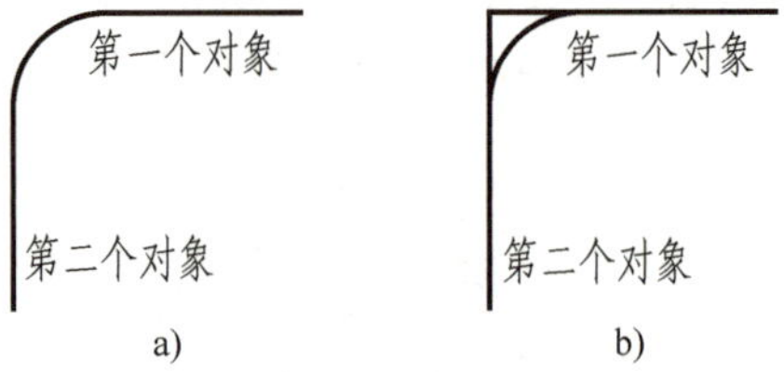

[说明]

1)圆角半径设定后,在再次设定之前保持有效。

2)"多个(M)"是允许为多组对象创建圆角。

3)"多线段(P)"是对整条多段线一次性倒圆,多段线中原有的圆弧被指定半径的圆角弧代替。

4)"修剪(T)"是设置修剪或不修剪模式。图 7-57b 所示为不修剪模式。

图 7-57　圆角

十三、倒角命令

[功能]　按指定倒角距离对不平行的两直线或多段线形成倒角。

[操作过程]

功能区:"默认"→"修改"面板→"倒角"按钮 。

菜单:"修改"→"倒角"。

选择上述任何一种方式调用命令后,AutoCAD 的命令窗口会出现下列提示:

("修剪"模式)当前倒角距离 1 = 0.0000,距离 2 = 0.0000　(当前为修剪模式)

选择第一条直线或[放弃(U)/多段线(P)/距离(D)/角度(A)/修剪(T)/方式(E)/多个(M)]:d　　　　　　　　　　　　　　　　(输入"d"设置倒角距离)

指定第一个倒角距离 <0.0000>:10　　　　　　(输入第 1 边倒角距离值"10")

指定第二个倒角距离 <10.0000>:20　　　　　　(输入第 2 边倒角距离值"20")

选择第一条直线或[放弃(U)/多段线(P)/距离(D)/角度(A)/修剪(T)/方式(E)/多个(M)]:　　　　　　　　　　　　　　　　　　　　　(选择第 1 边)

选择第二条直线,或按住 Shift 键选择直线以应用角点或[距离(D)/角度(A)/方法(M)]:　　　　　　　　　　　　　　　　　　　　　　(选择第 2 边)

倒角后的图形如图 7-58 所示。

［说明］

1）倒角距离设定后，在再次设定之前保持有效，两条线的倒角距离也可以相同。

2）"角度（A）"是根据一个倒角角度和一个倒角距离值进行倒角。

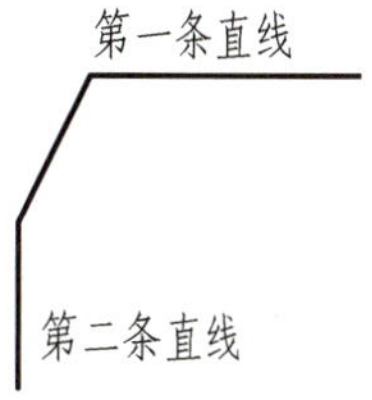

图 7-58 倒角

十四、分解命令

［功能］ 用于把多段线、多边形、图块、剖面线、尺寸等分解为单个实体对象，分解后形状不变，但各部分可以独立进行编辑和修改。

［操作过程］

功能区："默认"→"修改"面板→"分解"按钮 。

菜单："修改"→"分解"。

选择上述任何一种方式调用命令后，AutoCAD 的命令窗口会出现下列提示：

选择对象：   （选择要分解的对象）

选择对象：   （按〈Enter〉键完成分解）

［说明］

1）"分解"命令可以将关联阵列的图形分解。

2）具有宽度的多段线在分解后将失去宽度信息。

十五、打断于点

［功能］ 将直线、圆、圆弧、多段线等从一点分为两段。

［操作过程］

功能区："默认"→"修改"面板→"打断于点"按钮 。

工具栏："修改"工具栏→"打断于点"按钮 。

选择上述任何一种方式调用命令后，AutoCAD 的命令窗口会出现下列提示：

选择对象：   （选择要打断于点的对象）

指定打断点：   （指定打断点）

十六、打断命令

［功能］ 将直线、圆、圆弧、多段线等按指定的格式断开。

［操作过程］

功能区："默认"→"修改"面板→"打断"按钮 。

菜单："修改"→"打断"。

选择上述任何一种方式调用命令后，AutoCAD 的命令窗口会出现下列提示：

选择对象：   （选择对象，该点作为第 1 个打断点）

指定第二个打断点 或［第一点（F）］：   （选择第 2 个打断点）

第 1 到 2 点之间的线段删除，如图 7-59 所示。

［说明］

1）"指定第二个打断点"提示下，输入"f"，则重新选择第一点；若输入"@"，然后按〈Enter〉键，则所选择对象在当前所选点处分成两个部分，相当于"打断于点"。

2）打断圆或圆弧是按逆时针方向断开的。

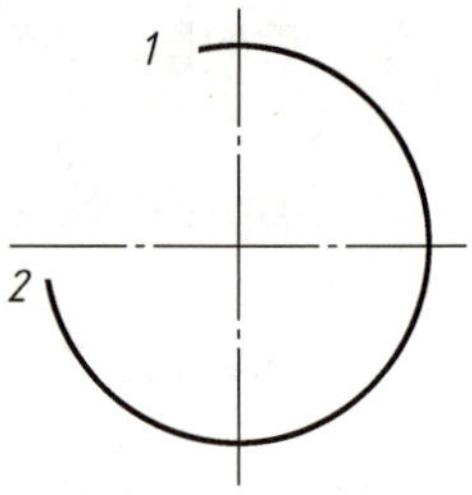

十七、合并命令

［功能］ 将多个对象合并为一个对象。

［操作过程］

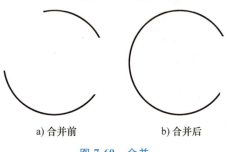

图 7-59 打断

功能区："默认"→"修改"面板→"合并"按钮。

菜单："修改"→"合并"。

选择上述任何一种方式调用命令后，AutoCAD 的命令窗口会出现下列提示：

选择源对象或要一次合并的多个对象： （选择作为源对象的对象）

选择要合并的对象： （选择要被合并的对象）

选择要合并的对象： （按〈Enter〉键结束）

两条圆弧已合并为一条圆弧，如图 7-60 所示。

［说明］

1）直线对象如果共线，且它们之间有间隙，则合并成一条直线段；合并圆弧必须是针对同一个圆上的两段弧，它们之间可以有间隙。

2）不同对象合并时，对象可以是直线、多段线或圆弧，但必须首尾相连，不能有间隙，合并后成为一条多段线。

a) 合并前   b) 合并后

图 7-60 合并

十八、夹点编辑命令

［功能］ 激活夹点，可以对对象快速进行复制、拉伸、移动、旋转和镜像等操作。

［说明］

点取某一对象，则该对象显示夹点（实心小方框）。若单击某一夹点，则该夹点被选中激活（红色），成为夹点编辑操作的基点或控制点。激活夹点即进入夹点编辑模式，包括拉伸、移动、旋转、缩放和镜像，默认是拉伸模式，按〈Enter〉键或〈Spacebar〉键，可进行模式切换。

要想激活多个夹点，应在选择第一个夹点前按住〈Shift〉键，然后依次选择各个夹点。激活文字、块参照、直线中点、圆心和点对象上的夹点，将进行移动而不是拉伸。

十九、带基点复制命令

［功能］ 将选定的图形复制到 Windows 系统的剪贴板上或另一个图形文件上。

［操作过程］

菜单："编辑"→"带基点复制"。

调用命令后，AutoCAD 的命令窗口会出现下列提示：

指定基点： （指定图形一点作为基点）

选择对象： （选择要复制的图形）

选择对象： （按〈Enter〉键结束）

选择"编辑"→"粘贴"，即将复制对象粘贴到其他文档中。粘贴对象时，将相对于指定的基点放置该对象。

第五节　文本及图案填充

文字是工程图样不可缺少的组成部分，在 AutoCAD 中输入文本时，首先要确定采用的字体、字符的高度、宽度比例等，这些称为文字样式。在输入文本前，应先设置文字样式。图样中可以设置多个文字样式，但只能选择一种作为当前样式。

一、设置文字样式

［功能］　用于建立和修改文字样式。

［操作过程］

功能区："默认"→"注释"面板→"文字样式"按钮 A。

菜单："格式"→"文字样式"。

选择上述任何一种方式调用命令后，AutoCAD 都可以打开"文字样式"对话框，如图 7-61 所示。在"文字样式"对话框中，文字样式默认为"Standard"。为了符合国家标准，应重新设置文字的样式。

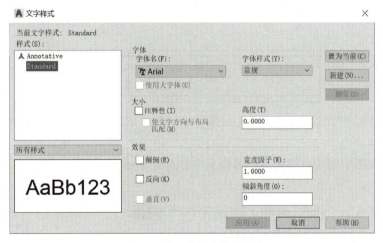

图 7-61　"文字样式"对话框

（1）设置样式名　单击"文字样式"对话框中的"新建"按钮，弹出图 7-62 所示的"新建文字样式"对话框，在"样式名"文本框中输入新名称，如"标题栏"，单击"确定"按钮。

图 7-62　"新建文字样式"对话框

（2）设置字体 在"文字样式"对话框的"字体名"下拉列表中选择相应的字体，如"gbenor. shx"，并勾选"使用大字体"复选框；在"大字体"下拉列表中选择"gbcbig. shx"，大字体指的是中文。

AutoCAD 提供了符合国家标准标注要求的字体文件。如"gbenor. shx"用于标注英文直体字母；"gbeitc. shx"用于标注英文斜体字母；"gbcbig. shx"用于标注中文长仿宋体。

（3）设置大小、效果 文字大小由"高度"文本框设定，一般不设置，这样 AutoCAD 可用选定字体输入不同高度的文本。若"高度"文本框输入值>0，AutoCAD 将以此高度生成所选字体的文本。一般情况下"效果""宽度因子""倾斜角度"均使用系统默认参数，书写汉字时，"宽度因子"文本框输入值为"0.7"。

对新样式设置完毕后，单击"应用"按钮，则完成新样式的创建，单击"置为当前""关闭"按钮，系统便会以创建的新样式为当前样式生成文本。

［说明］

国家标准《机械工程 CAD 制图规则》（GB/T 14665—2012）规定了字体高度与图纸幅面之间的选用关系，见表 7-3。标准规定：数字一般应以正体输出；字母除表示变量外，一般应以正体输出；汉字在输出时一般采用正体，并采用国家正式公布和推行的简化字。

表 7-3 字体高度与图纸幅面之间的选用关系

字符类型	字体高度				
	A0 幅面	A1 幅面	A2 幅面	A3 幅面	A4 幅面
字母与数字	5		3.5		
汉字	7		5		

二、注写文字

以新设置的文字样式为当前样式，在图中通过单行文字或多行文字命令创建文本。

1. 单行文字命令

［功能］ 在图中创建单行文本，每行文字作为一个独立的对象。

［操作过程］

功能区："默认"→"注释"面板→"单行文字"按钮 A。

菜单："绘图"→"文字"→"单行文字"。

选择上述任何一种方式调用命令后，AutoCAD 的命令窗口会出现下列提示：

当前文字样式："当前样式" 文字高度： 当前值 注释性： 否 对正：左

指定文字的起点或［对正(J)/样式(S)］： （指定文本的开始点）

指定高度<当前值>： （输入文字高度）

指定文字的旋转角度 <0>： （输入文本的旋转角度）

屏幕弹出单行文本输入框,输入文本,按〈Enter〉键另起行,再按〈Enter〉键结束。

［说明］

1）用"单行文字"命令输入一行文字后按〈Enter〉键，光标将另起一行输入新的文字，能连续添加多行文本，连续按〈Enter〉键结束。

2）用"单行文字"命令输入完当前行文字后，将光标直接移到新位置指定点，则在该位置继续输入文字。

2. 多行文字命令

［功能］　在图中创建多行或多段文字。

［操作过程］

功能区："默认"→"注释"面板→"多行文字"按钮A。

菜单："绘图"→"文字"→"多行文字"。

选择上述任何一种方式调用命令后，AutoCAD 的命令窗口会出现下列提示：

当前文字样式："当前样式"　文字高度：当前值　注释性：否

指定第一角点：　　　　　　　　　　　　　　　　（指定矩形一个角点）

指定对角点或［高度(H)/对正(J)/行距(L)/旋转(R)/样式(S)/宽度(W)/栏(C)］：

　　　　　　　　　　　　　　　　　　　　　　　（指定对角点）

在绘图区形成矩形文字显示窗口，确定多行文本对象的位置和大小，在该窗口内完成文字的书写和编辑，同时功能区弹出"文字编辑器"选项卡，如图 7-63 所示。

多行文字编辑器主要用于选择文字样式、设置文字字高，显示及设置当前文字所使用的格式形式，以及段落的调整和向文字中插入各种符号、字段等。

图 7-63　"文字编辑器"选项卡

［说明］　用"多行文字"命令输入的文字，默认的字体格式是"文字样式"命令设置的当前样式的格式。当书写的文字长度超出文本编辑窗口指定的矩形区域宽度时，文字以段落的方式自动换行。书写过程中按〈Enter〉键，光标将另起一行书写文字。在输入窗口外单击鼠标左键或"关闭"按钮结束文字输入。用鼠标拖曳文本编辑窗口右下角，可改变文本创建框的大小。

三、常用符号

实际绘图标注尺寸时，有些字符如"°"（度）、"φ"（直径）等不能从键盘直接输入，AutoCAD 提供了常用标注控制码来创建这些特殊字符，见表 7-4。

表 7-4　常用特殊字符与控制码

控制符	标注的特殊字符
%%d	角度(°)
%%c	直径符号(φ)
%%p	正负符号(±)

四、图案填充

［功能］　用于在图中绘制剖面符号、表面纹理或涂色，图案填充边界必须封闭。

图案填充

209

［操作过程］

功能区:"默认"→"绘图"面板→"图案填充"按钮 。

菜单:"绘图"→"图案填充"。

选择上述任何一种方式调用命令后,AutoCAD 都可以在功能区弹出"图案填充创建"选项卡,如图 7-64 所示。主要选项的功能如下:

(1)"边界"面板　"拾取点"按钮用于在图案填充的封闭区域内部指定点。用户每次在图案填充区域内用鼠标拾取一点,都会创建一个封闭的图案填充边界,直至按〈Enter〉键结束。"选择"按钮是指用点选方式拾取封闭区域对象来确定边界。

(2)"图案"面板　显示所有图案类型,单击右侧箭头,展开所有图案,剖面线选用"ANSI31"图案。

(3)"特性"面板　用于定义填充图案的类型、颜色、背景颜色及角度、填充图案比例。角度为"0"和"90"分别代表方向相反的45°剖面线。当填充图案比例值>1 时,会放大填充图案的图线间距。

(4)"选项"面板　控制常用的图案填充选项,如边界和填充图案相关联、孤岛方式、特性匹配等。

图 7-64　"图案填充创建"选项卡

第六节　图层的创建与设置

AutoCAD 的所有对象都是在图层上绘制的。图层像透明的图纸,用户建立和选用不同的图层绘图,整个图形就相当于若干透明图纸上下叠加的效果,如图 7-65 所示。可以根据需要创建和设置图层,每层均可以拥有任意的颜色、线型、线宽,在该层上创建的对象采用这些颜色、线型、线宽。

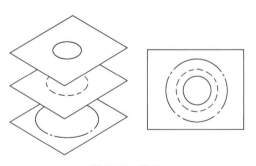

图 7-65　图层

一、图层的创建和使用

［功能］　将绘制对象分类放在不同图层上,便于管理图形。

［操作过程］

功能区:"默认"→"图层"面板→"图层特性"按钮 。

菜单:"格式"→"图层"。

选择上述任何一种方式调用命令后,AutoCAD 都可以弹出"图层特性管理器"对话框,如图 7-66 所示。

图 7-66　"图层特性管理器"对话框

（1）新建图层 🖿　系统默认的初始图层为"0"层。用户可以为新建图层命名，一般用线型或绘制内容命名图层，如"粗实线""细点画线""细虚线""尺寸""文本"等。

（2）删除图层 🖿　图层中的所有对象删除后方可删除该图层，但不能删除"0"层、"Defpoints"层、当前层和插入外部块的图层。

（3）当前图层 🖿　将选定图层设为当前图层。所有绘图都在当前层上进行。

图层的控制状态，包括图层的开/关、冻结/解冻、加锁/解锁，其意义如下：

（1）开 💡/关 💡　关闭某层，该层上的内容不可见，不输出。但如果该层设置为当前层，仍可在其上画图。

（2）冻结 ❄/解冻 ☀　冻结层不可见，不输出，当前层不能冻结。冻结层可以加快系统重新生成图形的速度。

（3）锁定 🔒/解锁 🔓　锁定层可见，不能编辑但能输出，锁定当前层，仍可以在该层上创建对象。

二、设置图层特性

1. 设置图层颜色

每个图层都应设置颜色，即该层上对象实体的颜色，以便于识别不同图层。

在图 7-66 所示的对话框中，在某图层上，单击"颜色"小方框，弹出图 7-67 所示的"选择颜色"对话框，有 255 种索引颜色可供选择。当图层不多时，尽量选前 7 种颜色。

国家标准《机械工程　CAD 制图规则》（GB/T 14665—2012）规定了 CAD 屏幕上显示图线的颜色，见表 7-5，相同类型的图线应采用同样的颜色。

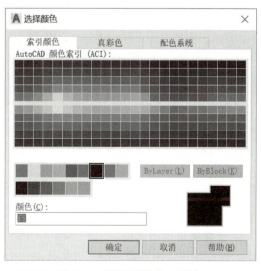

图 7-67　"选择颜色"对话框

表 7-5　图线显示颜色设置

图线类型	屏幕上的颜色
粗实线	白色
细实线	绿色
波浪线	
双折线	
细虚线	黄色
粗虚线	白色
细点画线	红色
粗点画线	棕色
细双点画线	粉红色

2. 设置图层线型

每个图层应具有相应的线型，即该图层上的对象线型，可以表示线条的特性。

在图 7-66 所示的对话框中，在某图层上，单击"线型"列对应的图标，弹出图 7-68 所示的"选择线型"对话框，该对话框列出了当前已经加载的线型。若列表中没有需要的线型，则单击"加载（L）..."按钮，弹出图 7-69 所示的"加载或重载线型"对话框，选取所需线型，单击"确定"按钮，载入线型列表。在列表中选择需要的线型，单击"确定"按钮，完成线型设置。

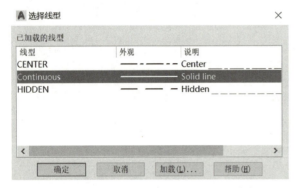

图 7-68　"选择线型"对话框

图 7-69　"加载或重载线型"对话框

3. 设置图层线宽

设置图层上对象的线宽。在图 7-66 所示的对话框中，在某图层上，点击"线宽"列对应的图标，弹出图 7-70 所示的"线宽"对话框，该对话框显示所有可用的线宽设置。在"线宽"列表中选择需要的线宽，单击"确定"按钮，即可完成线宽设置。线宽的显示必须通过状态栏的"显示/隐藏线宽"图标来控制；或单击菜单"格式"→"线宽"选项，打开线宽设置对话框，勾选"显示线宽"。线宽在 0.30mm 以上时才能显示出来，默认值设置为 0.25mm，用户也可以设定新值。

4. 设置图层线型比例

在屏幕显示或图形输出时，非连续的线型样式不能被显示出来，需要调整线型比例。单击菜单"格式"→"线型"选项，打开"线型管理器"对话框，如图 7-71 所示。选中不连续的线型，单击"显示细节"按钮（之后该按钮显示为"隐藏细节"），调整比例因子的数值，每段线段和空白的长度与线型比例值成正比。"全局比例因子"的数值可以全局修改新建和现有对象的线型比例；"当前对象缩放比例"的数值只可以设置新建对象的线型比例。默认情况下，全局和当前线型比例均为 1.0。

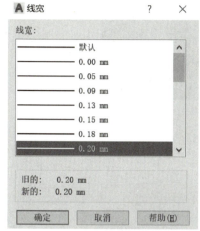

图 7-70　"线宽"对话框　　　　　图 7-71　"线型管理器"对话框

第七节　设置尺寸样式及标注尺寸

AutoCAD 提供了一套完整的尺寸标注命令，通过这些命令，用户可在图形上标注各种尺寸。

一、尺寸样式设置

[功能]　对尺寸标注的一系列参数进行设置，使尺寸标注符合国家标准的规定。

[操作过程]

功能区："默认"→"注释"面板→"标注样式"按钮 。

功能区："注释"→"标注"面板→"启动"按钮 ↘。

菜单："格式"→"标注样式"。

选择上述任何一种方式调用命令后（展开的"注释"面板如图 7-72 所示），AutoCAD 都可以弹出"标注样式管理器"对话框，如图 7-73 所示，可以预览样式列表中的尺寸样式效果，"新建""修改""替代"按钮用于新建、修改、替代列表中的标注样式。

1. 创建新的标注样式

单击"新建"按钮，系统将打开如图 7-74 所示的"创建新标注样式"对话框。用户在新样式名窗口内输入确定的名称，"新样式"将在"ISO-25"的基础上进行设置和修改，单击"继续"按钮，弹出"新建标注样式"对话框，如图 7-75 所示，通过该对话框中的选项卡可以进行各项参数设置。

尺寸样式设置及尺寸标注

213

图 7-72　展开注释选项

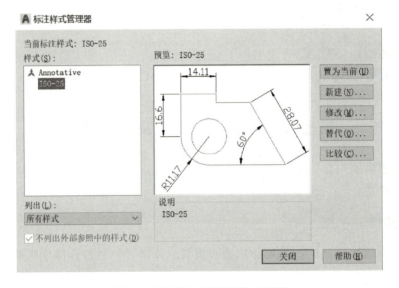

图 7-73　"标注样式管理器"对话框

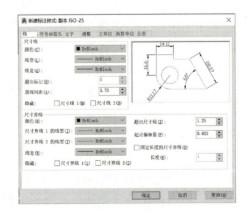

　图 7-74　"创建新标注样式"对话框　　　图 7-75　"新建标注样式"对话框("线"选项卡)

2. 各项参数设置

（1）设置"线"　选择"线"选项卡，可设置尺寸线、尺寸界线的特征参数，如图 7-75 所示。其中"颜色""线型"和"线宽"设置为"随图层（ByLayer）"即可，"基线间距"设置为 7mm，控制平行尺寸线间的距离符合制图要求。尺寸界线"超出尺寸线"设置 2~5mm，但相对图形轮廓线的"起点偏移量"应设置为 0。尺寸线或尺寸界线是否隐藏，应视标注尺寸而定。

（2）设置"符号和箭头"　单击"符号和箭头"选项卡，可设置尺寸线终端、圆心标记及弧长符号，在如图 7-76 所示的对话框中，选择"实心"箭头，大小设置为 2.5mm。圆心的标记选择"无"，其他设置保留默认。

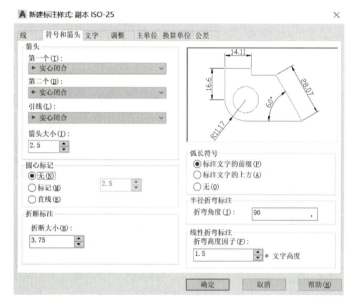

图 7-76　"符号和箭头"选项卡

（3）设置"文字"　单击"文字"选项卡，设置尺寸文本的样式、位置和对齐方式等，如图 7-77 所示。

"文字样式"可以在样式列表中选择，或单击样式列表后面的"…"按钮，设置新的文字样式。如新建样式名为"数字"，字体为"gbeitc.shx"，高度为"0"，宽度因子为"1"，倾斜角度为"0"。"文字颜色"设置"随图层"，"文字高度"设置 3.5。

文字位置，一般垂直方向选择"上方"，水平方向选择"置中"。但所标注的文字距离尺寸线的距离大于 0，从尺寸线偏移设置为 1mm。

文字对齐有三种方式，但应根据需要设置，一般选择"ISO 标准"方式。

（4）设置"调整"　单击"调整"选项卡，如图 7-78 所示，根据尺寸界线的距离设置尺寸文本和箭头的放置形式。如果尺寸界线的距离足够，则尺寸文本和箭头放在尺寸界线之间；否则尺寸文本和箭头按照"调整选项"设置情况放置。

在"调整选项"中，每一种选择对应一种尺寸布局方式，用户可以测试选择。对于"文字位置""标注特征比例"栏目中的选项先默认设置，"优化"选项的两个复选框全部选中。

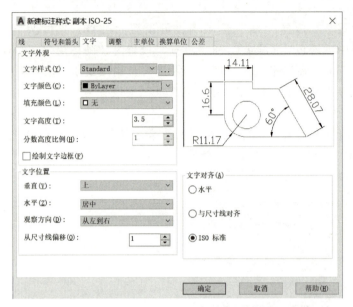

图 7-77 "文字"选项卡

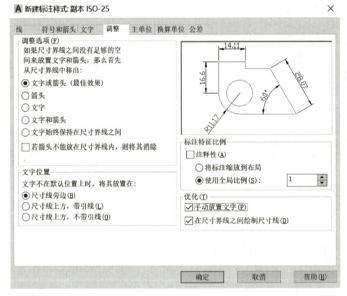

图 7-78 "调整"选项卡

（5）设置"主单位" 单击"主单位"选项卡，可以对如图 7-79 所示的尺寸单位及精度参数进行设置。

机械图样一般选择"单位格式"为"小数"，"精度"设置为 0，但并不影响带小数尺寸的标注。但是"小数分割符"必须选择句点"."。

"角度标注"也应选择十进制度数，其他可以选择默认设置。"比例因子"与打印输出图形时的比例大小有关，是输出图形比例的倒数。

以上各栏目中的参数设置完毕后，单击"确定"，返回"标注样式管理器"对话框，单击"置为当前"并"关闭"，即以新建标注样式为当前样式对绘制的图形进行尺寸标注。

图 7-79 "主单位"选项卡

二、AutoCAD 尺寸标注

1. 创设尺寸标注环境

为尺寸标注创建一个独立图层，使之与图样的其他信息分开；为尺寸标注文本创建专门的文本类型，使之符合国家标准的文本规定；设置尺寸样式，使之符合国家标准的尺寸格式规定；打开"对象捕捉"以便于标注尺寸时快速拾取定义点。

2. 尺寸类型

AutoCAD 不仅提供了多种尺寸标注类型，即长度尺寸、半径尺寸、角度尺寸等，还提供了与尺寸相关的命令，单击图 7-80 所示的"默认"→"注释"面板→"线性标注"按钮右侧三角，或图 7-81 所示的"注释"→"标注"面板→"线性标注"按钮右侧三角，展开常用尺寸

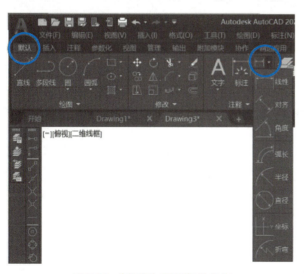

图 7-80 "注释"面板标注按钮

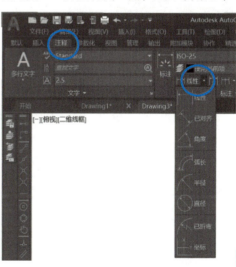

图 7-81 "标注"面板标注按钮

标注类型图标按钮，也可以通过打开"尺寸标注"工具栏，如图 7-82 所示，单击不同图标按钮，实现图形中不同类型的尺寸标注。

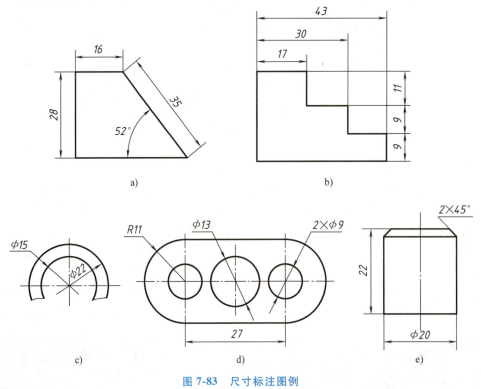

图 7-82 "尺寸标注"工具栏

3. 常见尺寸类型标注

进行尺寸标注时，根据尺寸类型选择图 7-80 或图 7-81 中的相应按钮，根据命令行提示，捕捉拾取点或选择标注对象，AutoCAD 会自动测量实体的大小，并在尺寸线上标出正确的尺寸数字。

尺寸标注图例如图 7-83 所示。

图 7-83 尺寸标注图例

第八节 图形样板文件的创建与使用

AutoCAD 绘图时，常需要对系统和绘图环境进行设置，并以文件的形式保存起来，称为样板文件。样板文件一般包括绘图环境、常用的图层、文本样式及标注样式等相关内容的设置，还包括图框、标题栏等图形文件的共同内容。选择"使用样板"文件创建新图形时，样板文件各项内容就成为新文件的内容，可以简化操作、统一风格。

一、绘图环境与系统设置

绘图环境与系统的设置步骤如下：

1）启动 AutoCAD 2021，创建一个新的图形文件。

2）设置工程图的绘图单位，选择菜单"格式"→"单位"，对长度和角度的单位制和精度进行设置。

3）设置图幅，选择菜单"格式"→"图形界限"，设置图幅边界，并绘制相应的图框和标题栏。

4）创建工程图中常用的图层，如粗实线、细实线、中心线、虚线、文字标注、尺寸标注和辅助线等，并对各图层分别设置相应的颜色、线型、线宽等特性。

5）设置"对象捕捉"，对捕捉、栅格、动态输入、对象捕捉、对象捕捉追踪、极轴追踪和线宽显示等进行设置。

6）设置文字样式，并填写标题栏的部分内容。

7）设置尺寸标注的样式。

二、样板文件的保存

单击"快速访问"工具栏的"另存为"按钮，或者"应用程序"按钮→"另存为"，在"图形另存为"对话框中，选择"文件类型"为"AutoCAD 图形样板（*.dwt）"，指定文件的存储路径和名称，单击"保存"按钮，即将上述文件保存成 Auto-CAD 图形样板文件（*.dwt），系统默认存放在安装目录下的"Template"子文件夹中，如图 7-84 所示。

创建新图形时，在如图 7-25 所示的"选择样板"对话框的"Template"子文件夹中指定所需样板文件，则新建文件继承了样板文件的绘图环境与系统的设置。

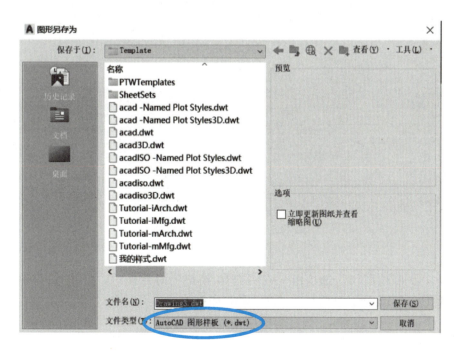

图 7-84　保存为样板文件

第九节 图形输出

一、打印输出

[功能] 打印输出 AutoCAD 绘制的工程图样。

[操作过程]

"快速访问"工具栏:"打印"按钮 🖨。

菜单:"文件"→"打印"。

功能区:"输出"→"打印"面板→"打印"按钮 🖨。

应用程序菜单:"打印"→"打印"按钮 🖨。

选择上述任何一种方式调用命令后,AutoCAD 都可以弹出"打印-模型"对话框,如图 7-85 所示。该对话框右下角的"更多选项"按钮 ⊘ 用于控制是否显示对话框的其他选项。

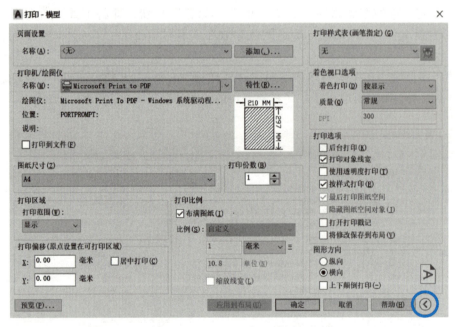

图 7-85 "打印-模型"对话框

[说明]

(1)"打印机/绘图仪"选项组 在"打印-模型"对话框的"打印机/绘图仪"选项组,从"名称(M)"下拉列表框中选择一种打印机。

(2)"图纸尺寸"选项组 在"图纸尺寸"的列表中选择图纸尺寸。

(3)"打印份数"选项组 在"打印份数"文本框中,输入要打印的份数。

(4)"打印区域"选项组 "打印范围(W)"用来指定图形中要打印的区域。有图形界限、显示和窗口范围三种选项。

1）"图形界限"选项。打印范围为用"LIMITS"命令定义的图形界限。

2）"显示"选项。打印范围为 AutoCAD 当前显示的内容。

3）"窗口"选项。打印范围为在 AutoCAD 绘图工作区指定的矩形窗口。选择此选项 AutoCAD 暂时将"打印-模型"对话框挂起，返回到绘图工作区指定一个矩形窗口。

（5）"打印比例"选项组 用来设置打印缩放比例。可以勾选"布满图纸（I）"，也可以在"比例"下拉列表中选择打印比例值。

（6）"打印偏移（原点设置在可打印区域）"选项组 如果选择"居中打印（C）"复选按钮，打印输出时按照图纸的尺寸居中打印。

（7）"打印样式表（画笔指定）（G）"选项组 用来选择和编辑打印样式。在下拉列表框中选择一个已经定义好的打印样式，单击"编辑"按钮，弹出如图 7-86 所示的"打印样式表编辑器"对话框。"常规"选项卡列出了打印样式表的一般说明信息，"表视图"和"表格视图"选项卡都能设置打印样式。"表格视图"选项卡中的各部分内容如下：

1）"打印样式"列表框。显示的是 AutoCAD 的标准颜色，每一种颜色与一种 AutoCAD 对象的实体颜色相对应。

2）"特性"选项组。用来设置打印机打印图形的颜色、线宽、线型等特性。在"颜色"下拉列表框中选择一种颜色，为打印机打印颜色。"线宽"下拉列表框中一般选择"使用对象线宽"选项，使打印机打印线宽与 AutoCAD 对象实体线宽保持一致。"线型"下拉列表框中选择默认"使用对象线型"。

打印黑白图样时，先在打印样式列表中选择所有对象实体颜色，再在"颜色"下拉列表框中选择黑色；若打印彩色，则在"颜色"下拉列表框中选择"使用对象颜色"选项，使打印机打印颜色与 AutoCAD 实体颜色保持一致。

图 7-86 "打印样式表编辑器"对话框

"打印样式表编辑器"设置完毕后，单击"保存并关闭"按钮。

（8）"打印选项"选项组 选中"按样式打印"选项，用设置好的打印样式控制打印输出效果。

（9）"图形方向"选项组 指定图形在图纸上的打印方向，可根据需要选择"横向"或"竖向"。

（10）"预览（P）..."按钮 预览打印输出效果。

（11）"确定"按钮 结束打印命令，等待打印机打印输出。

二、输出电子文档

在图 7-85 所示的"打印-模型"对话框中，从"打印机/绘图仪"选项组的"名称

（M）"下列列表框中选择"DWG To PDF.pc3"，"打印范围（W）"选择"窗口"，单击"窗口(O)"按钮，在 AutoCAD 绘图工作区指定窗口区域。单击"确定"按钮，在系统弹出的"浏览打印文件"对话框中指定文件的路径和名称，然后单击"保存"按钮，即输出 PDF 电子文档。

中国 CAD 软件的发展历程

自 1981 年我国 CAD 软件行业经历了五个发展阶段，如今仍面临低价和盗版 AutoCAD 的双重压力。近年来，国家高度重视并大力推动自主工业软件体系化发展和产业化应用，以中望软件等为代表的中国 CAD 企业逐渐凭借着技术的进步、对国内用户需求的深入理解和快速响应，越来越受到国内用户的青睐。未来，我国的 CAD 软件在技术及产品层面有望实现快速迭代，以加速国产化软件的替代进程。

本 章 小 结

用计算机绘图软件绘制工程图样，是工程技术人员必备的技能。本章介绍了 AutoCAD 2021 软件在绘图环境的设置、绘图工具的使用、图形的绘制、编辑和修改、尺寸和文字标注等方面的具体应用及使用方法、操作技巧，以及如何帮助用户编辑二维几何图形、二维绘图、尺寸标注及文件输出打印等，学生需要反复训练才能熟练应用软件。

思 考 题

1. 绘制图形时，精确定点的常用方法有哪些？
2. 图层的特征主要包括哪些？创建一张工程图样一般要设置哪些图层？
3. 常用的阵列方式有哪几种？阵列时一般应设置哪些参数？
4. 简述在 AutoCAD 环境中设置文字样式的过程。
5. 新建一个尺寸样式时，一般要设置哪些要素？
6. 简述利用 AutoCAD 绘制 A3 样板图并保存的过程。

参 考 文 献

[1]　何铭新，钱可强，徐祖茂. 机械制图 [M]. 7 版. 北京：高等教育出版社，2015.

[2]　大连理工大学工程图学教研室. 画法几何学 [M]. 7 版. 北京：高等教育出版社，2011.

[3]　大连理工大学工程图学教研室. 机械制图 [M]. 7 版. 北京：高等教育出版社，2013.

[4]　戚美. 机械制图 [M]. 北京：机械工业出版社，2013.

[5]　梁会珍. 现代工程制图 [M]. 北京：机械工业出版社，2013.

[6]　王农，戚美，梁会珍，等. 制图基础 [M]. 北京：北京航空航天大学出版社，2019.

[7]　张京英，杨薇，佟献英. 机械制图及数字化表达 [M]. 北京：机械工业出版社，2021.

[8]　涂晶洁. 机械制图：项目式教学 [M]. 北京：机械工业出版社，2013.

[9]　钱可强，丁一. 机械制图 [M]. 6 版. 北京：高等教育出版社，2022.

[10]　吴佩年，宫娜，王迎. 计算机绘图基础教程 [M]. 3 版. 北京：机械工业出版社，2022.

[11]　穆浩志. 现代工程图学 [M]. 北京：机械工业出版社，2019.

[12]　邱龙辉，叶琳. 工程图学基础教程 [M]. 4 版. 北京：机械工业出版社，2018.

[13]　莫春柳，陈和恩，李冰. 画法几何及机械制图 [M]. 北京：高等教育出版社，2021.

[14]　陶冶，张洪军. 现代机械制图 [M]. 北京：机械工业出版社，2020.

[15]　张彤，刘斌，焦永和. 工程制图 [M]. 3 版. 北京：高等教育出版社，2020.